U0179165

Python
量化投资
技术、模型与策略

赵志强 刘志伟◎著

图书在版编目（CIP）数据

Python 量化投资：技术、模型与策略 / 赵志强，刘志伟著．—北京：机械工业出版社，2020.9（2023.10 重印）

ISBN 978-7-111-66423-9

I. P… II. ①赵… ②刘… III. 软件工具–程序设计 IV. TP311.561

中国版本图书馆 CIP 数据核字（2020）第 164388 号

Python 量化投资：技术、模型与策略

出版发行：机械工业出版社（北京市西城区百万庄大街 22 号 邮政编码：100037）

责任编辑：杨绣国　　责任校对：李秋荣

印　刷：北京捷迅佳彩印刷有限公司　　版　次：2023 年 10 月第 1 版第 4 次印刷

开　本：186mm×240mm 1/16　　印　张：16.75

书　号：ISBN 978-7-111-66423-9　　定　价：79.00 元

客服电话：（010）88361066 68326294

FOREWORD

推荐序一

2018年8月，我辞职离开工作了8年的东方财富，开始规划职业生涯的下一个阶段。有猎头找到我，帮我物色了几家公司。经过一番比较，我选择了虎博科技。这是一家AI公司，主攻方向是金融。我有幸结识了同为金融科技组核心组员的赵老师，我们相谈甚欢。创业公司虽小，员工配备却是顶尖的。短短一年的时间，基于对金融和互联网的理解，我们硬是将原本已经没有多少突破希望的股票数据做出了一些新的创意。

做了8年行情数据工作的我，对于股票多因子分析产生了极大的兴趣。我们创新发明了一种新的多因子分析模式，试图用最简明易懂的方式将股票的解读展示给普通用户。这也是我多年来在数据的海洋里研究通用接口时所不曾体验过的，仿佛股票数据分析的未来形态已经隐约可见。我们设计的整套模型背后的核心系统就是由Python实现的。该系统总共有100多个子模型。模型准备了两个月，实际开发只有半个月左右。这种极高的开发效率与Python的易用性是分不开的。

本书展示了Python在金融数据分析领域的应用丰富性，也给国内的更多投资者提供了极有价值的信息和启示。

严文宗　虎博科技首席金融技术架构师

FOREWORD

推荐序二

过去 5 年的时间里，Python 语言在国内金融行业的地位，已经从最初默默无名的挑战者，一跃成为最重要的实用工具之一。无论是数据研究、模型分析这种全金融行业通用的应用，还是策略开发、自动交易这种相对来说更加“高、精、尖”的量化交易领域，Python 都能胜任绝大部分的场景。

本书的作者曾担任国内顶尖量化私募策略研究员、顶尖高校金融工程系导师，是资深 Python 专家。在本书中，他将带领读者从零基础开始，通过实践样例逐步构建自己的 Python 金融知识体系。如果你是金融从业者，如果你希望学习 Python 在金融领域的应用，那么本书绝对是最好的“敲门砖”。

陈晓优　vn.py 创始人

FOREWORD

推荐序三

认识志强，是在2015年春天，那时我刚发布TuShare开源版。当时Python在国内的金融圈崭露头角，已经有遍地开花的趋势。尤其是Pandas逐步受到数据分析人员的追捧后，Python作为金融分析的必备工具更是显露出了它在数据科学和系统工程领域的优势。

而在基于Python开发的开放式量化回测平台相继出现之后，量化投资开始在国内二级市场投资界广受关注，进而催生了一股学习Python和量化投资的热潮。

总体来说，学习Python也好，从事量化投资开发工作也好，都需要读者更多地参与实操，多看别人的成功案例，也需要举一反三地完成自己的逻辑和策略。在这个过程中，数据绝对是无法回避的第一道门槛，就像无数用户通过TuShare平台学习了金融数据业务知识，提取到各类数据，完成了迈向量化投资的关键一步一样。

以我对志强的了解，他是一个踏实认真，学习和工作经历丰富的人，也曾参与过TuShare早期数据接口的测试，所以在金融数据和数据分析领域有自己独到见地和实战经验。希望本书能带给读者一场全新的、全面的技术盛宴。

金融大数据开放平台 TuShare 创始人　刘志明

PREFACE

前　言

量化投资在国内算是比较新兴的投资流派，有过很好的业绩，也经历过低谷。要想做好量化投资，主要得把握好两个方面：一是策略逻辑，二是策略实现。

策略逻辑五花八门，比如技术流派的海龟交易策略、网络交易策略等，偏学术流派的多因子策略、统计套利策略等，还有更高端的机器学习策略。策略逻辑本身就是一个非常大的领域，每个人都有自己的想法和套路，而且细节各不相同，真正好用的也不可能全都分享出来。

策略实现则相对比较单纯。当我们准备进行实际的研究和交易时，必须要使用相应的工具来实现研究、回测、交易等功能。相对于策略逻辑来讲，这部分工作更清晰，也更容易标准化，故涌现了大量的第三方平台，比如期货界的文华财经、TradeBlazer，股票界的优矿、聚宽量化等。

第三方平台可以大量节省初期开发成本，对于个人投资者来讲是一个不错的选择。但是，当把量化工作作为长期事业时，这些第三方平台很快会显现出一些短板。比如有的数据不全，有的不支持自动交易等。这个时候，就不得不使用其他的平台了。可以想见，在不同的平台之间切换，其中的学习、管理、维护成本是不可小觑的。

对于机构来说，更是如此，所以不如从一开始就自主开发量化投资平台。在众多的开发语言中，最方便的开发语言则非 Python 莫属了。

在量化投资的研究过程中，80% 的时间都是处理数据。Python 处理数据的功能非常强大，用起来也特别顺手，而且 Python 的统计库也越来越完善。

目前国内 Python 相关的书以译本居多，虽然这些书对于 Python 本身的语法讲解是足够的，但是对于量化投资并没有详细的剖析，更不用提贴近国内市场了。

笔者相信在量化投资领域，Python 的使用将是大趋势。本书的目的，一是介绍贴近国内市场的量化投资理论和策略；二是介绍 Python 在量化投资分析中具体的应用案例。一方面，希望能从理论上让读者有一个基本的认知，无论是学术理论还是业界实践理论。另一方面，希望读者能够根据书中具体的代码案例，自己动手实现并改进。

没有理论不行，但只有理论不实践也不行。故书中的内容是理论与实践相结合的，两手都要抓，两手都要硬。本书会针对大框架给出相应的示例，虽然书中所讲的策略不一定能直接拿来就用，但各种策略的大体框架都差不多，差别在于细节和执行，只要读者用心琢磨研究，必然能有所收获。

最后要感谢相关朋友的帮助。感谢迟明浩在股票多因子章节的贡献，感谢机械工业出版社编辑的建议和帮助。

如何使用本书

对于量化投资，Python 的学习流程一般可以分为如下六个部分。

1）了解基础语法和数据结构。

2）掌握 Pandas 的使用基础并进阶。

3）掌握统计理论及金融学术理论。

4）掌握金融量化实践、策略研究理论。

5）学习回测平台开发。

6）学习平台开发。

因为市面上已经存在大量讲解 Python 入门基础的书，故本书略过基础的语法和数据结构，直接从 Pandas 开始介绍。如果你之前从未使用过 Python，那么建议先阅读一两本基础书，学习 Python 的一些基本语法、特性和内置数据结构（如列表、元组、字典等）。

Python 量化投资相关内容非常多，限于篇幅和笔者经验，无法逐一详细介绍，只能介绍一些入门的知识和案例。

如果读者对某个模块特别感兴趣，想要深入研究，或者发现书中所讲有误，可以直接联系笔者：微信号为 hellomoon9，邮箱为 jason_zzq@foxmail.com。

另外，本书中的很多案例都是笔者根据过去的从业经验边实践边记录的。当读者阅读时，代码很有可能已经过时，故我们维护了一个最新样例代码的网站：https://github.com/zzqoxygen/python_quant。

CONTENTS

目　　录

CHAPTER 1

第 1 章

量化投资与 Python 简介

1.1 量化投资基本概念

量化投资并没有一个精确的定义，广义上可以认为，凡是借助于数学模型和计算机实现的投资方法都可以称为量化投资。

目前，国内比较常见的量化投资方法包括股票多因子策略（阿尔法）、期货 CTA 策略、套利策略和高频交易策略等。

量化投资在 2010 年之前还是非常小众的领域，后来随着沪深 300 指数期货的出现，量化投资的基金开始出现井喷现象。无论是中长线 CTA 策略，还是高频交易策略或股票阿尔法策略，都取得了非常好的业绩。2010 年到 2014 年是量化投资的红利期，各类量化投资策略都赚取了足够多利润。利润是最好的广告，很多人都开始关注量化投资，量化投资基金的规模因此开始快速增长。

也正是这种“高利润”，导致了大家对量化投资存在大量的误解。比如，2015 年的“股灾”，很多人认为股指上的高频交易起到了推波助澜的作用，是股灾的元凶。之后，中金所做出的一系列动作，如对股指限制交易频率、提高交易手续费等，很大程度上就是为了限制高频交易。股指被限，导致量化投资行业的利润大幅下滑，于是量化投资进入了寒冬期。然而，实际上股指是被冤枉的，清华大学五道口金融学院也撰写了研究报告[⊖]来论证股指并不是股灾的原因。

由于误解的继续存在，因此股指在短期内是无法恢复到股灾以前的水平的。量化投资行业因为其非常依赖股指的特性，业绩出现大幅的下滑，很多策略也开始相继失效。

策略的失效，业绩的下滑，让很多人开始反思，量化并不是一切，并不能解决所有的问题。量化投资本身也是具有很大局限性的。

所以需要换一个思路，我们不一定要靠纯粹的所谓“量化”来做投资，量化只是一种手段，目的还是为了提升投资业绩。换句话说，我们并不一定要成为专业的量化从业人员，才能使用量化的方法。

任何投资经理，包括大量传统的基本面分析师，都可以使用量化的手段来帮忙提升投资

⊖ 报告《完善制度设计，提升市场信心——建设长期健康稳定发展的资本市场》由清华大学五道口金融学院撰写。

研究效率和业绩。本书的初衷就是希望传统的投资从业人员也能从量化的思路中获得助益。

量化，并不是谁的专利，人人都可以学习。

1.2 量化投资的特征

严格来说，量化投资与主观投资并不是非黑即白的关系。传统的主观投资经理查看财报，根据财务数据做投资决策，这算不算量化分析？既然进行了数据分析，主观投资当然也算是一种量化分析。那么，量化投资与主观投资的区别究竟在哪里呢？

它们的区别并没有那么泾渭分明。每一个投资者，或多或少都用到了主观或者量化的方法。投资者在收集信息、拟定决策的时候，有两种不同的倾向，一种是感知的、直觉的，另一种是逻辑的、量化的。这样就分为了四个维度，具体如下。

- 直觉接收，直觉决策。比如，阅读新闻，感知投资者情绪进行决策。
- 直觉接收，量化决策。比如，抓取网络文本，建立模型进行投资决策。
- 量化接收，直觉决策。比如，研究财报数据，根据直觉经验进行投资决策。
- 量化接收，量化决策。比如，通过统计分析，建立多因子模型，进行投资决策。

上述四个维度的划分如图 1-1 所示。

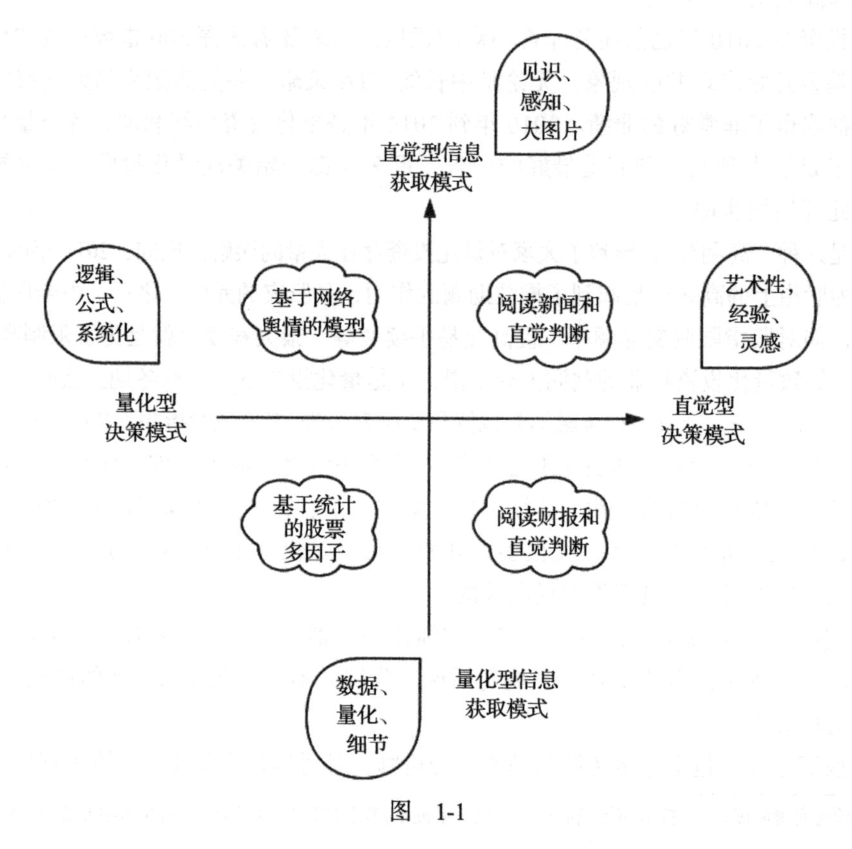

图　1-1

量化投资策略的最大特点是其具有一套基于数据的完整交易规则。在投资决策的任何一个环节中，必须要有一套完全客观的量化标准，比如，A 股票的横指标达到多少的阈值时，我们才决定开仓，每次开仓要买多少手。这种规定必须是唯一客观的，不允许有不同的解释。当然，这些规定可以通过研究和主观判断来进行修改，但是一旦确定，就需要严格遵守。

1.3 量化投资的优势

量化投资的优势可以总结为三个词：客观性、大数据、响应快，具体说明如下。

- 客观性。量化投资一般通过回测来证实或者证伪策略的历史有效性，而且在进行实盘交易的时候，很多都是通过程序化交易自动下单的，这能在很大程度上保证决策的客观性，受人为情绪等因素的干扰较少。
- 大数据。量化投资在研究或者决策中，通常会引入大量的数据来进行分析。比如股票，只需要一套代码，就可以同时分析全市场 3600 多支股票。这种大数据的分析效率在传统投研方法中是做不到的（当然，不可否认的是，传统投研对公司基本面的研究是更深入的）。
- 响应快。由于是用计算机进行自动分析，所以分析和响应速度都十分迅速，一般能达到秒级，高频交易甚至是以微秒为单位的。比如，笔者以前做高频交易的时候，程序从接受行情到下单的优化都是以微秒为单位的，因为你比别人更快一点就有更大的可能抢到单子，就能赚到更多的钱。就算是非高频交易领域，也有一些响应速度较快的需求，比如，笔者曾参与一个公告解析的项目，从公告发布爬取，再到解析出公告对应的意义，基本上在几分钟内就能解决。当然，公告的极速解析对交易的意义并不大，因为公告都是在盘后发布的，不会在交易时间发布，因此大家都有足够的反应时间来进行投资决策。但是，对新闻的解析，其意义是十分巨大的，因为新闻随时随地都有可能发生，这也是通常所说的舆情分析，虽然目前这块的进展不算太大，但是其未来的发展空间却是巨大的。

虽然具有上述这些优势，但是量化投资本身并不是一把“金钥匙”。实际上，很难有一种策略，在任何市场中都能持续赚钱。即使是很多夏普比率[⊖]极高的高频交易策略（比如，股灾之前的股指高频交易策略），也会面临政策的不确定性。如果交易所调高手续费，限制交易量，那么这些高频策略也就不再有利可图了。

所以不要迷信量化投资能够解决一切问题。我们只需要想办法利用好量化的特性，在投资竞争中不断积累优势即可。

⊖ 夏普比率是一种衡量策略表现是否优秀的常用指标，夏普值越高表示策略越优秀。

1.4 量化、AI 并不是一切

随着围棋比赛中阿尔法狗完胜人类，近几年人工智能（大数据）将占领华尔街的新闻也是铺天盖地、甚嚣尘上。其实笔者并不相信目前纯粹的人工智能在投资上能够超过最好的基金经理。为什么这么说呢？因为围棋与投资有着本质的区别。

棋类游戏，很早的时候人类就已经被计算机打败了（如国际象棋）。不过围棋的难点在于，可能的状态数太多，无法穷举，但这些难点终究只是一个数量上的问题，所以围棋算法的核心要点在于，在有限算力的情况下，通过优化算法，放弃部分搜索空间，同时保证寻找到的是较优的解。在计算机领域，这其实就是个“优化”问题。

但是投资完全不一样，投资不是“优化”问题，投资是“预测”问题，是要预测市场的下一步应该怎么走。“预测”问题可以说极其困难。Facebook 人工智能掌门杨立昆（Yann LeCun）演讲时曾提到过这个问题，人工智能最缺乏的是“常识”，这一缺陷导致了人工智能作出预测极为困难。杨立昆列举的例子是视频，比如某个视频的上半段是乔丹运球冲向篮筐，那么下半段会是什么样子呢？这个问题对人类来说很容易，大概率就是投篮或者扣篮。因为我们的常识已经熟知了篮球的套路。但这个问题对于人工智能来说，却是极为困难的。实际上，很多大公司都曾在预测问题上遭遇尴尬。很早的时候，Google 就尝试使用大数据来预测流感，最后证明预测效果并不好。国内也有一些互联网大公司（如百度和腾讯）使用大数据发布了相应的指数基金，业绩相当一般。据笔者所知，Facebook 目前甚至没有人去做股票的投资研究，他们肯定深知其中的困难——如果人工智能在投资上能有那么厉害，那么他们早就借此发家致富了。

至于国内很多所谓的人工智能，低级一点的，将神经网络套用在行情数据上，试图拟合出一个表现不错的策略，在实盘中往往会遭受事实无情的打击。高级一点的，扒取网上相关的舆情数据，先进行自然语言分析再根据信息做出决策。这些与我们“想象中”的人工智能其实都相差很远，也不太见得会有什么上佳表现。即使有表现较好的策略，其本质与用简单的回归模型做出的策略并无太大区别。实际上，国内很多做 P2P 风险分析的，用的都是 Logistic 回归，易懂又好用。

由于媒体的吹捧，大家对 AI 在金融投资领域的应用普遍存在着过高的期待，甚至有人危言耸听地号称将来 AI 会替代投资经理的职务。其实这都是不现实的，在一些简单的数据处理问题上，AI 确实有替代人工的趋势，比如人脸识别。但对于金融投资这一复杂的领域，AI 的应用进展其实是非常有限的。很多号称 AI 的投资基金其实是换汤不换药，本质上还是已经成熟了几十年的量化模型。

AI 在金融投资领域最大的问题是，可用的样本数据极其有限，也无法大量生成。股市有多少历史数据，就有多少样本数据，但也只有这么多。极其有限的样本数据，加上极其庞大的特征维度，是 AI 在金融预测建模上举步维艰的根本原因。众所周知的是，训练数据是 AI 的基本养料，数据有限，就会导致模型很难得到大幅度的提升。就那么多有效的因子，大家反复挖掘，失效的速度也越来越快。

虽然笔者是量化投资和金融 AI 从业人员，但对量化投资或者 AI 并不存在过高的追捧和期待，我们还是要脚踏实地去解决一些与我们更密切相关的问题。

1.5 编程语言比较

编程语言的好坏及排行之争由来已久。“ PHP 是世界上最好的语言”，这是一个流传于程序员圈子的梗。

笔者无意加入“哪门语言更好”的战争。每门语言的诞生，都有其特定的背景和需求，都能解决相应的问题，脱离需求和背景争论哪门语言更好是没有意义的。

最重要的是，我们需要搞清楚到底要解决什么问题，这样才能更方便地找到对应的工具。虽然本书主要是介绍 Python 的，但笔者仍然也会使用 Matlab、R，甚至 C++ 来解决对应的问题。

在数据分析领域（包括量化投资），编程语言具有两大作用，一个是科学计算、统计等算法层面，主要用于业务的相关研究；另一个是系统应用开发，主要用来搭建基础 IT 设施，比如数据库、交易平台等。

Matlab 和 R 主要用于业务层面的研究工作。C++ 和 Java 则主要是用于系统搭建工作。业务研究和系统搭建的区别还是很明显的，每类语言适应的场景都不太一样，否则也没有必要存在那么多种语言了。比如，使用 Matlab 搭建一个交易系统，那么其速度一定会慢得让人无法忍受。如果用 C++ 或者 Java 做数据分析，那么其效率一定也会非常低。

至于 Python，其优势在于作为一种胶水语言，其适用面非常广。换句话说，Python 是可以同时完成数据分析和系统搭建两种工作的，而且性能和效率有着非常好的平衡。使用 Python 既可以编写机器学习的复杂模型，也可以搭建支撑亿级别访问量的网站系统，又或者搭建微秒级的程序化交易系统。

什么都能做，而且还能做得很不错，这是 Python 能够迅速流行的核心原因之一。

下面将对上面提到的部分常见的语言做一个简单的介绍。

1.5.1 Matlab

截至目前，在国内量化研究领域，Matlab 的使用率应该是最高的。这个数据来源于 Wind，在他们的量化接口中，Matlab 的使用率是最高的，Python 其次。但是 Python 是增长速度最快的。

Matlab 作为商业软件，功能很全很强大，可靠性也很好。最早一批做科学计算和数据分析的，很多都是使用的 Matlab。量化投资在国内刚出现的时候，Python 和 R 的社区生态还没有像现在这样完善，所以很多量化投资的业内人士都更习惯于使用 Matlab。

如果不考虑授权费用的问题，那么 Matlab 确实是一款非常好用的数据分析乃至量化投资分析的工具，毕竟有实力雄厚的公司在支持 Matlab 的开发，性能和工具包都能得到保证。不过，Matlab 与 Python 相比，除了费用问题之外，还存在很多缺陷，而且是无法弥补的缺陷。特别是涉及系统级别的开发时，比如交易系统、爬虫系统等。在这些领域，Matlab 不仅缺少相应的库，而且速度非常慢，因此其很难在工业界得到广泛应用。

1.5.2 R

R 是一个开源的数据分析软件。实际上，R 的诞生，就是为了协助完成统计和数据分析。由于 R 在研究机构和大学非常流行，因此这些机构反过来也开发了大量相应的开源项目，这也使得 R 的各种统计功能和函数琳琅满目。

R 很多常用的统计功能都经过了大量实践的检验，是非常完善和成熟的，比如，时间序列分析、经典统计模型、贝叶斯统计、机器学习等。R 也有一些量化相关的库，比如 quantmod。

当然，R 也有它的缺点，比如，对于大量的数据处理，R 还是力有不逮。由于 R 更多的是由统计界人士完成的，所以偏底层的数据管理并不是 R 的强项。

总体上讲，R 的统计和数据分析相关功能非常强大，更适合做研究，不适合开发大型的系统。

1.5.3 C++

C++ 最大的好处就是性能强，速度极快。几乎所有需要高性能的科学计算功能都是基于 C++ 或者 Fortran 开发的。比如，Python 的底层其实就是用 C 语言实现的。

因为速度快，C++ 在高频交易领域也是独占一席。然而，在进行日常的数据分析和研究中使用 C++ 其实是非常不方便的。因为 C++ 语言偏底层，对编程人员的要求很高，同样的功能，开发难度高很多，调试起来也比较麻烦。

所以除非是在对性能有极高要求的地方，一般不推荐使用 C++ 进行开发。

1.5.4 Python

Python 语法非常易学易懂，很容易快速上手。很多人刚开始学习编程的时候，往往会选择从 Python 入手。

与 Matlab、R 一样，Python 也是脚本语言，写好了就可以直接运行，省去了编译链接的麻烦，对于需要快速开发和进行验证的程序，可以省去很多编码和调试的时间。

Python 也是面向对象的语言，但它的面向对象不像 C++ 那样强调概念，而是更注重实用。它能使用最简单的方法让编程者享受到面向对象带来的好处。这也是 Python 能像 Java、C# 那样吸引众多支持者的原因之一。

虽然Python是一种脚本语言，但它的速度并不是很慢，特别是在一些库经过优化之后（直接基于C语言编写接口），速度比纯C语言慢不了多少。在这方面，它远胜于R和Matlab。

Python是一种功能丰富的语言，它拥有一个强大的基本类库和数量众多的第三方扩展生态。

Python几乎在各个领域都有对应的开源项目，因此我们不必重新造轮子。使用Scrapy，我们可以编写网络爬虫系统，爬取网络相关数据；使用各种数据库接口，我们可以将数据的存储、读取工作标准化；使用PyAlgoTrader，我们可以构建策略回测系统和自动交易系统。

Python还有很多优秀的量化、数据分析、机器学习（ML）工具，比如NumPy、SciPy、Pandas、Scikit-Learn和Maplotlib等。

虽然Python在机器学习和一般的数据分析中非常出色，但仍然存在短板，比如，其在一部分传统领域里表现就不算太好，包括很多传统统计模型、时间序列分析等，Python就不如Matlab和R。

简而言之，我们可以用Python构建一条完整的量化投资生产线。当然，不可否认的是，对于某些环节，有些语言相对于Python也有其优势，比如R的统计库、Matlab的科学计算、SAS的可靠性、C++构建高速交易系统等。不过这些优势只是95分和90分的区别，除了少数极端业务场景之外，绝大部分工作Python其实都能胜任。

在量化投资领域，大多数需求都可以用Python完成，这可以为团队节省大量的时间。毕竟在不同的语言之间不断切换，也是一件很耗费精力的事情。

本书会尽量利用各种实际的例子来说明，在构建量化投资生产线时，Python究竟能够做到什么。在看完本书后，希望读者对Python的优点和不足，都能有更深入的认识。

1.5.5 其他语言

除了上面介绍的语言之外，其实还有很多其他的语言在量化投资领域中也都有应用。比如Java、C#、Scala等，这些语言也都有其相应的优势和特点。不过相对于上面介绍的语言来说，这些语言在国内的使用群体仍然是偏小众的。对于初学者来说，建议还是选择Python语言。

1.6 为什么要使用Python

图1-2展示了各种比较流行的编程语言的流行趋势，可以看到，Python的增长速度最快。R经过一段时期的高速增长后，现在也进入了增长瓶颈期。至于其他的语言，则基本都在走下坡路。Python已然成为当今世界上编程语言的最佳选择了。为什么会这样？这与Python语言本身的特性和社区是分不开的。

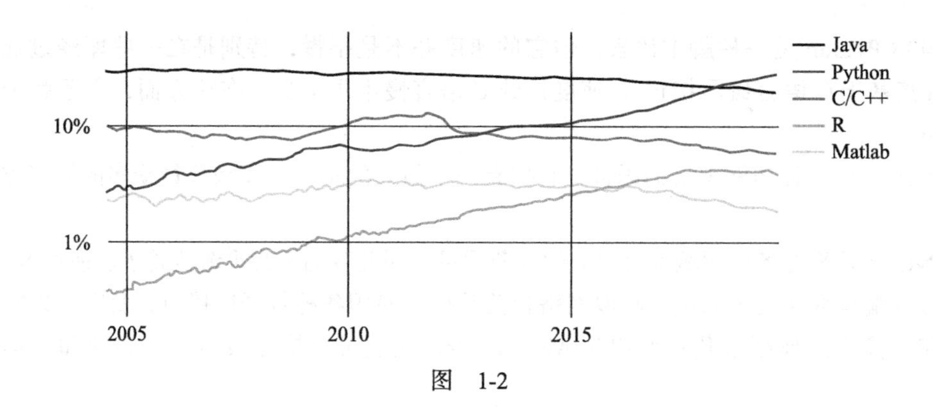

图 1-2

Python 因为其简洁的语法吸引了大量的使用者，Python 语言庞大的社区环境带来了丰富的开源项目，反过来又继续吸引了大量的使用者，于是形成了一个很强的正循环系统。将 Python 作为量化投资的首选语言包括如下三个主要原因。

1. 基本“全能”

Python 语言具有很强的普适性，能完成很多工作。

系统运维、图形处理、数学处理、文本处理、数据库编程、网络编程、Web 编程、多媒体应用、黑客编程、爬虫编写、机器学习、人工智能，游戏开发等，能想到的常见领域，几乎都可以使用 Python 语言来完成。对于这些领域，像 Matlab、R 和 SAS 这种专业数据分析软件是不可能做到的。

量化投资并不仅仅是数据分析，还会涉及数据收集系统（比如网络爬虫）、交易系统等，甚至有的另类数据可能还需要用到人工智能算法（比如，文本的自然语言解析），而人工智能算法又正好是 Python 的强项。所以除了极个别的领域需要用到其他语言（比如，高频交易领域需要 C++），量化投资生产线中的绝大部分工作都可以完全只用 Python 来完成，因此选择 Python 可以大大节省人力和开发成本。

2. 丰富的开源项目

在 Github 上搜索投资或者量化相关的主题，可以看到 Python 的项目数量全方位领先于其他语言。比如，搜索回测关键字“backtest”时，会看到如图 1-3 所示的内容。

搜索交易关键字“trade”会看到如图 1-4 所示的内容。

就连在统计领域，专为统计而生的语言 R，其项目数也与 Python 差不多。比如，搜索统计关键字“statistic”，会看到如图 1-5 所示的内容。

3. AI 时代的头牌语言

现在所有的行业都有一个共识，AI（人工智能）替代人是大势所趋。在这种潮流下，Python 当仁不让地成为了 AI 时代的头牌语言。名噪一时的围棋比赛中，人工智能阿尔法狗就主要是用 Python 完成的。在 GitHub 上，人工智能的开源项目中，Python 的排名也是遥遥领先。要想跟上 AI 时代潮流，会使用 Python 无疑是非常有帮助的。

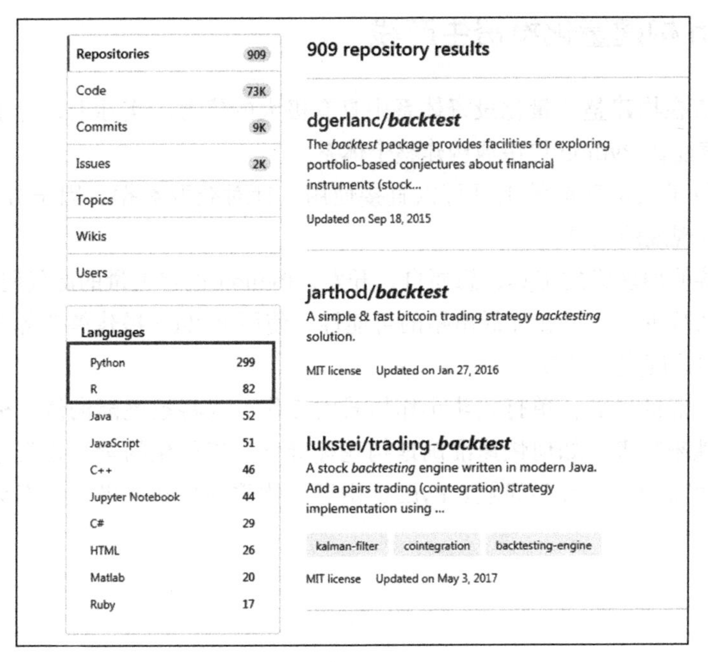

Repositories 909
Code 73K
Commits 9K
Issues 2K
Topics
Wikis
Users
Languages
Python 299
R 82
Java 52
JavaScript 51
C++ 46
Jupyter Notebook 44
C# 29
HTML 26
Matlab 20
Ruby 17
909 repository results
dgerlanc/backtest
The backtest package provides facilities for exploring portfolio-based conjectures about financial instruments (stock...
Updated on Sep 18, 2015
jarthod/backtest
A simple & fast bitcoin trading strategy backtesting solution.
MIT license Updated on Jan 27, 2016
lukstei/trading-backtest
A stock backtesting engine written in modern Java. And a pairs trading (cointegration) strategy implementation using ...
kalman-filter cointegration backtesting-engine
MIT license Updated on May 3, 2017

图　1-3

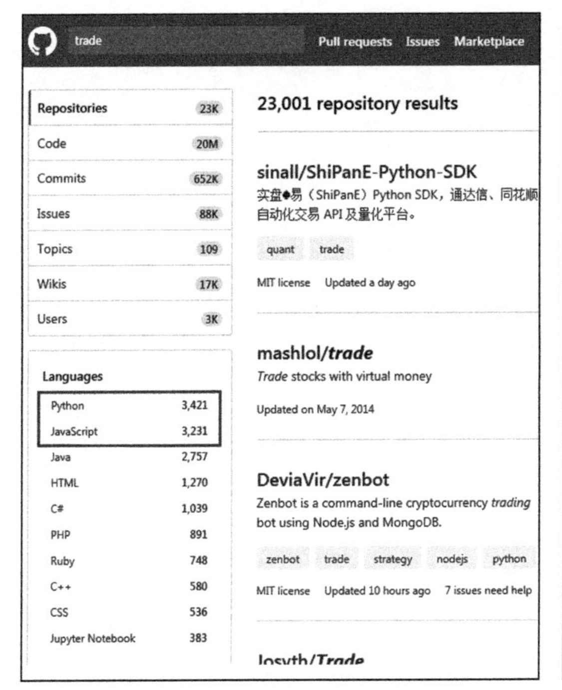

trade
Pull requests Issues Marketplace
Repositories 23K
Code 20M
Commits 652K
Issues 88K
Topics 109
Wikis 17K
Users 3K
Languages
Python 3,421
JavaScript 3,231
Java 2,757
HTML 1,270
C# 1,039
PHP 891
Ruby 748
C++ 580
CSS 536
Jupyter Notebook 383
23,001 repository results
sinall/ShiPanE-Python-SDK
自动化交易 API 及量化平台。
quant trade
MIT license Updated a day ago
mashlol/trade
Trade stocks with virtual money
Updated on May 7, 2014
DeviaVir/zenbot
Zenbot is a command-line cryptocurrency trading bot using Node.js and MongoDB.
zenbot trade strategy nodejs python
MIT license Updated 10 hours ago 7 issues need help

图　1-4

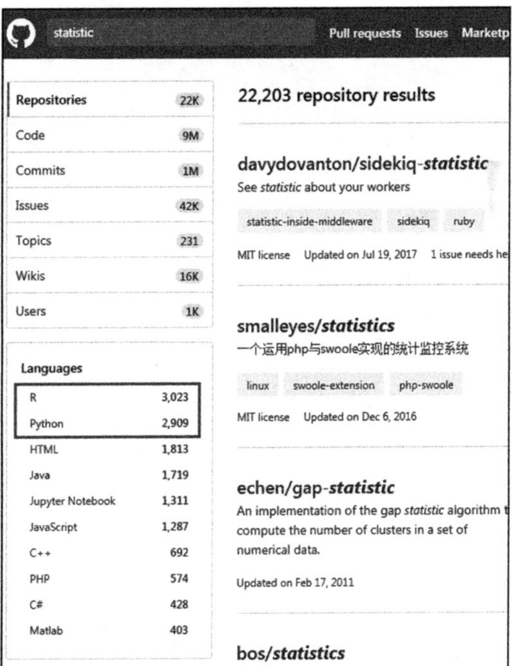

statistic
Pull requests Issues
Repositories 22K
Code 9M
Commits 1M
Issues 42K
Topics 231
Wikis 16K
Users 1K
Languages
R 3,023
Python 2,909
HTML 1,813
Java 1,719
Jupyter Notebook 1,311
JavaScript 1,287
C++ 692
PHP 574
C# 428
Matlab 403
22,203 repository results
davydovanton/sidekiq-statistic
See statistic about your workers
statistic-inside-middleware sidekiq ruby
MIT license Updated on Jul 19, 2017
smalleyes/statistics
一个运用php与swoole实现的统计监控系统
linux swoole-extension php-swoole
MIT license Updated on Dec 6, 2016
echen/gap-statistic
compute the number of clusters in a set of numerical data.
Updated on Feb 17, 2011
bos/statistics

图　1-5

1.7　Python 构建量化投资生产线

Python 语言在构建整个量化投资体系中具有极大的优势。实际上，对于量化投资，没有任何一门语言能比 Python 更快地构建整个体系。

Python 提供了大量现成的工具可以直接使用，针对获取数据、因子分析、回测系统、交易平台等都有现成的工具。

即使不直接使用现成的工具，想要自行开发，Python 也有大量的源代码可以参考借用，同时，还能帮助减少工作量和降低出错的可能性。使用 Python 搭建整个体系，可以以最小的成本、最快的速度完成开发。

随着投资行业的发展，单打独斗小作坊式的工作方式将被逐渐淘汰，标准化的量化投资生产线将会越来越多。如何快速准确地构建标准化、流程化的量化投资生产线，将会是摆在从业人员面前的一个重要问题。Python 由于其优秀的特性，极大概率会成为量化投资生产线的基础语言。

CHAPTER 2

第2章

平台搭建和工具

2.1 需要考虑的问题

在搭建 Python 开发平台时，需要考虑如下几个问题。

- 选择什么样的操作系统?
- 使用哪一个 Python 版本?
- 安装 Python 的哪些库?
- 使用什么样的集成开发环境（IDE）?

对于操作系统，目前主流的有三种：Windows、Linux、苹果 OS X。基于这三种系统，都可以搭建完整的开发平台。读者可以根据自身需求和偏好进行选择。

现在主流的 Python 版本是 2.7 和 3.5。可以预见的是，Python3.5 是未来的方向，所以本书主要以 Python3.5 为例来进行演示。但考虑到部分库的兼容性，有时候也可能会使用 Python2.7。在实践中，建议这两种版本都安装，而且这两种版本都要会用。

对于 Python 开发平台的安装，首先需要明白一个概念，Python 本身只是一门语言，但它包含了数量、类型众多的第三方库，不同的库其实现的功能是不一样的。自己从头搭建一个开发环境，还是比较麻烦的，所以一般会使用打包好的安装软件。

正因为 Python 环境的搭建方式多种多样，导致初学者自己在摸索的时候，会出现各种问题。有一句玩笑，说编程环境搭建就阻挡了 50% 的初学者。因为对于不同的需求，安装的环境是不太一样的。数据分析师和爬虫工程师的环境搭建会有一定的差别。网上的很多 Python 教程都是针对爬虫工程师的，这就导致了很多想学习数据分析的朋友按照爬虫的方式去安装编程环境，越使用就会越感觉不对劲，怎么操作都不方便。因此本书有必要专门介绍一下编程环境的搭建。

编程环境主要包括两个部分，一是 Python 底层的库，二是集成开发环境（英文简称 IDE），也就是我们常见的编程界面。本章专门针对量化投资来介绍 Python 编程环境搭建。

2.2 编程环境搭建流程

需要注意的是，做量化投资研究，要安装的一定是 Anaconda，千万不要去 Python 官网下载安装程序，那样会极其麻烦。Anaconda 一旦安装完毕，基本上就可以开始编程开发了。

Anaconda 是 Python 与各种第三方库的一个大集合，囊括了数据分析领域绝大部分的库，比如 NumPy、Pandas、Sklearn 等。Anaconda 也包含了常用的开发环境，比如 Spyder、Jupyter Notebook 等。

Anaconda 安装起来非常方便，只需要下载一个安装软件，一次性就装好了。打开 Anaconda 官网下载地址 https://www.anaconda.com/distribution/，或者直接百度 Anaconda 也可以搜索到。这里的版本会随时更新，以读者见到的版本为准。一般来说，会有 2.7 和 3.7 两种版本，这里建议选择安装 3.7 版本。

Anaconda 的安装与其他普通程序一样，这里就不再赘述了。为了便于后文的阐述，假设安装的位置为“D:\Anaconda\”。

2.2.1 其他库的安装

Anaconda 虽然包含了很多库，但市面上还是大量存在 Anaconda 没有直接包含的库，比如，国内比较流行的数据接口库 TuShare、PostgreSQL 数据库接口 psycopg2 等。对于这些库，需要另行手动安装。

这里介绍两种安装方式，都是使用包管理器来实现的。一种是使用 Anaconda 提供的 conda 管理器来安装；另一种是使用 pip 管理器来安装。下面以安装 psycopg2、TuShare 为例来说明这两种方式。

1. conda 管理器安装

在 Windows 中，可以通过“开始”菜单打开 Anaconda Prompt。

使用命令 conda search 寻找是否有对应源，命令如下：

```
conda search psycopg2
```

搜索结果如图 2-1 所示，可以看到列出的相应的源。

这个时候就可以使用以下命令进行安装：

```
conda install -c anaconda psycopg2
```

有时候会有需要更新的提醒，如图 2-2 所示。

输入“y”确认即可。

2. pip 管理器安装

有的库在 conda 中可能没有对应的源，这时就需要使用 pip 来进行安装了。比如 TuShare，就无法使用 conda 来安装，需要使用 pip 管理器来安装。

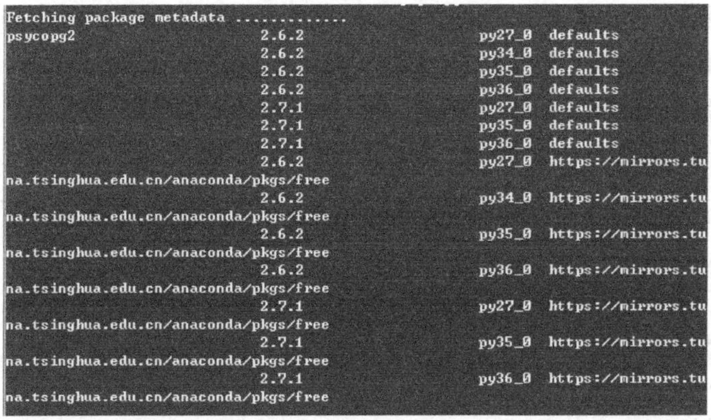

```
Fetching package metadata .............
psycopg2                     2.6.2                      py27_0  defaults
                             2.6.2                      py34_0  defaults
                             2.6.2                      py35_0  defaults
                             2.6.2                      py36_0  defaults
                             2.7.1                      py27_0  defaults
                             2.7.1                      py35_0  defaults
                             2.7.1                      py36_0  defaults
                             2.6.2                      py27_0  https://mirrors.tu
na.tsinghua.edu.cn/anaconda/pkgs/free
                             2.6.2                      py34_0  https://mirrors.tu
na.tsinghua.edu.cn/anaconda/pkgs/free
                             2.6.2                      py35_0  https://mirrors.tu
na.tsinghua.edu.cn/anaconda/pkgs/free
                             2.6.2                      py36_0  https://mirrors.tu
na.tsinghua.edu.cn/anaconda/pkgs/free
                             2.7.1                      py27_0  https://mirrors.tu
na.tsinghua.edu.cn/anaconda/pkgs/free
                             2.7.1                      py35_0  https://mirrors.tu
na.tsinghua.edu.cn/anaconda/pkgs/free
                             2.7.1                      py36_0  https://mirrors.tu
na.tsinghua.edu.cn/anaconda/pkgs/free
```

图 2-1

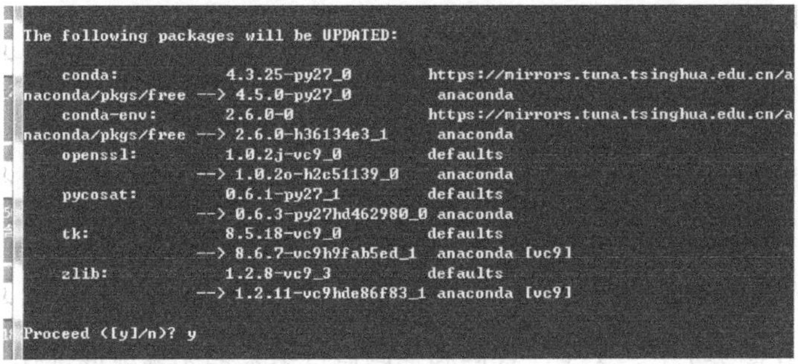

```
The following packages will be UPDATED:

    conda:           4.3.25-py27_0          https://mirrors.tuna.tsinghua.edu.cn/a
naconda/pkgs/free --> 4.5.0-py27_0           anaconda
    conda-env:       2.6.0-0                https://mirrors.tuna.tsinghua.edu.cn/a
naconda/pkgs/free --> 2.6.0-h36134e3_1       anaconda
    openssl:         1.0.2j-vc9_0           defaults
                 --> 1.0.2o-h2c51139_0       anaconda
    pycosat:         0.6.1-py27_1           defaults
                 --> 0.6.3-py27hd462980_0    anaconda
    tk:              8.5.18-vc9_0           defaults
                 --> 8.6.7-vc9h9fab5ed_1     anaconda [vc9]
    zlib:            1.2.8-vc9_3            defaults
                 --> 1.2.11-vc9hde86f83_1    anaconda [vc9]

Proceed ([y]/n)? y
```

图 2-2

这里需要注意的是，如果安装了多个版本的Anaconda，那么直接在Windows下的cmd命令下运行pip很可能就会出现问题。因为我们不知道cmd下默认的pip是哪个版本的Anaconda。

这个时候就需要手动进入对应的Anaconda的目录下面，使用该版本自带的pip程序来进行安装，这样就不会出现问题了。在Windows下，安装TuShare，一般是先打开cmd，然后输入以下命令。先进入对应版本的Anaconda的Scripts目录下面，再使用该目录下的pip程序进行安装，命令如下。

```
D:
cd D:/Anaconda/Scripts
pip install tushare
```

2.2.2 四种集成开发环境（IDE）介绍

除了安装底层库，还要选择一个合适的IDE，才能正式进行开发。现在市面上比较流行的有四种IDE：Jupyter Notebook、Spyder、PyCharm、VS Code。

Anaconda自带了两个开发环境，Jupyter Notebook和Spyder。

Jupyter Notebook是一个交互式笔记本，其本质是一个Web应用程序，便于创建和共享文学化程序文档，支持实时代码、数学方程、可视化和markdown。使用Jupyter

Notebook 最大的好处是，代码和中间的运行结果可以与文字和公式混合排在一起，就像文档一样，可以非常方便地分享给其他人。

这个网站包含了很多样例，可以参考 https://nbviewer.jupyter.org/。

一个典型的例子如图 2-3 所示。

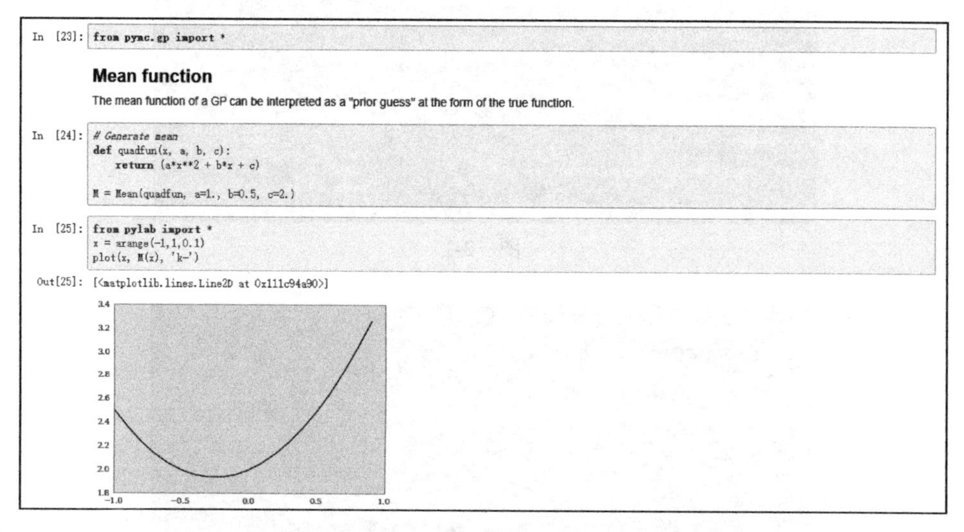

图　2-3

可以看到，在图 2-3 中，文字、代码和代码运行结果都无缝地混排在了一起，这个就是 Jupyter Notebook 的最大优势。

Spyder 与 Jupyter 的设计不一样。用过 Matlab 的朋友可能比较容易习惯 Spyder。Spyder 的界面与 Matlab、R-Studio 比较类似，也很适合做数据分析。Spyder 的界面如图 2-4 所示。

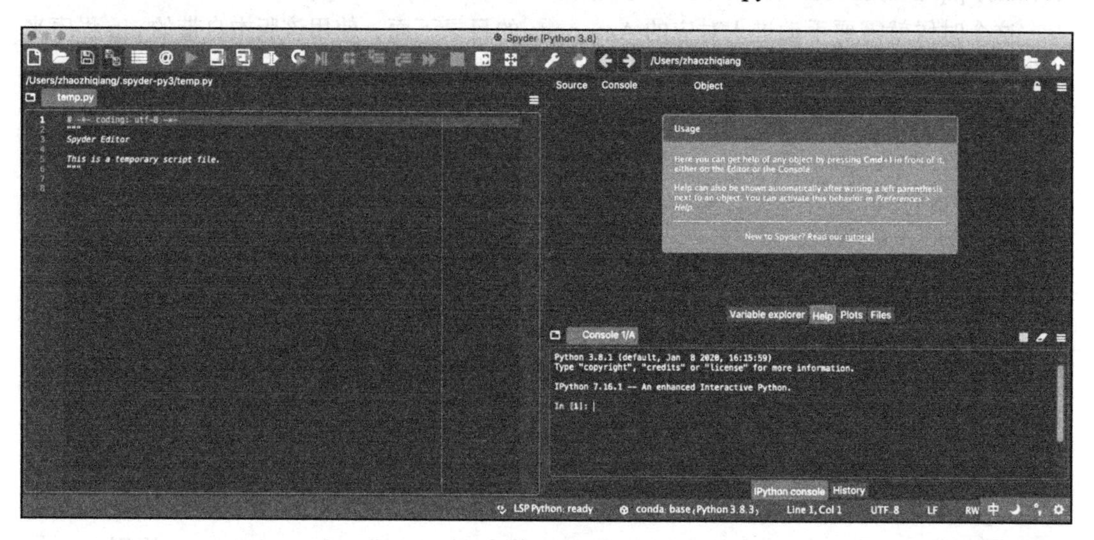

图　2-4

除了Notebook和Spyder之外，还有两个Python开发环境比较流行：一是VS Code，一是PyCharm。

VS Code是微软出品的一款轻量级的IDE。这款IDE可以很方便地进行系统级开发，也包含了一些数据分析插件。如图2-5所示的是VS Code的界面。

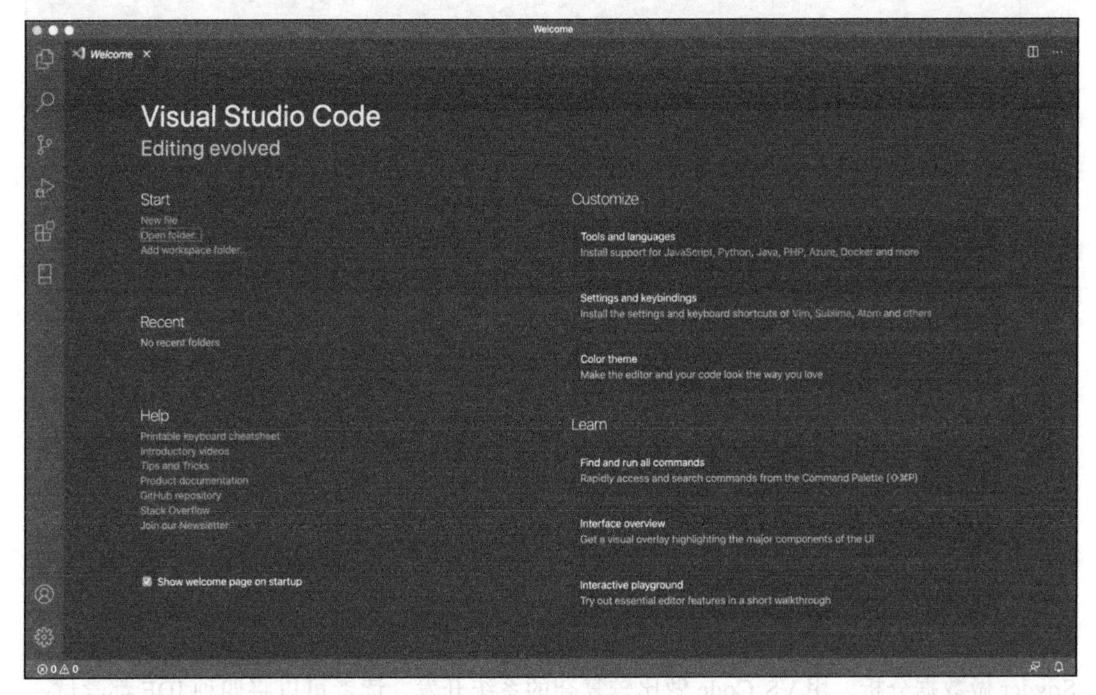

图 2-5

VS Code的各项功能都比较贴心，所以在程序员中非常流行。对于数据分析师来说，VS Code除了对Pandas的数据可视化支持不够好之外，几乎也可以算得上是一款完美的IDE。实际上，VS Code中已经包含了专门为数据分析师准备的插件，某种程度上可以替代部分Jupyter Notebook的功能（虽然仍然存在一些差距）。预计在不久的将来，随着插件越来越完善，VS Code很可能会完全替代Spyder和Notebook，一统天下。

PyCharm是一款重量级的Python开发IDE，分为免费版和收费版。由于是Python专用的IDE，因此很多功能都是专门针对Python优化而设计的。如图2-6所示的是PyCharm的界面。

PyCharm的社区版是免费的。安装完成后，有一个问题需要提醒读者注意，需要为PyCharm指定Python核心组件的位置之后，它才能正常使用。如果PyCharm默认没有找到Python核心组件的位置，则需要手动添加。可以在“菜单→File→Settings→Build Execution Deployment→Console→Python Console→Python Interpreter”中进行指定（假设为D:\Anaconda\python.exe）。

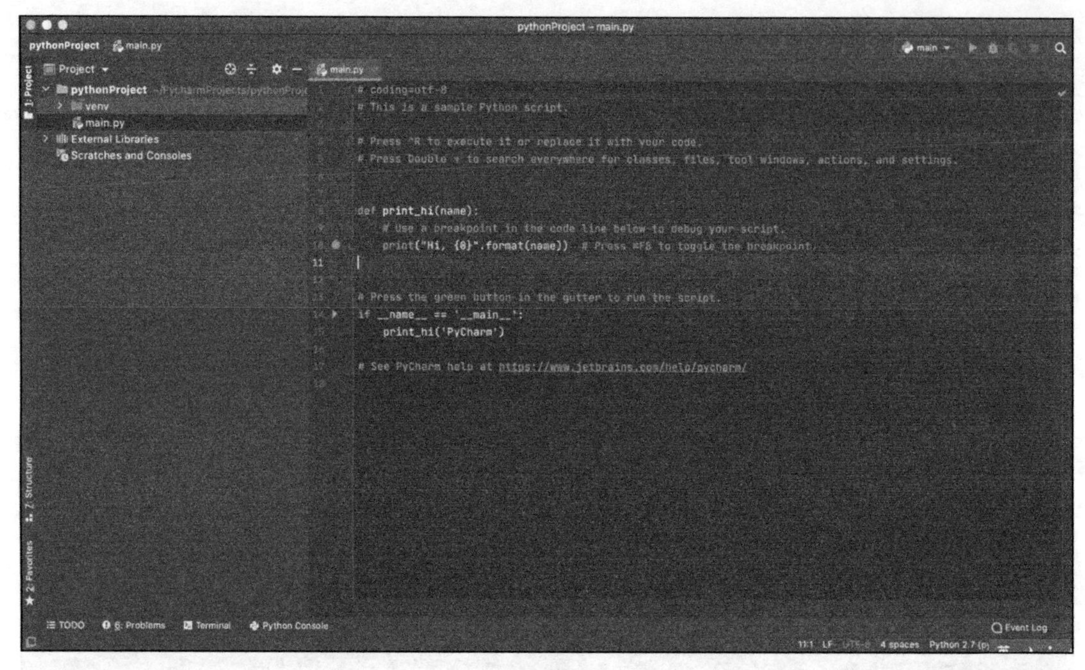

图 2-6

PyCharm 比较适合用于开发大型的项目，比如交易平台、后台系统等，一般在后台程序员中比较流行。

理论上，四种 IDE 都可以进行任何类型的开发。笔者个人在开发过程中，一般喜欢用 Spyder 做数据分析，用 VS Code 做比较复杂的系统开发。读者可以将四种 IDE 都尝试一下，选择自己顺手的来使用。

CHAPTER 3

第3章

Python 金融分析常用库介绍

学习 Python 首先需要了解 Python 与 Matlab 等商业软件的不同。Matlab 中所有的功能都是由开发商开发的，所以各种接口和库都比较统一和规范，而且是一一对应的，比如期权定价模型，Matlab 只会提供一种函数。Python 则不一样，它是开源的，所有人都可以贡献自己的代码和库，这就使得 Python 的库不统一，略显杂乱，而且同一个功能往往有好几个库都可以完成。比如绘制散点图，既可以用 Matplotlib，也可以用 seaborn。再比如回测，既可以用 PyAlgoTrade，也可以用 Zipline。为了完成一项功能，辨别和使用各种不同的库本身就是一个非常消耗精力的过程。不过，有一些 Python 的库，已经是非常标准化的且应用广泛的。这些库是无论如何都要学会使用的，否则会寸步难行。本章就来重点介绍这些常用库的简单用法。

Python 本身的数据分析功能并不强，需要一些第三方扩展库来实现更多的数据分析功能。由于前面已经安装了 Anaconda，所以现在自带的库有 NumPy、SciPy、Matplotlib、Pandas、Scikit-Learn 等。

本章主要对这些库进行一个简单的介绍。对于每一个库更多的使用方法，官网的帮助文档都有详细的介绍，读者若有兴趣可以自行查阅。

3.1 NumPy

NumPy（Numerical Python 的简称）是高性能科学计算和数据分析的基础包。它是 Python 进行科学计算时所有高级工具的基础组件。NumPy 的部分功能如下。

- ndarray，具有矢量算术运算的、快速且节省空间的多维数组。
- 无需循环，就可以基于标准数学函数对整组数据进行快速运算。
- 包含文件读写工具和内存映射文件工具。
- 具有线性代数、随机数生成以及傅里叶变换等功能。
- 集成了 C、C++、Fortran 等语言编写的工具。
- 拥有 C 语言的 API，可以与 C 语言编写的库互相传递数据。

NumPy的ndarray是一个多维数组对象，主要由如下两个部分组成。

- 实际的数据。
- 描述这些数据的元数据。

我们需要先导入NumPy库，才能使用ndarray。通常的导入方式如下：

```
In[10]: import numpy as np
In[11]: a=np.arange(10)
In[12]: type(a)
Out[12]: numpy.ndarray
```

但在本章中，为了简洁，我们使用如下的导入方式：

```
In[13]: from numpy import *
In[14]: a=arange(10)
In[15]: type(a)
Out[15]: numpy.ndarray
In[5]: a
Out[5]: array([0, 1, 2, 3, 4, 5, 6, 7, 8, 9])
```

这样就不用在每一个NumPy的函数中加上np了，程序更为简洁。

在上面的例子中，我们使用了NumPy的函数arange()，生成了从0到9的ndarray数组。NumPy数组的下标与Python一样，也是从0开始的。这里，数组的数据类型是int32，示例代码如下：

```
In[7]: a.dtype
Out[7]: dtype('int32')
```

但在有的机器中，结果可能是int64。这一点与操作系统还有Python的版本有关。

查看数组的维度，返回一个元组（tuple），可以看到，这个数组是一个长度为10的一维数据。示例代码如下：

```
In[10]: a.shape
Out[10]: (10L,)
```

NumPy数组一般是同质的，即数组中所有元素的类型必须一致。

3.1.1 创建多维数组

上一节的例子中，我们创建了一个一维数据。NumPy可以支持更高的维度。下面我们就来尝试一下，示例代码如下：

```
In[11]: m=array([arange(4),arange(4)])
In[12]: m
Out[12]:
array([[0, 1, 2, 3],
            [0, 1, 2, 3]])
In[13]: m.shape
Out[13]: (2L, 4L)
```

这里将 arange 函数创建的数组作为列表元素，将这个列表作为参数传给了 array 函数，从而创建了一个 2×4 的数组。

array 函数可以依据给定的对象生成数组。给定的对象应是类数组，如 Python 中的列表。

3.1.2　选取数组元素

有时候我们需要选取数组中的某个元素，在 NumPy 中可使用下标来进行选取，下标是从 0 开始的。示例代码如下：

```
In[25]: a=array([arange(1,5),arange(5,9)])
In[26]: a
Out[26]:
array([[1, 2, 3, 4],
       [5, 6, 7, 8]])
```

在这里，我们创建了一个 2×4 的数组。元素的示例代码如下：

```
In[27]: a[0,0]
Out[27]: 1
In[28]: a[0,1]
Out[28]: 2
In[29]: a[0,2]
Out[29]: 3
In[30]: a[1,3]
Out[30]: 8
```

对于数组 a，只需要用 a[m, n] 选取各元素即可，其中 m 和 n 为元素的下标。

索引和切片

NumPy 的索引和切片与 Python 非常类似。示例代码如下：

```
In[31]: a=arange(10)
In[32]: a
Out[32]: array([0, 1, 2, 3, 4, 5, 6, 7, 8, 9])
```

用下标切片的示例代码如下：

```
In[33]: a[4:7]
Out[33]: array([4, 5, 6])
```

若想以 2 为步长选取元素，可用如下命令：

```
In[35]: a[::2]
Out[35]: array([0, 2, 4, 6, 8])
```

用负数下标翻转数组的示例代码如下：

```
In[36]: a[::-1]
Out[36]: array([9, 8, 7, 6, 5, 4, 3, 2, 1, 0])
```

3.2 SciPy

SciPy 是基于 NumPy 的，提供了更多的科学计算功能，比如线性代数、优化、积分、插值、信号处理等。

1. 文件读写

目前在国内 Matlab 仍然非常流行，Matlab 使用的数据格式通常是 .mat 文件。对此，Scipy.io 包提供了可以导入导出 .mat 文件的接口，这样，Python 和 Matlab 的协同工作就变得非常容易了。示例代码如下所示：

```
In[2]: from scipy import io as spio
In[3]: import numpy as np
In[4]: a=np.arange(10)
In[5]: spio.savemat('a.mat',{'a':a})
In[8]: data = spio.loadmat('a.mat', struct_as_record=True)
In[10]: data['a']
Out[10]: array([[0, 1, 2, 3, 4, 5, 6, 7, 8, 9]])
```

2. 线性代数运算

在 SciPy 中，线性代数运算使用的是 scipy.linalg。

scipy.linalg.det() 可用于计算矩阵的行列式，示例代码如下：

```
In[17]: from scipy import linalg
In[18]: m=np.array([[1,2],[3,4]])
In[20]: linalg.det(m)
Out[20]: -2.0
```

3. 优化和拟合

求解最大值最小值之类的问题即为优化问题，在 SciPy 中，scipy.optimization 提供了最小值、曲线拟合等算法。示例代码如下：

```
import numpy as np
from scipy import optimize
import matplotlib.pyplot as plt

def f(x):
    return x**2+20*np.sin(x)

x=np.arange(-10,10,0.1)

plt.plot(x,f(x))
```

由图 3-1 中可以看到，对应的最小值的横坐标大约是 –2。

我们可以用暴力穷举法来计算最小值，代码如下：

```
In[29]: grid=(-10,10,0.1)
In[30]: x_min=optimize.brute(f,(grid,))
```

```
In[31]: x_min
Out[31]: array([-1.42754883])
```

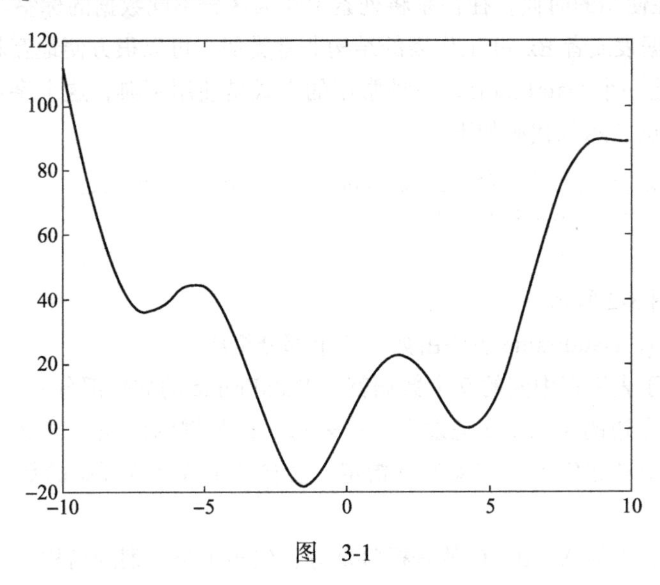

图 3-1

当然，当数据量较大的时候，穷举法速度会很慢。为了提高效率，scipy.optimize 也提供了诸如模拟退火等优化算法，这里不再多讲。

4. 统计和随机数

关于统计相关的工具和用法，请参考第 5 章，其中会有更为详细的讲解。

3.3 Pandas

在 Python 中，进行数据分析的一个主要工具就是 Pandas。Pandas 是 Wes McKinney 在大型对冲基金 AQR 公司工作时开发的，后来该工具开源了，主要由社区进行维护和更新。

Pandas 具有 NumPy 的 ndarray 所不具有的很多功能，比如集成时间序列、按轴对齐数据、处理缺失数据等常用功能。Pandas 最初是针对金融分析而开发的，所以很适合用于量化投资。

在使用 Pandas 之前，需要导入 Pandas 包。惯例是将 pandas 简写为 pd，命令如下：

```
import pandas as pd
```

Pandas 包含两个主要的数据结构：Series 和 DataFrame。其中最常用的是 DataFrame，下面我们先来学习一下 DataFrame。

3.3.1 DataFrame 入门

DataFrame 是一个表格型的数据结构。每列都可以是不同的数据类型（数值、字符串、布尔值等）。DataFrame既有行索引也有列索引，这两种索引在DataFrame的实现上，本质上是一样的。但在使用的时候，往往是将列索引作为区分不同数据的标签。DataFrame的数据结构与SQL数据表或者Excel工作表的结构非常类似，可以很方便地互相转换。

下面先来创建一个DataFrame，一种常用的方式是使用字典，这个字典是由等长的list或者ndarray组成的，示例代码如下：

```
data={'A':['x','y','z'],'B':[1000,2000,3000],'C':[10,20,30]}
df=pd.DataFrame(data,index=['a','b','c'])
df
```

运行结果如图3-2所示。

	A	B	C
a	x	1000	10
b	y	2000	20
c	z	3000	30

图　3-2

我们可以看到，DataFrame主要由如下三个部分组成。

- 数据，位于表格正中间的9个数据就是DataFrame的数据部分。
- 索引，最左边的a、b、c是索引，代表每一行数据的标识。这里的索引是显式指定的。如果没有指定，会自动生成从0开始的数字索引。
- 列标签，表头的A、B、C就是标签部分，代表了每一列的名称。

表3-1中列出了DataFrame函数常用的参数。其中，“类似列表”代表类似列表的形式，比如列表、元组、ndarray等。一般来说，data、index、columns这三个参数的使用频率是最高的。

表3-1　DataFrame函数参数

参数	类型	说明
data	ndarray/字典/类似列表	DataFrame数据；数据类型可以是ndarray、嵌套列表、字典等
index	索引/类似列表	使用的索引；默认值为range(n)
columns	索引/类似列表	使用的列标签；默认值为range(n)
dtype	dtype	使用（强制）的数据类型；否则通过推导得出；默认值为None
copy	布尔值	从输入复制数据；默认值为False

在表3-1中，data的数据类型有很多种。表3-2中列举了可以作为data传给DataFrame函数的数据类型。

表3-2　可以传给DataFrame构造器的数据

数据类型	说明
二维ndarray	可以自行指定索引和列标签
嵌套列表或者元组	类似于二维ndarray
数据、列表或元组组成的字典	每个序列变成一列。所有序列长度必须相同
由Series组成的字典	每个Series会成为一列。如果没有指定索引，各Series的索引会被合并
另一个DataFrame	该DataFrame的索引将会被沿用

前面生成了一个DataFrame，变量名为df。下面我们来查看一下df的各个属性值。

获取df数据的示例代码如下：

```
df.values
```

输出结果如下：

```
array([['x', 1000, 10],
       ['y', 2000, 20],
       ['z', 3000, 30]], dtype=object)
```

获取df行索引的示例代码如下：

```
df.index
```

输出结果如下：

```
Index(['a', 'b', 'c'], dtype='object')
```

获取df列索引（列标签）的示例代码如下：

```
df.columns
```

输出结果如下：

```
Index(['A', 'B', 'C'], dtype='object')
```

可以看到，行索引和列标签都是Index数据类型。

创建的时候，如果指定了列标签，那么DataFrame的列也会按照指定的顺序进行排列，示例代码如下：

```
df=pd.DataFrame(data,columns=['C','B','A'],index=['a','b','c'])
df
```

运行结果如图3-3所示。

	C	B	A
a	10	1000	x
b	20	2000	y
c	30	3000	z

图 3-3

如果某列不存在，为其赋值，会创建一个新列。我们可以用这种方法来添加一个新的列：

```
df['D']=10
df
```

运行结果如图3-4所示。

使用del命令可以删除列，示例代码如下：

```
del df['D']
df
```

运行结果如图3-5所示。

	A	B	C	D
a	x	1000	10	10
b	y	2000	20	10
c	z	3000	30	10

图　3-4

	A	B	C
a	x	1000	10
b	y	2000	20
c	z	3000	30

图　3-5

添加行的一种方法是先创建一个 DataFrame，然后再使用 append 方法，代码如下：

```
new_df=pd.DataFrame({'A':'new','B':4000,'C':40},index=['d'])
df=df.append(new_df)
df
```

运行结果如图 3-6 所示。

或者也可以使用 loc 方法来添加行，示例代码如下：

```
df.loc['e']=['new2',5000,50]
df
```

运行结果如图 3-7 所示。

	A	B	C
a	x	1000	10
b	y	2000	20
c	z	3000	30
d	new	4000	40

图　3-6

	A	B	C
a	x	1000	10
b	y	2000	20
c	z	3000	30
d	new	4000	40
e	new2	5000	50

图　3-7

loc 方法将在后面的内容中详细介绍。

索引的存在，使得 Pandas 在处理缺漏信息的时候非常灵活。下面的示例代码会新建一个 DataFrame 数据 df2。

```
df2=pd.DataFrame([1,2,3,4,5],index=['a','b','c','d','z'],columns=['E'])
df2
```

运行结果如图 3-8 所示。

如果现在想要合并 df 和 df2，使得 df 有一个新的列 E，那么可以使用 join 方法，代码如下：

```
df.join(df2)
```

运行结果如图 3-9 所示。

	E
a	1.1
b	2.2
c	3.3
d	4.4
z	5.5

图 3-8

	A	B	C	E
a	x	1000	10	1.1
b	y	2000	20	2.2
c	z	3000	30	3.3
d	new	4000	40	4.4
e	new2	5000	50	NaN

图 3-9

可以看到，df 只接受索引已经存在的值。由于 df2 中没有索引 e，所以是 NaN 值，而且 df2 索引为 z 的值已经丢失了。为了保留 df2 中索引为 z 的值，我们可以提供一个参数，告诉 Pandas 如何连接。示例代码如下：

```
df.join(df2,how='outer')
```

运行结果如图 3-10 所示。

	A	B	C	E
a	x	1000	10	1.1
b	y	2000	20	2.2
c	z	3000	30	3.3
d	new	4000	40	4.4
e	new2	5000	50	NaN
z	NaN	NaN	NaN	5.5

图 3-10

在上述代码中，how='outer' 表示使用两个索引中所有值的并集。连接操作的其他选项还有 inner（索引的交集）、left（默认值，调用方法的对象的索引值）、right（被连接对象的索引值）等。

在金融数据分析中，我们要分析的往往是时间序列数据。下面介绍一下如何基于时间序列生成 DataFrame。为了创建时间序列数据，我们需要一个时间索引。这里先生成一个 DatetimeIndex 对象的日期序列，代码如下：

```
dates=pd.date_range('20160101',periods=8)
dates
```

输出结果如下：

```
DatetimeIndex(['2016-01-01', '2016-01-02', '2016-01-03', '2016-01-04',
               '2016-01-05', '2016-01-06', '2016-01-07', '2016-01-08'],dtype='da
                  tetime64[ns]', freq='D')
```

可以看到，使用 Pandas 的 date_range 函数生成的是一个 DatetimeIndex 对象。date_range 函数的参数及说明如表 3-3 所示，date_range 函数频率的参数及说明如表 3-4 所示。

表 3-3　date_range 函数参数

参数	类型	说明
start	字符串 / 日期时间	开始日期；默认为 None
end	字符串 / 日期时间	结束日期；默认为 None
periods	整数 /None	如果 start 或者 end 空缺，就必须指定；从 start 开始，生成 periods 日期数据；默认为 None

（续）

参数	类型	说明
freq	dtype	周期；默认是 D，即周期为一天。也可以写成类似 5H 的形式，即 5 小时。其他的频率参数见表 3-4
tz	字符串 /None	本地化索引的时区名称
normalize	布尔值	将 start 和 end 规范化为午夜；默认为 False
name	字符串	生成的索引名称

表 3-4　date_range 函数频率参数值

值名称	说明
B	交易日
C	自定义交易日（试验中）
D	日历日
W	每周
M	每月底
SM	半个月频率（15 号和月底）
BM	每个月份最后一个交易日
CBM	自定义每个交易月
MS	日历月初
SMS	月初开始的半月频率（1 号，15 号）
BMS	交易月初
CBMS	自定义交易月初
Q	季度末
BQ	交易季度末
QS	季度初
BQS	交易季度初
A	年末
BA	交易年度末
AS	年初
BAS	交易年度初
BH	交易小时
H	小时
T，min	分钟
S	秒
L，ms	毫秒
U，us	微秒
N	纳秒

接下来，我们再基于 dates 来创建 DataFrame，代码如下：

```
df=pd.DataFrame(np.random.randn(8,4),index=dates,columns=list('ABCD'))
df
```

运行结果如图 3-11 所示。

	A	B	C	D
2016-01-01	-1.142350	-1.999351	0.772343	-0.851840
2016-01-02	-0.816178	1.078080	-0.595195	-0.879711
2016-01-03	0.030206	0.759953	-1.446549	-0.874364
2016-01-04	1.930175	-0.204519	-0.052062	1.033899
2016-01-05	0.571512	1.053820	0.620669	-1.044335
2016-01-06	0.220445	2.099326	0.659728	0.282674
2016-01-07	0.292176	-1.088883	0.051100	0.516373
2016-01-08	-0.844260	-2.483776	-0.557467	0.368073

图　3-11

有了 df，我们就可以使用多个基于 DataFrame 的内建方法了，下面来看看相关的示例。按列求总和，代码如下：

```
df.sum()
```

输出结果如下：

```
A     0.241727
B    -0.785350
C    -0.547433
D    -1.449231
dtype: float64
```

按列求均值，代码如下：

```
df.mean()
```

输出结果如下：

```
A     0.030216
B    -0.098169
C    -0.068429
D    -0.181154
dtype: float64
```

按列求累计总和，代码如下：

```
df.cumsum()
```

运行结果如图 3-12 所示。

	A	B	C	D
2016-01-01	-1.142350	-1.999351	0.772343	-0.851840
2016-01-02	-1.958528	-0.921271	0.177148	-1.731551
2016-01-03	-1.928322	-0.161318	-1.269401	-2.605915
2016-01-04	0.001853	-0.365837	-1.321463	-1.572016
2016-01-05	0.573365	0.687983	-0.700794	-2.616351
2016-01-06	0.793810	2.787309	-0.041066	-2.333677
2016-01-07	1.085987	1.698426	0.010034	-1.817304
2016-01-08	0.241727	-0.785350	-0.547433	-1.449231

图　3-12

使用 describe 一键生成多种统计数据，代码如下：

```
In[14]: df.describe()
```

运行结果如图 3-13 所示。

	A	B	C	D
count	8.000000	8.000000	8.000000	8.000000
mean	0.030216	-0.098169	-0.068429	-0.181154
std	0.990213	1.628954	0.769264	0.814433
min	-1.142350	-2.483776	-1.446549	-1.044335
25%	-0.823199	-1.316500	-0.566899	-0.875701
50%	0.125326	0.277717	-0.000481	-0.284583
75%	0.362010	1.059885	0.630433	0.405148
max	1.930175	2.099326	0.772343	1.033899

图　3-13

可以根据某一列的值进行排序，代码如下：

```
df.sort_values('A')
```

运行结果如图 3-14 所示。
根据索引（日期）排序（这里是倒序），代码如下：

```
df.sort_index(ascending=False)
```

运行结果如图 3-15 所示。

	A	B	C	D
2016-01-01	-1.142350	-1.999351	0.772343	-0.851840
2016-01-08	-0.844260	-2.483776	-0.557467	0.368073
2016-01-02	-0.816178	1.078080	-0.595195	-0.879711
2016-01-03	0.030206	0.759953	-1.446549	-0.874364
2016-01-06	0.220445	2.099326	0.659728	0.282674
2016-01-07	0.292176	-1.088883	0.051100	0.516373
2016-01-05	0.571512	1.053820	0.620669	-1.044335
2016-01-04	1.930175	-0.204519	-0.052062	1.033899

图 3-14

	A	B	C	D
2016-01-08	-0.844260	-2.483776	-0.557467	0.368073
2016-01-07	0.292176	-1.088883	0.051100	0.516373
2016-01-06	0.220445	2.099326	0.659728	0.282674
2016-01-05	0.571512	1.053820	0.620669	-1.044335
2016-01-04	1.930175	-0.204519	-0.052062	1.033899
2016-01-03	0.030206	0.759953	-1.446549	-0.874364
2016-01-02	-0.816178	1.078080	-0.595195	-0.879711
2016-01-01	-1.142350	-1.999351	0.772343	-0.851840

图 3-15

选取某一列，返回的是Series对象，可以使用df.A，代码如下：

```
df['A']
```

输出结果如下：

```
2016-01-01   -1.142350
2016-01-02   -0.816178
2016-01-03    0.030206
2016-01-04    1.930175
2016-01-05    0.571512
2016-01-06    0.220445
2016-01-07    0.292176
2016-01-08   -0.844260
Freq: D, Name: A, dtype: float64
```

使用[]选取某几行，代码如下：

```
df[0:5]
```

运行结果如图 3-16 所示。

	A	B	C	D
2016-01-01	-1.142350	-1.999351	0.772343	-0.851840
2016-01-02	-0.816178	1.078080	-0.595195	-0.879711
2016-01-03	0.030206	0.759953	-1.446549	-0.874364
2016-01-04	1.930175	-0.204519	-0.052062	1.033899
2016-01-05	0.571512	1.053820	0.620669	-1.044335

图 3-16

根据标签（Label）选取数据，使用的是 loc 方法，代码如下：

```
df.loc[dates[0]]
```

输出结果如下：

```
A   -1.142350
B   -1.999351
C    0.772343
D   -0.851840
Name: 2016-01-01 00:00:00, dtype: float64
```

再来看两个示例代码。

```
df.loc[:,['A','C']]
```

运行结果如图 3-17 所示。

```
df.loc['20160102':'20160106',['A','C']]
```

运行结果如图 3-18 所示。

需要注意的是，如果只有一个时间点，那么返回的值是 Series 对象，代码如下：

```
df.loc['20160102',['A','C']]
```

输出结果如下：

```
A   -0.816178
C   -0.595195
Name: 2016-01-02 00:00:00, dtype: float64
```

如果想要获取 DataFrame 对象，需要使用如下命令：

```
df.loc['20160102':'20160102',['A','C']]
```

运行结果如图 3-19 所示。

	A	C
2016-01-01	-1.142350	0.772343
2016-01-02	-0.816178	-0.595195
2016-01-03	0.030206	-1.446549
2016-01-04	1.930175	-0.052062
2016-01-05	0.571512	0.620669
2016-01-06	0.220445	0.659728
2016-01-07	0.292176	0.051100
2016-01-08	-0.844260	-0.557467

图 3-17

	A	C
2016-01-02	-0.816178	-0.595195
2016-01-03	0.030206	-1.446549
2016-01-04	1.930175	-0.052062
2016-01-05	0.571512	0.620669
2016-01-06	0.220445	0.659728

图 3-18

上面介绍的是 loc 方法，是按标签（索引）来选取数据的。有时候，我们会希望按照 DataFrame 的绝对位置来获取数据，比如，如果想要获取第 3 行第 2 列的数据，但不想按标签（索引）获取，那么这时候就可以使用 iloc 方法。

	A	C
2016-01-02	-0.816178	-0.595195

图 3-19

根据位置选取数据，代码如下：

```
df.iloc[2]
```

输出结果如下：

```
A     0.030206
B     0.759953
C    -1.446549
D    -0.874364
Name: 2016-01-03 00:00:00, dtype: float64
```

再来看一个示例：

```
df.iloc[3:6,1:3]
```

运行结果如图 3-20 所示。

	B	C
2016-01-04	-0.204519	-0.052062
2016-01-05	1.053820	0.620669
2016-01-06	2.099326	0.659728

图 3-20

注意：对于 DataFrame 数据类型，可以使用 [] 运算符来进行选取，这也是最符合习惯的。但是，对于工业代码，推荐使用 loc、iloc 等方法。因为这些方法是经过优化的，拥有更好的性能。

有时，我们需要选取满足一定条件的数据。这个时候可以使用条件表达式来选取数据。这时传给 df 的既不是标签，也不是绝对位置，而是布尔数组（Boolean Array）。下面来看一下示例。

例如，寻找 A 列中值大于 0 的行。首先，生成一个布尔数组，代码如下：

```
df.A>0
```

输出结果如下：

```
2016-01-01    False
2016-01-02    False
2016-01-03     True
2016-01-04     True
2016-01-05     True
2016-01-06     True
2016-01-07     True
2016-01-08    False
Freq: D, Name: A, dtype: bool
```

可以看到，这里生成了一个 Series 类型的布尔数组。可以通过这个数组来选取对应的行，代码如下：

```
df[df.A>0]
```

运行结果如图 3-21 所示。

	A	B	C	D
2016-01-03	0.030206	0.759953	-1.446549	-0.874364
2016-01-04	1.930175	-0.204519	-0.052062	1.033899
2016-01-05	0.571512	1.053820	0.620669	-1.044335
2016-01-06	0.220445	2.099326	0.659728	0.282674
2016-01-07	0.292176	-1.088883	0.051100	0.516373

图　3-21

从结果可以看到，A 列中值大于 0 的所有行都被选择出来了，同时也包括了 BCD 列。

现在我们要寻找 df 中所有大于 0 的数据，先生成一个全数组的布尔值，代码如下：

```
df>0
```

运行结果如图 3-22 所示。

下面来看一下使用 df>0 选取出来的数据效果。由图 3-23 可以看到，大于 0 的数据都能显示，其他数据显示为 NaN 值。

```
df[df>0]
```

运行结果如图 3-23 所示。

	A	B	C	D
2016-01-01	False	False	True	False
2016-01-02	False	True	False	False
2016-01-03	True	True	False	False
2016-01-04	True	False	False	True
2016-01-05	True	True	True	False
2016-01-06	True	True	True	True
2016-01-07	True	False	True	True
2016-01-08	False	False	False	True

图　3-22

	A	B	C	D
2016-01-01	NaN	NaN	0.772343	NaN
2016-01-02	NaN	1.078080	NaN	NaN
2016-01-03	0.030206	0.759953	NaN	NaN
2016-01-04	1.930175	NaN	NaN	1.033899
2016-01-05	0.571512	1.053820	0.620669	NaN
2016-01-06	0.220445	2.099326	0.659728	0.282674
2016-01-07	0.292176	NaN	0.051100	0.516373
2016-01-08	NaN	NaN	NaN	0.368073

图　3-23

再来看一下如何改变 df 的值。首先我们为 df 添加新的一列 E，代码如下：

```
df['E']=0
df
```

运行结果如图 3-24 所示。

	A	B	C	D	E
2016-01-01	-1.142350	-1.999351	0.772343	-0.851840	0
2016-01-02	-0.816178	1.078080	-0.595195	-0.879711	0
2016-01-03	0.030206	0.759953	-1.446549	-0.874364	0
2016-01-04	1.930175	-0.204519	-0.052062	1.033899	0
2016-01-05	0.571512	1.053820	0.620669	-1.044335	0
2016-01-06	0.220445	2.099326	0.659728	0.282674	0
2016-01-07	0.292176	-1.088883	0.051100	0.516373	0
2016-01-08	-0.844260	-2.483776	-0.557467	0.368073	0

图 3-24

使用loc改变一列值，代码如下：

```
df.loc[:,'E']=1
df
```

运行结果如图3-25所示。

	A	B	C	D	E
2016-01-01	-1.142350	-1.999351	0.772343	-0.851840	1
2016-01-02	-0.816178	1.078080	-0.595195	-0.879711	1
2016-01-03	0.030206	0.759953	-1.446549	-0.874364	1
2016-01-04	1.930175	-0.204519	-0.052062	1.033899	1
2016-01-05	0.571512	1.053820	0.620669	-1.044335	1
2016-01-06	0.220445	2.099326	0.659728	0.282674	1
2016-01-07	0.292176	-1.088883	0.051100	0.516373	1
2016-01-08	-0.844260	-2.483776	-0.557467	0.368073	1

图 3-25

使用loc改变单个值，代码如下：

```
df.loc['2016-01-01','E'] = 2
df
```

运行结果如图3-26所示。

使用loc改变一列值，代码如下：

```
df.loc[:,'D'] = np.array([2] * len(df))
df
```

	A	B	C	D	E
2016-01-01	-1.142350	-1.999351	0.772343	-0.851840	2
2016-01-02	-0.816178	1.078080	-0.595195	-0.879711	1
2016-01-03	0.030206	0.759953	-1.446549	-0.874364	1
2016-01-04	1.930175	-0.204519	-0.052062	1.033899	1
2016-01-05	0.571512	1.053820	0.620669	-1.044335	1
2016-01-06	0.220445	2.099326	0.659728	0.282674	1
2016-01-07	0.292176	-1.088883	0.051100	0.516373	1
2016-01-08	-0.844260	-2.483776	-0.557467	0.368073	1

图 3-26

运行结果如图 3-27 所示。

	A	B	C	D	E
2016-01-01	-1.142350	-1.999351	0.772343	2	2
2016-01-02	-0.816178	1.078080	-0.595195	2	3
2016-01-03	0.030206	0.759953	-1.446549	2	1
2016-01-04	1.930175	-0.204519	-0.052062	2	1
2016-01-05	0.571512	1.053820	0.620669	2	1
2016-01-06	0.220445	2.099326	0.659728	2	1
2016-01-07	0.292176	-1.088883	0.051100	2	1
2016-01-08	-0.844260	-2.483776	-0.557467	2	1

图 3-27

可以看到，使用 loc 的时候，x 索引和 y 索引都必须是标签值。对于这个例子，使用日期索引明显不方便，需要输入较长的字符串，所以使用绝对位置会更好。这里可以使用混合方法，DataFrame 可以使用 ix 来进行混合索引。比如，行索引使用绝对位置，列索引使用标签，代码如下：

```
df.ix[1,'E'] = 3
df
```

运行结果如图 3-28 所示。

	A	B	C	D	E
2016-01-01	-1.142350	-1.999351	0.772343	-0.851840	2
2016-01-02	-0.816178	1.078080	-0.595195	-0.879711	3
2016-01-03	0.030206	0.759953	-1.446549	-0.874364	1
2016-01-04	1.930175	-0.204519	-0.052062	1.033899	1
2016-01-05	0.571512	1.053820	0.620669	-1.044335	1
2016-01-06	0.220445	2.099326	0.659728	0.282674	1
2016-01-07	0.292176	-1.088883	0.051100	0.516373	1
2016-01-08	-0.844260	-2.483776	-0.557467	0.368073	1

图 3-28

ix 的处理方式是，对于整数，先假设为标签索引，并进行寻找；如果找不到，就作为绝对位置索引进行寻找。所以运行效率上会稍差一些，但好处是这样操作比较方便。

对于 ix 的用法，需要注意如下两点。

- 假如索引本身就是整数类型，那么 ix 只会使用标签索引，而不会使用位置索引，即使没能在索引中找到相应的值（这个时候会报错）。
- 如果索引既有整数类型，也有其他类型（比如字符串），那么 ix 对于整数会直接使用位置索引，但对于其他类型（比如字符串）则会使用标签索引。

总的来说，除非想用混合索引，否则建议只使用 loc 或者 iloc 来进行索引，这样可以避免很多问题。

3.3.2 Series

Series 类似于一维数组，由一组数据以及相关的数据标签（索引）组成。示例代码如下：

```
In[5]: import pandas as pd
In[6]: s=pd.Series([1,4,6,2,3])
In[7]: s
Out[7]:
0    1
1    4
2    6
3    2
4    3
```

在这段代码中，我们首先导入 pandas 并命名为 pd，然后向 Series 函数传入一个列表，生成一个 Series 对象。在输出 Series 对象的时候，左边一列是索引，右边一列是值。由于没有指定索引，因此会自动创建 0 到（N－1）的整数索引。也可以通过 Series 的 values 和 index 属性获取其值和索引。示例代码如下：

```
In[8]: s.values
Out[8]: array([1, 4, 6, 2, 3], dtype=int64)
In[9]: s.index
Out[9]: Int64Index([0, 1, 2, 3, 4], dtype='int64')
```

当然，我们也可以对索引进行定义，代码如下：

```
In[19]: s=pd.Series([1,2,3,4],index=['a','b','c','d'])
In[20]: s
Out[20]:
a    1
b    2
c    3
d    4
```

在这里，我们将索引定义为 a、b、c、d。这时也可以用索引来选取 Series 的数据，代码如下：

```
In[21]: s['a']
```

```
Out[21]: 1
In[22]: s[['b','c']]
Out[22]:
b    2
c    3
```

对 Series 进行数据运算的时候也会保留索引。示例代码如下：

```
In[24]: s[s>1]
Out[24]:
b    2
c    3
d    4

In[25]: s*3
Out[25]:
a     3
b     6
c     9
d    12
```

Series 最重要的功能之一是在不同索引中对齐数据。示例代码如下：

```
In[26]: s1=pd.Series([1,2,3],index=['a','b','c'])
In[27]: s2=pd.Series([4,5,6],index=['b','c','d'])
In[28]: s1+s2
Out[28]:
a   NaN
b     6
c     8
d   NaN
```

Series 的索引可以通过赋值的方式直接修改，示例代码如下：

```
In[30]: s.index
Out[30]: Index([u'a', u'b', u'c', u'd'], dtype='object')
In[31]: s.index=['w','x','y','z']
In[32]: s.index
Out[32]: Index([u'w', u'x', u'y', u'z'], dtype='object')
In[33]: s
Out[33]:
w    1
x    2
y    3
z    4
```

3.4 StatsModels

StatsModels 是 Python 的统计建模和计量经济学工具包，包括一些描述统计、统计模型估计和推断。一般来讲，StatsModels 能够很好地满足各类研究人员的统计计算需求。

事实上，Scipy 中提供了一个子模块 stats 用于统计计算。但是 stats 模块是围绕随机变量提供数值方法的，比如随机变量的分位数、cdf 等，还有一些检验方法，t 检验、正太性检验等。stats 模块缺少了回归方法，这一点完全是由 StatsModels 提供的，也就是围绕着回归模型提供操作方法，如数据访问、拟合、绘图等。所以在进行统计建模的时候，一般会使用 StatsModels。

官网中介绍，StatsModels 中的模型都会与现在已有的统计包进行对比测试，以确保所有的模型实现都是正确的。

为了照顾习惯使用 R 分析的人士，StatsModels 提供了 R 风格的编程接口，同时也保留了原始风格的编程接口。

下面是官网上提供的两个例子，分别使用的是 R 风格和原始风格的编程方法。

R 风格代码如下：

```
import numpy as np
import statsmodels.api as sm
import statsmodels.formula.api as smf

# Load data
dat = sm.datasets.get_rdataset("Guerry", "HistData").data

# Fit regression model (using the natural log of one of the regressors)
results = smf.ols('Lottery ~ Literacy + np.log(Pop1831)', data=dat).fit()

# Inspect the results
print(results.summary())
```

原始风格代码如下：

```
import numpy as np
import statsmodels.api as sm

# Generate artificial data (2 regressors + constant)
nobs = 100
X = np.random.random((nobs, 2))
X = sm.add_constant(X)
beta = [1, .1, .5]
e = np.random.random(nobs)
y = np.dot(X, beta) + e

# Fit regression model
results = sm.OLS(y, X).fit()

# Inspect the results
print(results.summary())
```

然后导入 statsmodels，代码如下：

```
import statsmodels
print(dir(statsmodels.formula.api))
print(dir(statsmodels.api))
```

在实际使用过程中，大家可以根据自己的习惯挑选使用。不过需要注意的是，statsmodels.formula.api 并没有包含 statsmodels.api 中的所有函数。比如时间序列分析包 tsa 就没有包含在 statsmodels.formula.api 中。我们可以通过如下代码查看这两个 api 中所包含的函数：

```
import statsmodels
print(len(dir(statsmodels.formula.api)))
print(len(dir(statsmodels.api)))
print(dir(statsmodels.formula.api))
print(dir(statsmodels.api))
```

输出结果如下：

```
['GEE', 'GLM', 'GLS', 'GLSAR', 'Logit', 'MNLogit', 'MixedLM', 'NegativeBinomial', 'NominalGEE', 'OLS', 'OrdinalGEE', 'PHReg', 'Poisson', 'Probit', 'QuantReg', 'RLM', 'WLS', '__builtins__', '__cached__', '__doc__', '__file__', '__loader__', '__name__', '__package__', '__spec__', 'gee', 'glm', 'gls', 'glsar', 'logit', 'mixedlm', 'mnlogit', 'negative-binomial', 'nominal_gee', 'ols', 'ordinal_gee', 'phreg', 'poisson', 'probit', 'quantreg', 'rlm', 'wls']
['GEE', 'GLM', 'GLS', 'GLSAR', 'Logit', 'MNLogit', 'MixedLM', 'NegativeBinomial', 'NominalGEE', 'OLS', 'OrdinalGEE', 'PHReg', 'Poisson', 'ProbPlot', 'Probit', 'QuantReg', 'RLM', 'WLS', '__builtins__', '__cached__', '__doc__', '__file__', '__loader__', '__name__', '__package__', '__spec__', 'add_constant', 'categorical', 'cov_struct', 'datasets', 'distributions', 'emplike', 'families', 'formula', 'genmod', 'graphics', 'iolib', 'load', 'nonparametric', 'qqline', 'qqplot', 'qqplot_2samples', 'regression', 'robust', 'show_versions', 'stats', 'test', 'tools', 'tsa', 'version', 'webdoc']
```

可以看到，这两个 api 中包含的函数并不是一一对应的。在后面的章节中也会引用 StatsModels，届时会做进一步说明，所以这里不再多作介绍。

CHAPTER 4

第 4 章

可视化分析

之前提到过，Python 比较麻烦的地方在于，对于同一个功能，可能有好多库都可以实现。在可视化分析上，就存在这个问题。

Python 的可视化分析最底层的库是 Matplotlib，如果想仔细研究可视化，需要对 Matplotlib 非常熟悉，这样才能画出更多高度定制化的图像。

如果不需要实现高度定制化，只是做一些简单的可视化，那么使用 Pandas 也可以比较快地完成。因为 Pandas 中也集成了部分可视化功能，这些功能从本质上说都是在调用 Matplotlib，但是接口比较简单，使用起来方便快捷。

对于系统性的统计性研究，seaborn 是一个非常好的统计可视化库。由于在研究量化策略的时候，需要进行大量的统计工作，因此相关人员也应该要掌握 seaborn 的用法。

需要注意的是，无论是 Pandas 绘图，还是 seaborn 绘图，其本质都是调用 Matplotlib，所以当我们需要进一步对图形进行定制化，但又没有对应接口的时候，就必须要使用 Matplotlib 更为底层的语法。但这会略有一些复杂，如果对可视化没有高度的定制化需求，那么不建议大家在这个上面耗费太多精力。

本章将先介绍 Matplotlib 的一些相关内容，再介绍如何使用 Pandas 直接绘图，最后介绍 seaborn 的使用方法。

4.1 Matplotlib

Matplotlib 是 Python 最核心、最底层的可视化库。虽然使用 Pandas 和 seaborn 也能简单地绘制图形，但必要的时候也是不得不去用一些 Matplotlib 的语法来完成更多的定制化功能，所以掌握一些 Matplotlib 的基本语法是有好处的。

4.1.1 散点图

在数据分析中，散点图是最常用的探索两个数据之间相关关系的可视化图形。示例代码如下：

```
import numpy as np
import matplotlib.pyplot as plt
N=1000
x=np.random.randn(N)
y=np.random.randn(len(x))
plt.scatter(x,y)
plt.show()
```

运行结果如图 4-1 所示。

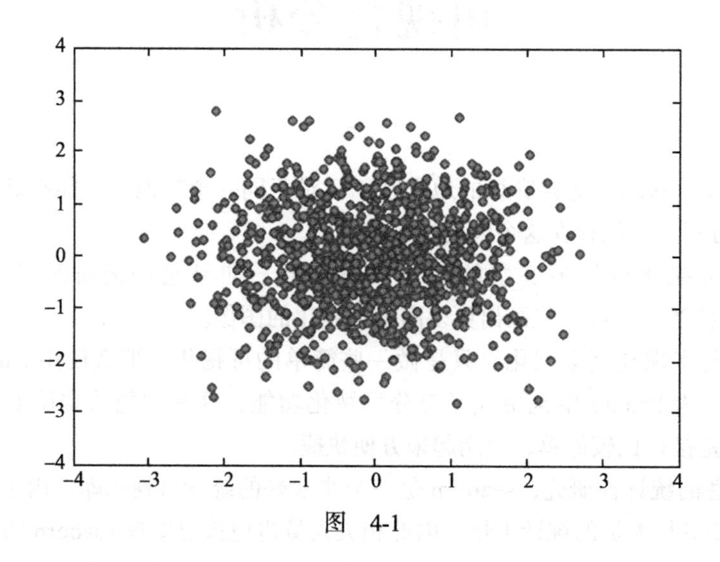

图 4-1

4.1.2 直方图

直方图主要用于研究数据的频率分布，示例代码如下：

```
import numpy as np
import matplotlib.pyplot as plt

mu = 100  # mean of distribution
sigma = 20  # standard deviation of distribution
x = mu + sigma * np.random.randn(2000)

plt.hist(x, bins=20,color='red',normed=True)

plt.show()
```

运行结果如图 4-2 所示。

4.1.3 函数图

除了这种比较简单的图形之外，Matplotlib 也可以胜任比较复杂的定制化图形。示例代码如下：

```
import numpy as np
import matplotlib.pyplot as plt
from matplotlib.patches import Polygon

def func(x):
    return -(x - 1) * (x - 6)+50

x = np.linspace(0, 10)
y = func(x)

fig, ax = plt.subplots()
plt.plot(x, y, 'r', linewidth=2)
plt.ylim(ymin=0)

a, b = 2, 9
ix = np.linspace(a, b)
iy = func(ix)
verts = [(a, 0)] + list(zip(ix, iy)) + [(b, 0)]
poly = Polygon(verts, facecolor='0.9', edgecolor='0.5')
ax.add_patch(poly)

plt.text(0.5 * (a + b), 20, r"$\int_a^b (-(x - 1) * (x - 6)+50)\mathrm{d}x$",
         horizontalalignment='center', fontsize=20)

plt.figtext(0.9, 0.05, '$x$')
plt.figtext(0.1, 0.9, '$y$')

ax.set_xticks((a, b))
ax.set_xticklabels(('$a$', '$b$'))
ax.set_yticks([])

plt.show()
```

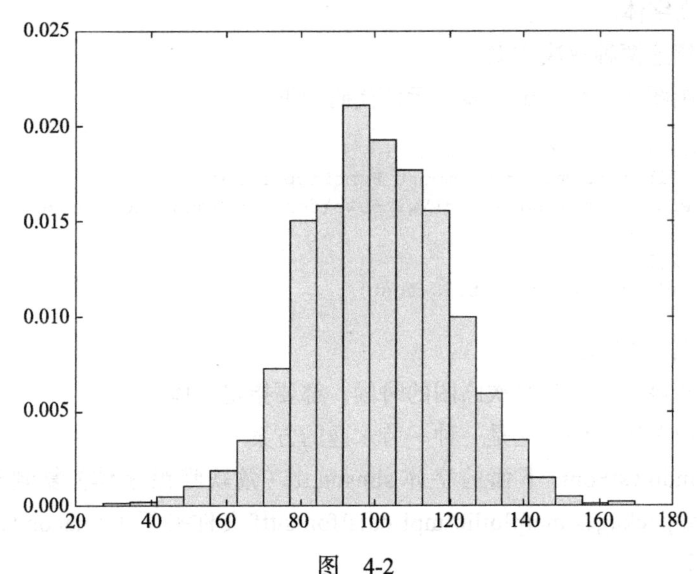

图 4-2

运行结果如图 4-3 所示。

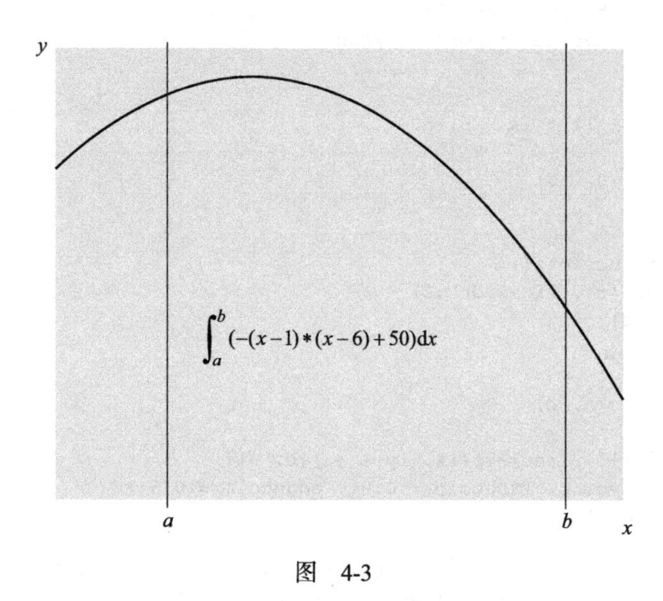

图　4-3

4.1.4　Matplotlib 和 seaborn 的中文乱码问题

将中文乱码这个问题单独提出来，是因为笔者曾在网上发表过一篇博客，介绍碰到中文乱码的两种解决方案，很多人搜到这篇文章并且点赞，说明很多人都碰到过这个问题，需要解决，故而本节将这两种解决方案整理到这里，以供大家参考。

在 Windows 下面，使用 Matplotlib 画图时，中文会显示为乱码，主要原因是 Matplotlib 默认没有指定中文字体。

下面就来介绍这两种解决方案。

第一种是在画图的时候指定字体。示例代码如下：

```
import matplotlib.pyplot as plt
from matplotlib.font_manager import FontProperties
font = FontProperties(fname=r"c:\windows\fonts\simsun.ttc", size=12)

plt.plot([1,2,3])
plt.title(u" 测试 ",fontproperties=font)
```

运行结果如图 4-4 所示。

这种方法比较麻烦，因为每次画图的时候，都要指定字体位置。

第二种是修改配置文件，这是一种一劳永逸的方案。

1）将 C:\Windows\Fonts 下面的字体 simsun.ttf（微软雅黑字体）复制到 D:\Programs\Anaconda\Lib\site-packages\matplotlib\mpl-data\fonts\ttf 文件夹下（Anaconda 文件夹的位置与安装位置有关）。

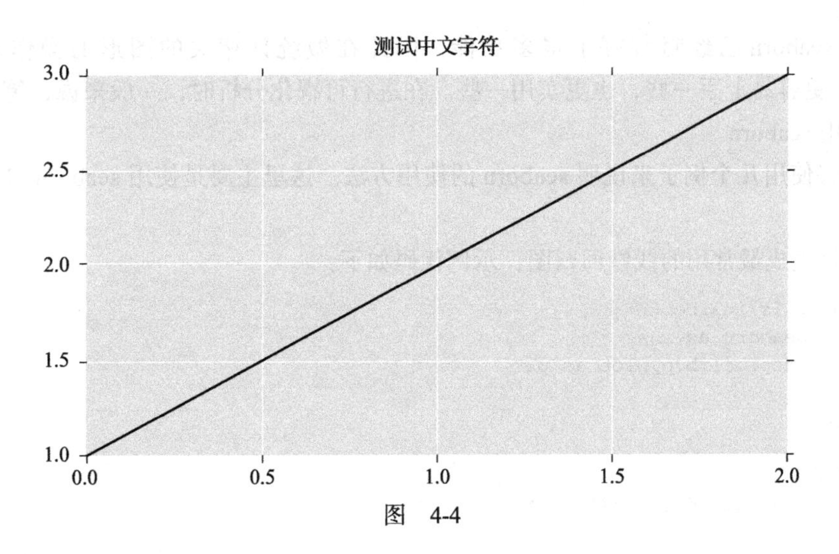

图 4-4

2）用记事本打开 D:\Programs\Anaconda\Lib\site-packages\matplotlib\mpl-data\matplotlibrc。找到如下两行代码：

```
#font.family          : sans-serif
#font.sans-serif      : Bitstream Vera Sans, Lucida Grande, Verdana, Geneva, Lucid,
    Arial, Helvetica, Avant Garde, sans-serif
```

去掉这两行前面的 #，并且在 font.sans-serif 的冒号后面加上 SimHei，结果如下所示：

```
font.family          : sans-serif
font.sans-serif      : SimHei,Bitstream Vera Sans, Lucida Grande, Verdana, Geneva,
    Lucid, Arial, Helvetica, Avant Garde, sans-serif
```

重新启动 Python，Matplotlib 就可以输出中文字符了。

上面的方法对于 Matplotlib 是可以用的，但是如果引入了 seaborn，就又会出现中文显示乱码的问题，目前的解决方法是，在程序中加入以下代码：

```
import seaborn as sns
sns.set_style('whitegrid',{'font.sans-serif':['simhei','Arial']})
```

如果在 Mac OS X 系统中修改配置文件的方法没有成功，则可以采用如下方法解决。

可以用 seaborn 加代码的方式。或者对于 Matplotlib，添加如下代码：

```
from pylab import mpl
mpl.rcParams['font.sans-serif'] = ['SimHei'] # 指定默认字体
mpl.rcParams['axes.unicode_minus'] = False    # 解决保存图像是负号 '-' 显示为方块的问题
```

4.2 seaborn

seaborn（官网：https://seaborn.pydata.org/）是一个很好用的统计图形库。它是基于 Matplotlib 开发的，能够很好地支持 Pandas 和 NumPy 的数据结构。

由于 seaborn 已经封装好了很多功能，因此在做统计相关的图形的操作时，会比 Matplotlib 更容易上手一些，也更实用一些。在进行可视化分析时，一般来说，笔者都会优先考虑使用 seaborn。

本节将使用几个例子来说明 seaborn 的使用方法。这里主要是使用 seaborn 自带的示例数据。

首先是生成最常用的线性回归图，示例代码如下：

```
%matplotlib inline
import seaborn as sns
import matplotlib.pyplot as plt

sns.set()

# 加载数据
iris = sns.load_dataset("iris")

# 绘图
g = sns.lmplot(x="sepal_length", y="sepal_width", hue="species",
               truncate=True, size=6, data=iris)

# 更改 x,y 轴的标签
g.set_axis_labels("Sepal length (mm)", "Sepal width (mm)")
```

运行结果如图 4-5 所示。

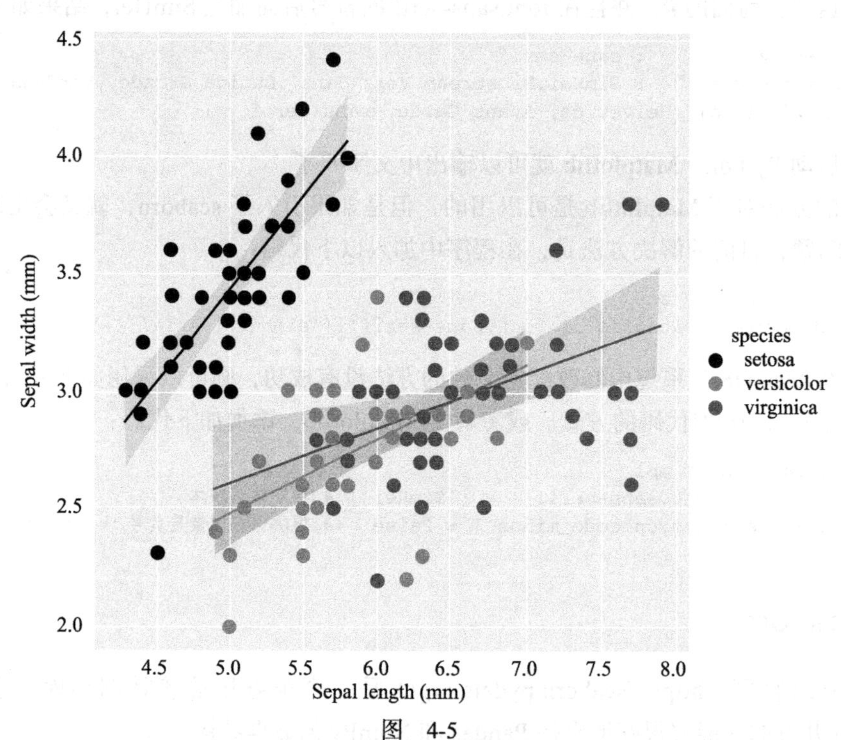

图 4-5

通过如下的命令来观察一下数据：

```
iris.head()
```

运行结果如图 4-6 所示。

	sepal_length	sepal_width	petal_length	petal_width	species
0	5.1	3.5	1.4	0.2	setosa
1	4.9	3.0	1.4	0.2	setosa
2	4.7	3.2	1.3	0.2	setosa
3	4.6	3.1	1.5	0.2	setosa
4	5.0	3.6	1.4	0.2	setosa

图　4-6

可以看到，iris 是一个 DataFrame，在图 4-6 中，我们按照 species 分类，绘制了 sepal_length 和 sepal_width 的线性回归图，不同的类别是由不同的颜色来表现的。线性回归图包含了散点图和线性回归的拟合直线。

seaborn 也可以与 Matplotlib 无缝对接。比如，在如下示例中，我们将三个直方图绘制在一起。最开始使用的是 Matplotlib 的子图功能，示例代码如下：

```
import numpy as np
import seaborn as sns
import matplotlib.pyplot as plt
sns.set(style="white", context="talk")
rs = np.random.RandomState(7)


# 将图分为 3*1 的子图
f, (ax1, ax2, ax3) = plt.subplots(3, 1, figsize=(8, 6), sharex=True)

# 生成数据
x = np.array(list("ABCDEFGHI"))
y1 = np.arange(1, 10)

# 绘制柱状图
sns.barplot(x, y1, palette="BuGn_d", ax=ax1)

# 更改 y 标签
ax1.set_ylabel("Sequential")

# 生成新数据，绘制第二个图
y2 = y1 - 5
sns.barplot(x, y2, palette="RdBu_r", ax=ax2)
ax2.set_ylabel("Diverging")

# 重新排列数据，绘制第三个图
y3 = rs.choice(y1, 9, replace=False)
```

```
sns.barplot(x, y3, palette="Set3", ax=ax3)
ax3.set_ylabel("Qualitative")

# 移除边框
sns.despine(bottom=True)

# 将 y 轴的 tick 设置为空（美化图形）
plt.setp(f.axes, yticks=[])

# 设置三个图的上下间隔
plt.tight_layout(h_pad=3)
```

运行结果如图 4-7 所示。

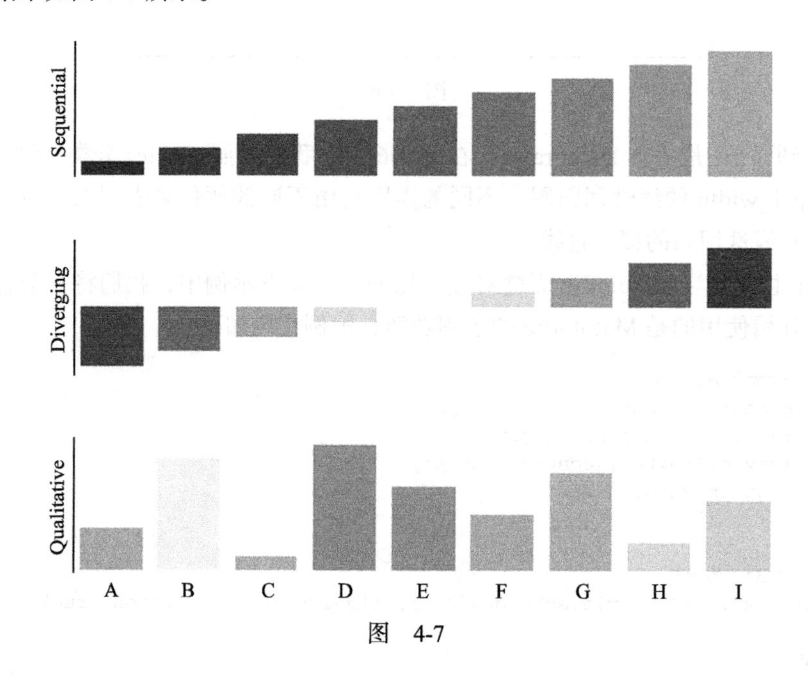

图 4-7

热力图也是一种常见统计图，热力图可以使用不同的颜色以及颜色的深浅来表示不同的数值，这样就可以方便直观地观察截面数据了。使用 seaborn 也可以很方便地绘制热力图。以下示例代码通过 pivot 生成了一个二维的 flights 数据，横坐标（column）是年度，纵坐标（index）是月份。输入 flights 数据画出对应的热力图，示例代码如下：

```
import matplotlib.pyplot as plt
import seaborn as sns
sns.set()

# 加载数据
flights_long = sns.load_dataset("flights")
flights = flights_long.pivot("month", "year", "passengers")

# 绘制热力图
```

```
f, ax = plt.subplots(figsize=(9, 6))
sns.heatmap(flights, annot=True, fmt="d", linewidths=.5, ax=ax)
```

运行结果如图 4-8 所示。

month \ year	1949	1950	1951	1952	1953	1954	1955	1956	1957	1958	1959	1960
January	112	115	145	171	196	204	242	284	315	340	360	417
February	118	126	150	180	196	188	233	277	301	318	342	391
March	132	141	178	193	236	235	267	317	356	362	406	419
April	129	135	163	181	235	227	269	313	348	348	396	461
May	121	125	172	183	229	234	270	318	355	363	420	472
June	135	149	178	218	243	264	315	374	422	435	472	535
July	148	170	199	230	264	302	364	413	465	491	548	622
August	148	170	199	242	272	293	347	405	467	505	559	606
September	136	158	184	209	237	259	312	355	404	404	463	508
October	119	133	162	191	211	229	274	306	347	359	407	461
November	104	114	146	172	180	203	237	271	305	310	362	390
December	118	140	166	194	201	229	278	306	336	337	405	432

600
500
400
300
200

图 4-8

4.3 python-highcharts

我们在研究金融数据的时候，最常用的功能就是 K 线图了。可能有人会问，现在有很多行情软件都提供了 K 线图，为什么还需要自己绘制呢?

原因很简单，如果你只是使用 MACD、MA 这种内置的或者简单计算的指标，那么只用第三方平台就可以进行研究了。但是有很多指标，需要非常复杂的计算，计算完之后，还需要将其可视化以便进行观察，对于这种需求，第三方平台就没法做到了，必须要自己绘图。对于十年左右的金融数据，用 Excel 表格或者其他的静态图完全无法表达，如何才能将十年的数据绘制到一张图上以进行观察呢？这种情况就需要利用动态图了，动态图的意思就是，可以像行情软件那样放大或缩小区间，来回滚动，这样观察长时间的序列就非常容易了。

虽然 Python 的 Matplotlib 和 seaborn 的功能都很强大，但实际上，最好的可视化工具并不在 Python 社区中，而是在 JavaScript 社区中。基于网站开发的强烈需求，JavaScript 中出现了大量优秀的可视化工具，比如 highcharts。highcharts 可以绘制很多动态的可视化图形，进行数据可视化研究非常方便。

一个典型的 highcharts 图链接如下：https://www.highcharts.com/stock/demo/intraday-candlestick。

打开之后，图形大概如图 4-9 所示。

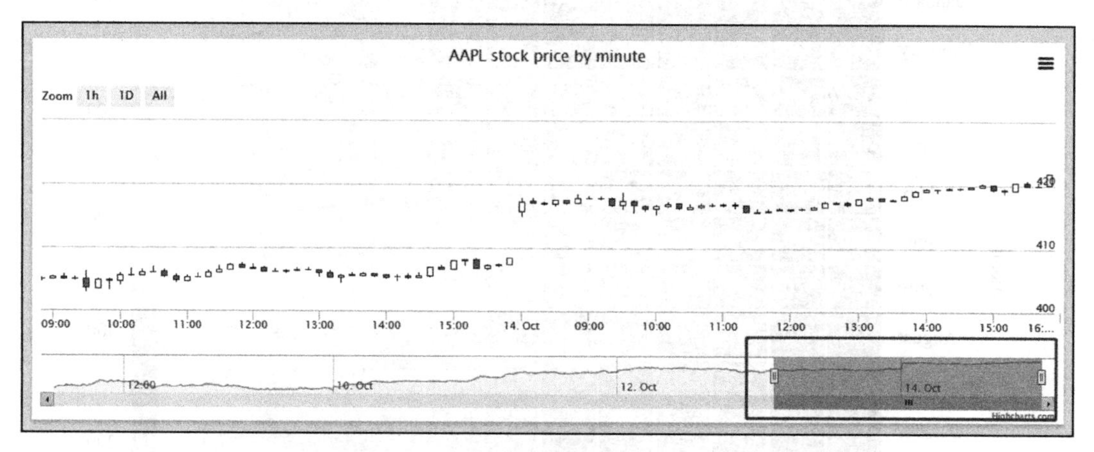

图 4-9

在图 4-9 中，我们可以使用右下角的时间窗口控件对时间范围进行调节，既可以缩小或扩大显示的数据量，也可以来回拖动以显示不同的时间周期。这对于样本数量很大的数据可视化来说非常有帮助。

不过，这些可视化工具都需要使用 JavaScript 语言作为接口进行调用。那么 Python 应该如何调用呢？这就要再次归功于 Python 强大的社区，现在已经有一个非常好的开源项目，可以用于调用 highcharts。

这个项目的链接地址如下：https://github.com/kyper-data/python-highcharts/blob/master/examples/highstock/candlestick-and-volume.py。

关于如何安装这里不再多说。我们来看几个例子。绘制带成交量的 K 线图是一个最常见的需求。示例代码如下：

```
# -*- coding: utf-8 -*-
"""
Highstock Demos
Two panes, candlestick and volume: http://www.highcharts.com/stock/demo/candlestick-
    and-volume
"""
from highcharts import Highstock
from highcharts.highstock.highstock_helper import jsonp_loader
H = Highstock()

data_url = 'http://www.highcharts.com/samples/data/jsonp.php?filename=aapl-ohlcv.
    json&callback=?'
```

```
data = jsonp_loader(data_url, sub_d = r'(\/\*.*\*\/)')

ohlc = []
volume = []
groupingUnits = [
['week', [1]],
['month', [1, 2, 3, 4, 6]]
]

for i in range(len(data)):
    ohlc.append(
        [
        data[i][0], # the date
        data[i][1], # open
        data[i][2], # high
        data[i][3], # low
        data[i][4]  # close
        ]
        )
    volume.append(
        [
        data[i][0], # the date
        data[i][5]  # the volume
        ]
    )


options = {
    'rangeSelector': {
                'selected': 1
            },

    'title': {
        'text': 'AAPL Historical'
    },

    'yAxis': [{
        'labels': {
            'align': 'right',
            'x': -3
        },
        'title': {
            'text': 'OHLC'
        },
        'height': '60%',
        'lineWidth': 2
    }, {
        'labels': {
            'align': 'right',
            'x': -3
        },
        'title': {
            'text': 'Volume'
```

```
        },
        'top': '65%',
        'height': '35%',
        'offset': 0,
        'lineWidth': 2
    }],
}

H.add_data_set(ohlc, 'candlestick', 'AAPL', dataGrouping = {
                    'units': groupingUnits
                }
)
H.add_data_set(volume, 'column', 'Volume', yAxis = 1, dataGrouping = {
                    'units': groupingUnits
                }
)

H.set_dict_options(options)
H.save_file('highcharts')
H
```

需要注意的是，这个最终显示还是靠JavaScript，所以只能在Jupyter Notebook中显示，在Spyder中是无法显示的。当我们生成好图对象H后，想要将其显示在Notebook中，只需要输入H，运行即可，如图4-10所示。我们也可以使用H.save_file(file_path)将图像保存为html文件。这个文件可以分享给其他人，使用普通浏览器就能打开。

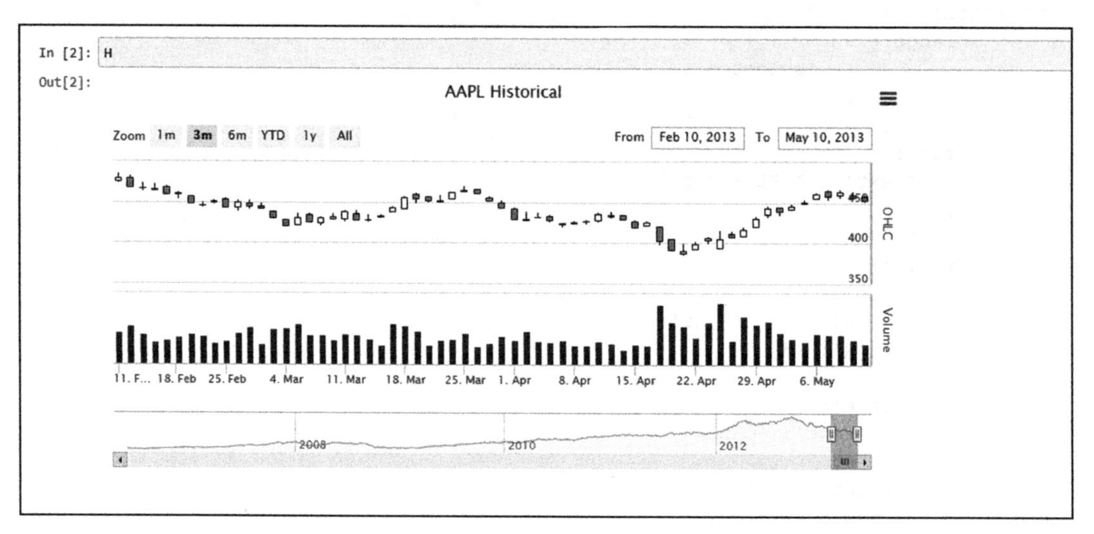

图　4-10

除了K线图，highcharts中的其他图形也非常丰富，比如雷达图，示例代码如下：

```
# -*- coding: utf-8 -*-
"""
```

```
Highcharts Demos
Spiderweb: http://www.highcharts.com/demo/polar-spider
"""

from highcharts import Highchart
H = Highchart(width=550, height=400)

options = {
    'chart': {
        'polar': True,
        'type': 'line',
        'renderTo': 'test'
    },

    'title': {
        'text': 'Budget vs spending',
        'x': -80
    },

    'pane': {
        'size': '80%'
    },

    'xAxis': {
        'categories': ['Sales', 'Marketing', 'Development', 'Customer Support',
                'Information Technology', 'Administration'],
        'tickmarkPlacement': 'on',
        'lineWidth': 0
    },

    'yAxis': {
        'gridLineInterpolation': 'polygon',
        'lineWidth': 0,
        'min': 0
    },

    'tooltip': {
        'shared': True,
        'pointFormat': '<span style="color:{series.color}">{series.name}: <b>${point.
            y:,.0f}</b><br/>'
    },

    'legend': {
        'align': 'right',
        'verticalAlign': 'top',
        'y': 70,
        'layout': 'vertical'
    },
}

data1 = [43000, 19000, 60000, 35000, 17000, 10000]
data2 = [50000, 39000, 42000, 31000, 26000, 14000]
```

```
H.set_dict_options(options)
H.add_data_set(data1, name='Allocated Budget', pointPlacement='on')
H.add_data_set(data2, name='Actual Spending',  pointPlacement='on')
H
```

运行结果如图 4-11 所示。

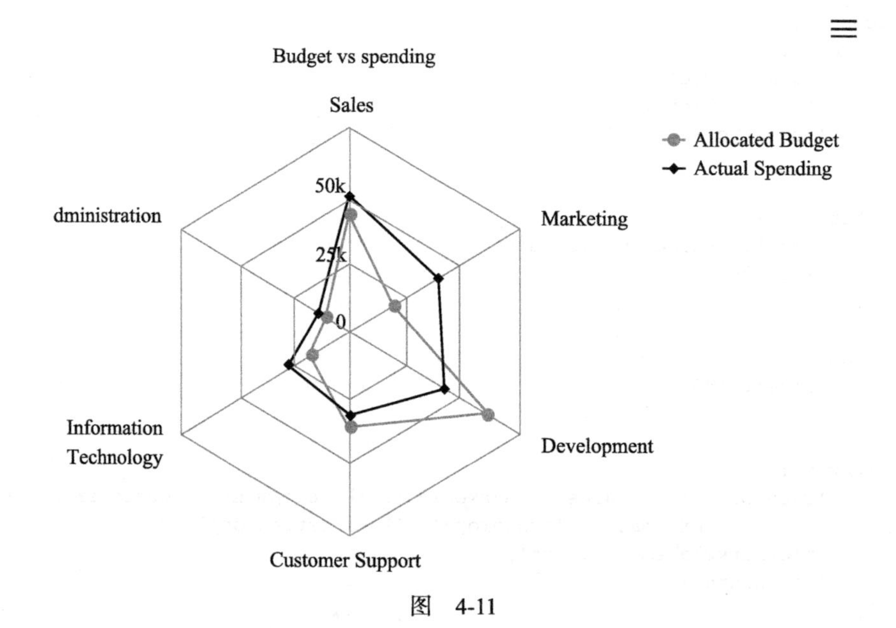

图 4-11

不过需要注意的是，由于这里只封装了 JavaScript 的接口，所以实际在画图的时候，所有的设置都是按照 highcharts 自身的语言规范来设计的，因此如果想要自己调整，那么还是需要对 highcharts 有一定的了解才可以。highcharts 的介绍已经超出本书范围了，感兴趣的朋友可以自行去官网查阅。

CHAPTER 5

第 5 章

统计基础

虽然 Python 并不是专业的统计软件，但 Python 在该领域仍然有着非常强大的功能，而且在开源社区中日益迭代进步。在量化投资领域，除了少数的特殊统计模型，Python 的统计功能几乎完全够用。本章主要介绍 Python 在统计上的功能。为了能更好地探讨统计相关内容，选用的都是最适合阐述相关理论的示例，但未必是量化投资相关的示例。

本章假定读者已经熟悉了概率与统计的基本知识，本章的目标具体如下。

- 复习基本知识，并了解如何用 Python 实现简单的功能。
- 介绍金融市场中常用的统计概念，并提供简单的应用示例。

5.1 基本统计概念

5.1.1 随机数和分布

1. rand 和 random_sample

rand 和 random_sample 都是均匀分布（uniform distribution）的随机数生成函数。这两个函数除了参数略微不同之外，功能都是一样的。rand 函数传入多个整数参数作为生成数组的维度。rand_sample 传入一个 *n* 维的元组元素作为参数。一般来讲，推荐使用 random_sample。rand 主要是为了照顾习惯于使用 MATLAB 的用户。示例代码如下：

```
import numpy as np
import matplotlib.pyplot as plt

data_uniform = np.random.random_sample((10000))

plt.hist(data_uniform,bins=30)

plt.show()
```

运行结果如图 5-1 所示。

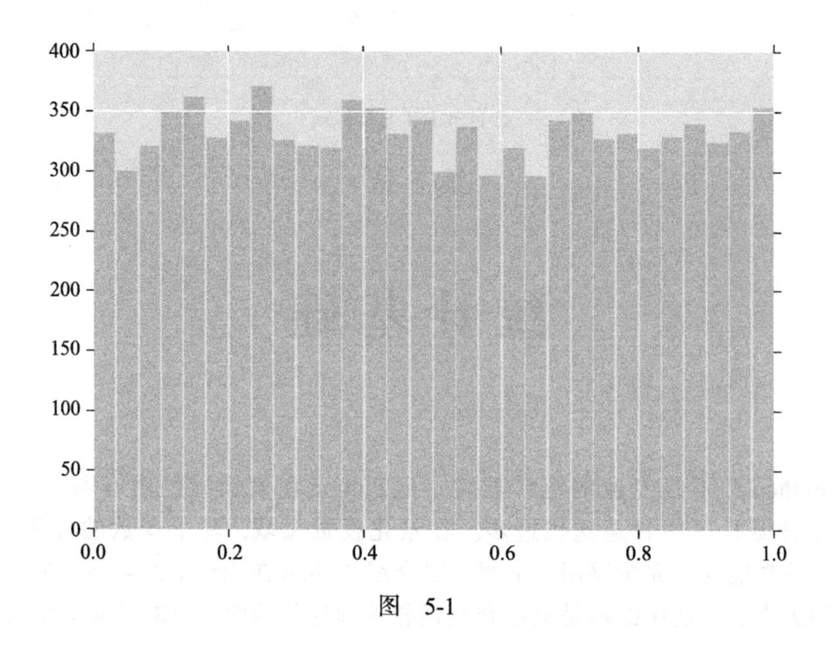

图　5-1

2. randn 和 standard_normal

randn 和 standard_normal 是正态分布的随机数生成函数。这两个函数的参数与 rand、random_sample 类似。同样地，推荐使用 standard_normal。示例代码如下：

```
import numpy as np
import matplotlib.pyplot as plt

data_normal=np.random.standard_normal((10000))

plt.hist(data_normal,bins=30)

plt.show()
```

运行结果如图 5-2 所示。

这里生成了一个大小为 10 的一维随机 ndarray 数组。

如果想从正态分布中取样，可以使用如下命令：

```
data= np.random.randn(10)
```

其中，randn 的意思是从正态分布（Normal Distribution）中取样。

3. randint 和 random_integers

randint 和 random_integers 是均匀分布的整数生成函数。函数需要传入三个参数，即 low、high 和 size。这三个参数分别代表区间的最小值和最大值，以及需要生成的数组大小。其中，size 是一个 n 维元组数据。randint 和 random_integers 的区别在于，randint 的范围不包括最大值，而 random_integers 包括最大值。示例代码如下：

```
In[22]: x1=np.random.randint(1,10,(100))
In[23]: x1.max()
Out[23]: 9

In[24]: x2=np.random.random_integers(1,10,(100))
In[25]: x2.max()
Out[25]: 10
```

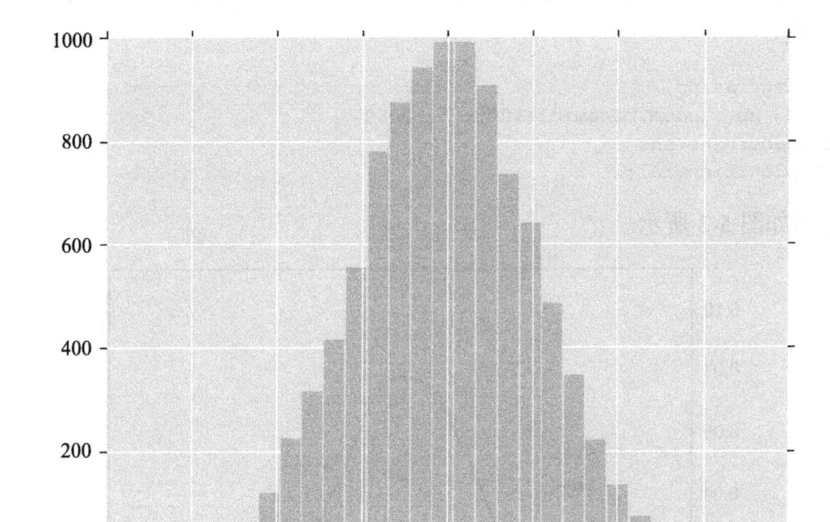

图 5-2

4. shuffle

shuffle 可以随机打乱一个数组，并且改变此数组本身的排列。示例代码如下：

```
In[34]: x=np.arange(10)
In[35]: x
Out[35]: array([0, 1, 2, 3, 4, 5, 6, 7, 8, 9])
In[36]: np.random.shuffle(x)
In[37]: x
Out[37]: array([5, 9, 3, 4, 6, 1, 2, 8, 0, 7])
```

5. Permutation

Permutation 用于返回一个打乱后的数组值，但是并不会改变传入的参数数组本身。示例代码如下：

```
In[40]: x=np.arange(10)
In[41]: y=np.random.permutation(x)
In[42]: x
Out[42]: array([0, 1, 2, 3, 4, 5, 6, 7, 8, 9])
In[43]: y
Out[43]: array([9, 6, 4, 8, 2, 1, 0, 7, 3, 5])
```

除了以上所讲的函数之外，NumPy 还提供了其他大量的随机数生成函数。所有的随机数生成函数都包含在 numpy.random 模块中。

6. 二项式分布

N 次伯努利试验的结果分布即为二项分布。使用 binomial(1, p) 即为一次二项分布。使用 binomial(1, p, n) 即表示生成 n 维的二项分布数组，也就是伯努利分布。生成分布函数图像的代码如下：

```
import numpy as np
binomial = np.random.binomial(100,0.5,10000)
import seaborn as sns
sns.distplot(binomial)
```

运行结果如图 5-3 所示。

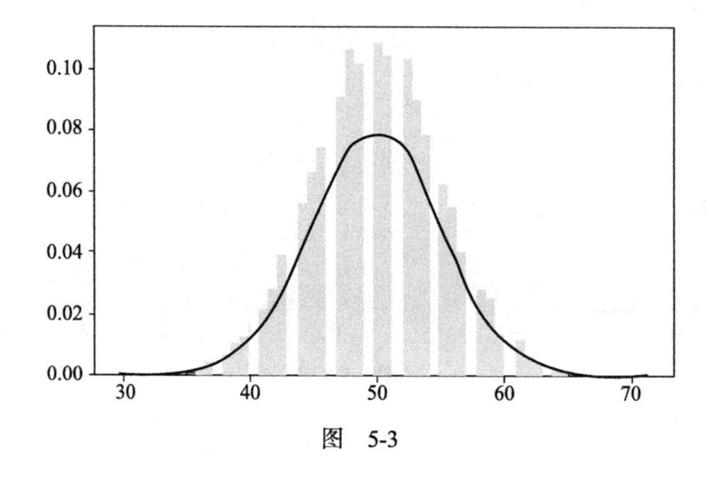

图　5-3

7. 贝塔分布

考察二项分布的分布函数：

$$\text{Binomial}(m \mid N, \mu) = \binom{N}{m} \mu^m (1-\mu)^{N-m}$$

如果我们要估计参数 μ，可以获得的一个最大似然估计量为：

$$\hat{\mu} = \frac{m}{N}$$

当数据量比较小的时候，有可能会出现过拟合的问题。贝叶斯统计则可以从另外一个侧面避免这类过拟合问题。

如果读者对贝叶斯统计有所了解，就会知道贝叶斯统计实质上是在解决如下问题：

$$\Pr(p \mid Data) = \frac{\Pr(Data \mid p) * \Pr(p)}{\Pr(Data)}$$

其中，Pr(*p*|*Data*) 称为后验概率，Pr(*p*) 称为先验概率，Pr(*Data*) 是数据的边缘分布函数，Pr(*Data*|*p*) 称为似然函数。可以明确的一点是，后验概率与似然函数和先验概率的乘积成正比。而边缘分布只是一个正则项，其存在的意义是让后验分布成为一个满足概率定义的数值，即其值域属于 [0, 1]，然而一般情况下，这个边缘分布函数是很难计算的。不过，先验概率的存在，使得整个问题的解决方式都发生了变化，比如，我们用经验判断某个参数符合一个与似然函数“共轭”的先验分布函数之后，如果有了新数据，那么只需要在之前的经验判断的基础上进行一个较小的更新即可。这样就可以避免频率主义学派在最大化似然函数的流程当中仅仅通过较小的数据量得出过度拟合数据的问题。

以二项分布为例，我们可以发现，需要估计的参数与其似然函数（二项分布的）中的组合运算项 $\binom{N}{m}$ 无关，而仅与 $\mu^m(1-\mu)^{N-m}$ 有关。可以猜想的是，假如先验概率也是一个与 $\mu^a(1-\mu)^b$ 有关的分布，那么后验分布则可以很方便地计算出来了，因为只需要在 $\mu^{m+a}(1-\mu)^{N-m+b}$ 前面乘一个与待估计参数无关的正则项，即可获得后验分布。与二项分布有关的共轭分布即 Beta 分布。

beta(a, b) 从 Beta(a, b) 分布中生成一个随机数。Beta(a, b)、rsv(n) 生成一个 n 维的数组，每个数据都是 Beat(a, b) 分布中的随机数。示例代码如下：

```
from scipy import stats
beta = stats.beta(3,4).rvs(100000)
import seaborn as sns
sns.distplot(beta)
Out[110]: <matplotlib.axes._subplots.AxesSubplot at 0x277ce292f60>
```

运行结果如图 5-4 所示。

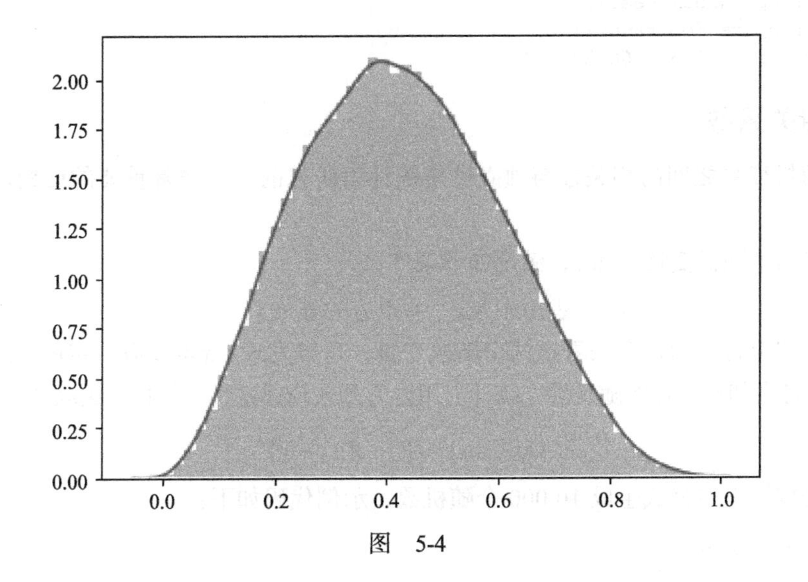

图　5-4

5.1.2 随机数种子

计算机生成的随机数，其实并不是真正的随机数，而是使用特定算法生成的“伪随机数”。这样，我们会面对如下两个问题。

一是，如果初始状态值一样，那么按照同样的算法得到的“随机数”结果应该是一样的。这样就不能表现出“随机”的效果。

二是，很多随机实验，有时候可能会需要再现之前的实验结果，我们正好又希望，每次实验生成的随机数都是一样的。

也正是为了解决这个问题，引入了“种子”的概念。在生成随机数之前，先定义一个“种子”，如果这个种子是一样的，那么每次随机数的生成结果也都是一样的，这样我们便可以重复再现同一个随机实验。如果“种子”不一样，那么每次随机数生成结果都不一样，这样我们就可以大量使用不同的随机数进行实验。在 NumPy 里面，可以使用 seed 函数来定义种子。调用 seed()，会根据系统提供的数据进行随机初始化，也就是每次得到的随机数都会不一样。调用 seed(x) 的时候，计算机会根据 x 值进行初始化，如果 x 值是同一个 x 值，那么随机得到的结果也是一样的。示例代码如下：

```
In[57]: np.random.seed()
In[58]: np.random.randn()
Out[58]: 0.30163810811524266
In[59]: np.random.seed()
In[60]: np.random.randn()
Out[60]: -0.6254191344102689

In[61]: np.random.seed(1)
In[62]: np.random.randn()
Out[62]: 1.6243453636632417
In[63]: np.random.seed(1)
In[64]: np.random.randn()
Out[64]: 1.6243453636632417
```

5.1.3 相关系数

两个随机变量之间的相关性与独立性是统计学研究的一个非常重要的话题。先来看一个例子。

假设有两个随机变量 x 和 y，满足如下条件：

$$x=0.5y+\varepsilon，其中\ \varepsilon\sim N(0, 0.5)$$

如果从“上帝”的角度来看这两个随机变量，可以发现，x 与 y 有一定的“线性”关联性，但它们各自却有一定的随机性。统计上用协方差来描述这种“线性”关联性，公式如下：

$$\mathrm{Cov}(x,y)=E(x-\overline{x})(y-\overline{y})$$

我们先按照上述公式生成 10 000 个随机数，示例代码如下：

```
import numpy as np
```

```
y = np.random.normal(size=10000)
x = 0.5*y + 0.5*np.random.normal(size=10000)
```

再计算它们之间的协方差，示例代码如下：

```
np.cov(x,y)
Out[80]:
array([[0.49287893, 0.49353615],
       [0.49353615, 0.98433829]])
```

可以看到矩阵的对角线元素代表的是两个随机变量之间的协方差。从公式也可看出，这个数值描述了两个变量之间的线性相关性。

用协方差描述相关性存在一个问题，即会受到随机变量的量纲影响。比如，如果我们想要衡量教育年限和薪资的水平，将教育年限的单位换为天，同时将薪资水平的单位从人民币元换成角，那么协方差将会完全不同。为了避免这种量纲上的区别造成的差异，统计学中引入了皮尔逊相关系数（Pearson Correlation Coefficient）。计算公式如下：

$$corr(x,y)=\frac{\operatorname{cov}(x,y)}{\sqrt{\operatorname{var}(x)\operatorname{var}(y)}}$$

还是用上述生成的随机数来进行计算：

```
np.corrcoef(x,y)
Out[6]:
array([[1.       , 0.7058169],
       [0.7058169, 1.       ]])
```

可以看到，斜对角线上的数值代表了两个变量的相关系数值。这个数值区间为 [–1, 1]，且完全不受量纲影响。

理论上来讲，只要两个随机变量存在这种线性相关性，相关系数就不会为 0。而且，如果两个变量之间存在非线性相关（如 quardratic、exponential、logarithmic 等关系），则相关系数将无法捕捉到这种线性相关。然而可以从公式中推测的是，只要两个随机变量存在的函数关系能够被线性逼近，则两个随机变量的相关系数就不会为 0。

5.1.4 基本统计量

下面就来介绍一些常用的统计量，所谓统计量，就是利用数据的函数变化，从某种维度来反映全体数据集的特征的一种函数。

1. mean

mean 函数可用于计算数组的平均值。函数的第二个参数可以用来选择不同的维度进行计算。mean 既可以作为一个函数，也可以作为数组的方法来调用。示例代码如下：

```
In[80]: x=arange(20)
In[81]: x.mean()
```

```
Out[81]: 9.5
In[82]: mean(x)
Out[82]: 9.5
In[83]: x=reshape(arange(20),(5,4))
In[84]: mean(x,0)
Out[84]: array([  8.,    9.,   10.,   11.])
In[85]: x.mean(1)
Out[85]: array([  1.5,    5.5,    9.5,   13.5,   17.5])
```

2. median

median函数可用于计算数组的中位数。函数的第二个参数可以用来选择不同的维度进行计算。median既可以作为一个函数，也可以作为数组的方法来调用。示例代码如下：

```
In[93]: x=random.randn(4,5)
In[94]: x
Out[94]:
array([[-0.87785842,  0.04221375,  0.58281521, -1.10061918,  1.14472371],
       [ 0.90159072,  0.50249434,  0.90085595, -0.68372786, -0.12289023],
       [-0.93576943, -0.26788808,  0.53035547, -0.69166075, -0.39675353],
       [-0.6871727 , -0.84520564, -0.67124613, -0.0126646 , -1.11731035]])
In[95]: median(x)
Out[95]: -0.33232080324099667
In[96]: median(x,0)
Out[96]: array([-0.78251556, -0.11283717,  0.55658534, -0.68769431, -0.25982188])
In[97]: median(x,1)
Out[97]: array([ 0.04221375,  0.50249434, -0.39675353, -0.6871727 ])
```

当计算的数组大小是偶数时，median函数将返回中间两数的均值。

3. std

std函数用于计算数组的标准差。函数的第二个参数可以用来选择不同的维度进行计算。std既可以作为一个函数，也可以作为数组的方法来调用。示例代码如下：

```
x = np.arange(1,100,1)
x.std()
Out[12]: 28.577380332470412
```

4. var

var函数用于计算数组的方差。函数的第二个参数可以用来选择不同的维度进行计算。var既可以作为一个函数，也可以作为数组的方法来调用。示例代码如下：

```
x = np.arange(1,100,1)
x.var()
Out[13]: 816.6666666666666
```

5.1.5　频率分布直方图

频率分布直方图其实是对一个变量的分布密度（分布）函数进行近似估计的一个手段。考察概率密度函数与直方图的x、y轴可以得知，密度（分布）函数图像的x轴代表的是随机变量的取值，而对于离散随机变量而言，y 轴代表的是对应 x 取值出现的概率；对于连续随机变量而言，y 轴代表的是对应 x 取值针对其他取值的相对可能性。直方图 x 轴代表的是样本的取值，而 y 轴则代表了 x 在区间取值的频率，两者之间的关系就可以体现出频率分布的状况。

1. histogram

np.histogram 可以用来计算一位数组的直方图数据。可以用可选参数 k 来定义直方图的箱体数。如果 k 省略不写，则默认 k=10。histogram 返回两个值，第一个值是 k 维的向量，包含了每个箱体中的样本数量；第二个值是 k+1 个标识箱体的端点值。示例代码如下：

```
import numpy as np
x = np.random.normal(size = 100)
his = np.histogram(x,bins = 10)

Out[22]:
(array([ 4,  6, 10, 11, 14, 16, 15, 13,  7,  4], dtype=int64),
 array([-2.11227063, -1.72285629, -1.33344194, -0.9440276 , -0.55461326,
        -0.16519892,  0.22421543,  0.61362977,  1.00304411,  1.39245846,
         1.7818728 ]))
```

如果我们直接调用 matplotlib 来画图，则可以得出如图 5-5 所示的可视化图像，示例代码如下：

```
import matplotlib.pyplot as plt
plt.hist(x,bins = 10)
```

运行结果如图 5-5 所示。

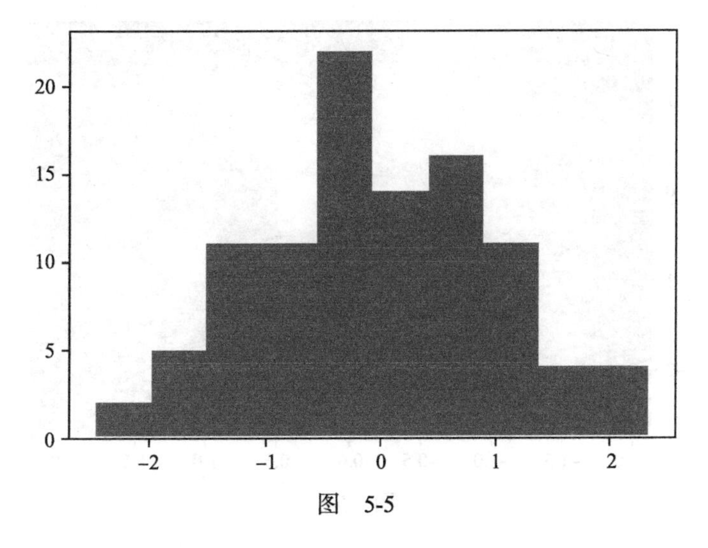

图　5-5

可以看出，上述二维数组当中，第一维数组是在描述 histogram 的纵轴，即每个 bin 对应的数据个数，而第二维数组是在描述横轴，代表随机变量的取值。

2. histogram2d

histogram2d(*x*, *y*) 可用于计算 2 维的直方图数据。可以用可选参数 bins 来定义直方图的箱体数。bins 既可以是一个整数，也可以是一个包含两个元素的列表，分别表示各维度的箱体数。

下面来看个相关的示例，同样，首先生成两个随机数组，代码如下：

```
import numpy as np
x = np.random.normal(size = 100)
y = np.random.normal(size = 100)
```

同时调用相应函数算出 histogram 的数组：

```
(array([[0., 0., 0., 1., 0., 0., 0., 1., 0., 0.],
        [0., 0., 0., 0., 0., 1., 0., 0., 1., 0.],
        [0., 0., 2., 0., 1., 1., 2., 0., 1., 0.],
        [0., 0., 0., 1., 1., 3., 2., 1., 0., 1.],
        [1., 0., 0., 3., 4., 5., 1., 4., 0., 2.],
        [0., 1., 3., 2., 2., 3., 4., 2., 1., 0.],
        [0., 0., 1., 0., 2., 2., 7., 1., 1., 0.],
        [1., 0., 0., 6., 4., 6., 1., 0., 0., 0.],
        [0., 0., 1., 0., 2., 0., 1., 1., 0., 0.],
        [0., 0., 0., 2., 2., 0., 0., 1., 0., 0.]]),
 array([-2.84879607, -2.34851871, -1.84824134, -1.34796398, -0.84768661,
        -0.34740925,  0.15286812,  0.65314549,  1.15342285,  1.65370022,
         2.15397758]),
 array([-2.84250735, -2.29188082, -1.74125429, -1.19062776, -0.64000123,
        -0.0893747 ,  0.46125183,  1.01187836,  1.56250489,  2.11313142,
         2.66375795]))
```

画出相应的图，如图 5-6 所示。

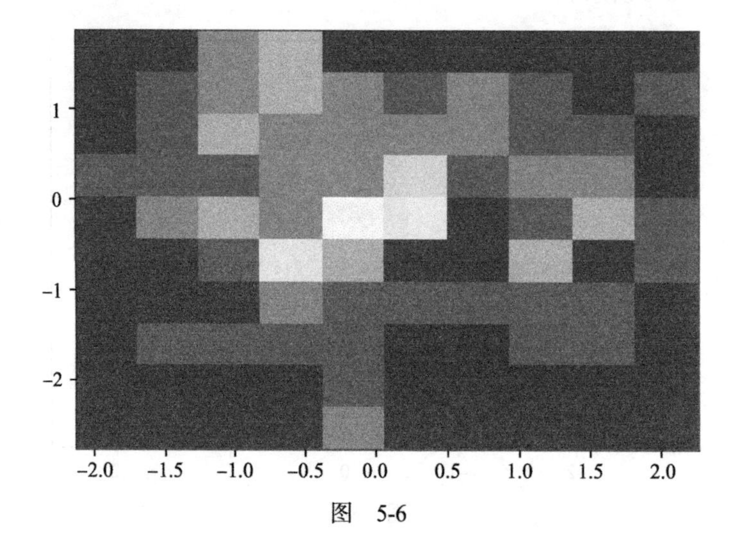

图 5-6

如何解读画出来的图片（图 5-6）？首先我们看一下生成的 histogram 三维数组，数组的第一维其实是一个矩阵，代表了立体图对应的 x、y 坐标对应的第三维坐标 z 值的大小，对应到图像上面便可以想象了：颜色的深浅代表了该处 z 值的大小，也就代表了 x、y 在该点附近的分布密集程度。

我们可以将数据量扩大来看一下画出来的图像可能是什么样的。示例代码如下：

```
import numpy as np
x = np.random.normal(size = 100000)
y = np.random.normal(size = 100000)

plt.hist2d(x,y,bins = [100,100])
```

画出相应的图，如图 5-7 所示。

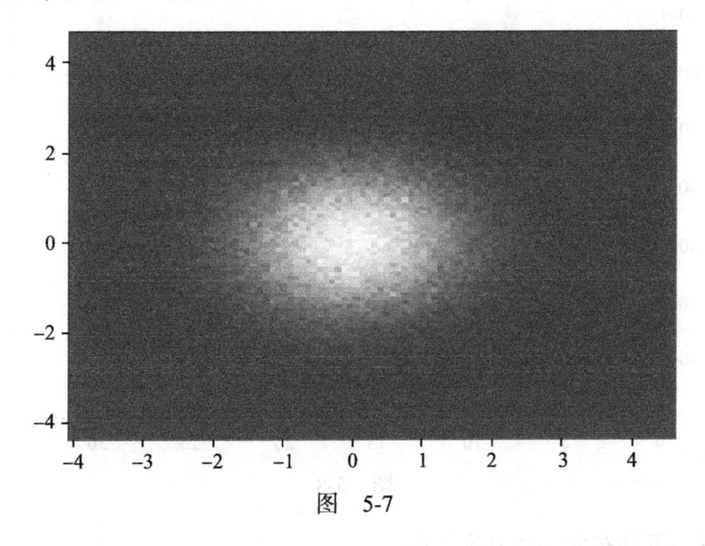

图 5-7

5.2 连续随机变量分布

SciPy 包含了大量的处理连续随机变量的函数，每种函数都位于与其对应的分布类中。每个类都有对应的方法来生成随机数，从而计算 PDF、CDF，使用 MLE 进行参数估计，以及矩估计等。相应的方法将在下文中详细讲解，其中，dist 代表了 SciPy 中相应的分布名称，每种分布除了自身特殊的输入变量之外，还包含三种常用的参数，具体说明如下。

- *args：表示每个分布定义所需的参数。例如，使用 F 分布的时候，需要两个参数。第一个参数是分子自由度。第二个参数是分母自由度。
- loc：表示位置参数，用于决定分布的中心位置。
- scale：表示比例参数，用于决定分布的缩放比例。例如，假设 z 是标准的正态分布，那么 $s \times x$ 就是一个缩放 s 倍的标准正态分布。

5.2.1 分布的基本特征

SciPy 能够生成各种满足不同分布的随机数。

1. dist.rvs

dist.rvs 是伪随机数生成函数，一般调用方法为 dist.rvs(*args, loc=0, scale=1, size=size)。其中，size 是一个 *n* 维数据，决定了所生成数组的大小。示例代码如下：

```
from scipy import stats
a = stats.chi2(10).rvs(1000)
plt.hist(a,bins = 50)
```

运行结果如图 5-8 所示。

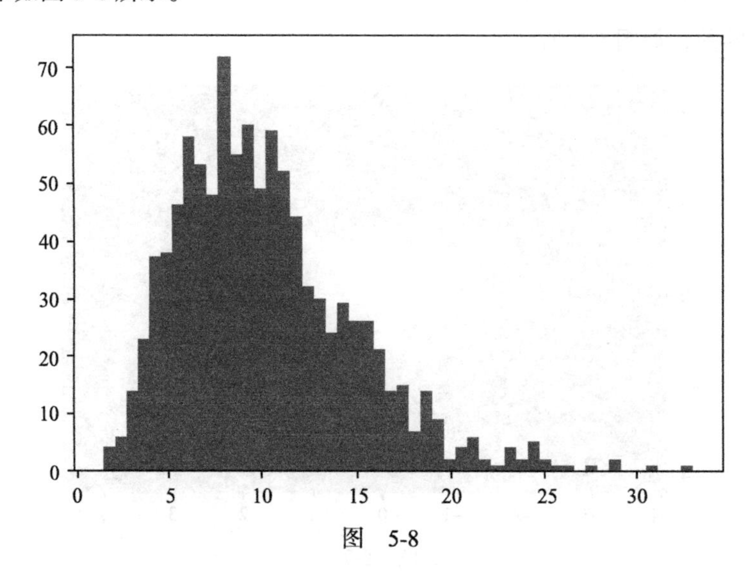

图　5-8

我们来考察一下分布的一些基本特征。

2. dist.pdf

dist.pdf 是指对一组数据估计出来的概率密度函数，一般调用方法为 dist.pdf(x, *args, loc=0, scale=1)。其中，x 是用来进行估计的数组。示例代码如下：

```
stats.norm(0,1).pdf(0)
Out[49]: 0.3989422804014327
```

3. dist.logpdf

dist.logpdf 是指对一组数据估计出来的对数概率密度函数，一般调用方法为 dist.logpdf (x, *args, loc=0, scale=1)，其中，x 是用来进行估计的数组。示例代码如下：

```
stats.norm(0,1).logpdf(0)
Out[50]: -0.9189385332046727
```

4. dist.cdf

dist.cdf 是指对一组数据估计出来的累积分布函数，一般调用方法为 dist.cdf(x, *args, loc=0, scale=1)，其中，x 是用来进行估计的数组。示例代码如下：

```
stats.norm(0,1).cdf(2)
Out[54]: 0.9772498680518208
```

5. dist.ppf

dist.ppf是指对于一组范围为0到1的数据，估计出来的累积分布函数的反函数，一般调用方法为dist.ppf(p, *args, loc=0, scale=1)，其中，p是所有元素均为0到1之间数据的数组。示例代码如下：

```
stats.norm(0,1).ppf(0.618)
Out[55]: 0.30023225938072184
```

6. dist.fit

对于一组数据，使用最大似然法估计出其形状、位置及比例参数，一般调用方法为dist.fit(data, *args, floc=0, fscale=1)，其中，data是用来估计参数的数据；floc用于强制规定location的取值；fscale用于强制规定scale的取值。在使用最大似然估计的时候，如果分布没有location和scale，那么一般有必要强制规定一个取值。

下面来看一个示例，首先生成10000个自由度为10的卡方分布模拟数据，代码如下：

```
a = stats.chi2(10).rvs(10000)
```

然后利用MLE进行拟合，代码如下：

```
stats.chi2.fit(a)
Out[58]: (10.258104233623369, -0.11014565203039026, 0.9850494177711357)
```

在获得的结果当中，数组的第一个数为卡方分布的自由度估计，第二个第三个为中心值和scale。

7. dist.mean

dist.mean用于返回分布的均值，一般调用方法为dist.mean(*args, loc=0, scale=1)。示例代码如下：

```
stats.beta(1,2).mean()
Out[60]: 0.3333333333333333
```

8. dist.median

dist.median用于返回分布的中位数，一般调用方法为dist.mean(*args, loc=0, scale=1)。示例代码如下：

```
stats.chi2(10).median()
Out[61]: 9.34181776559197
```

9. dist.var

dist.var用于返回分布的方差，一般调用方法为dist.var(*args, loc=0, scale=1)。示例代码如下：

```
stats.chi2(10).var()
Out[73]: 20.0
```

10. dist.std

dist.std 用于返回分布的标准差，一般调用方法为 dist.std(*args, loc=0, scale=1)。示例代码如下：

```
stats.chi2(10).std()
Out[74]: 4.47213595499958
```

5.2.2 衍生特征

1. 偏度

skewness 代表分布的偏度特征，偏度描述的是一个分布的“不对称性”，其计算公式为：

$$skewness = E\left[\left(\frac{x-\mu}{\sigma}\right)^3\right]$$

为了理解不对称性，我们先来看几个对称分布，示例代码如下：

```
import seaborn as sns
import numpy as np
x = np.random.normal(size=10000)
sns.distplot(x)
Out[65]: <matplotlib.axes._subplots.AxesSubplot at 0x277cbf32908>
```

画出相应的图，如图 5-9 所示。

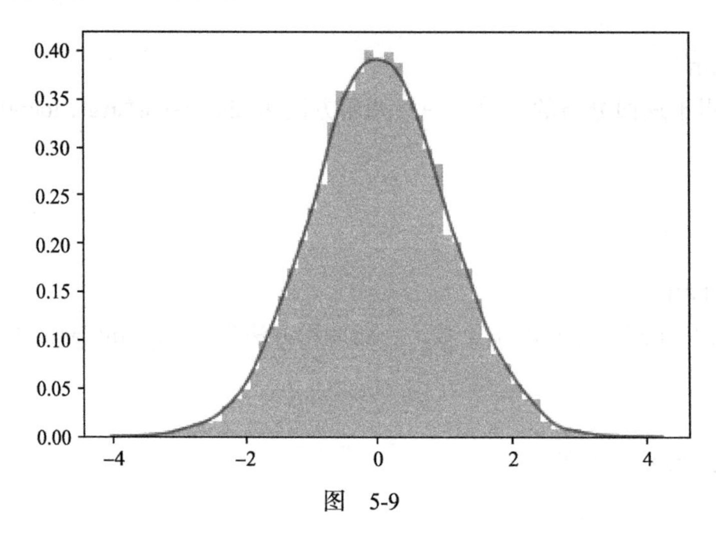

图 5-9

可以看到，标准正态分布是以 y 轴为中心对称的，并且分布的平均数与标准差分别为 0 和 1。很显然，对于标准正态分布而言，分布的偏度等于其三阶矩，我们用 Scipy 的 dist.

moment 函数即可获得其偏度。

返回分布的 *n* 阶中心矩，一般的调用方法为 dist.moment(r, *args)，其中，r 是需要计算的矩的阶数。示例代码如下：

```
stats.norm().moment(3)
Out[66]: 0.0
```

再来看另外一个例子，卡方分布，示例代码如下：

```
import seaborn as sns
import numpy as np
x = stats.chi2(10).rvs(100000)
sns.distplot(x)
Out[67]: <matplotlib.axes._subplots.AxesSubplot at 0x277ca44add8>
```

画出相应的图，如图 5-10 所示。

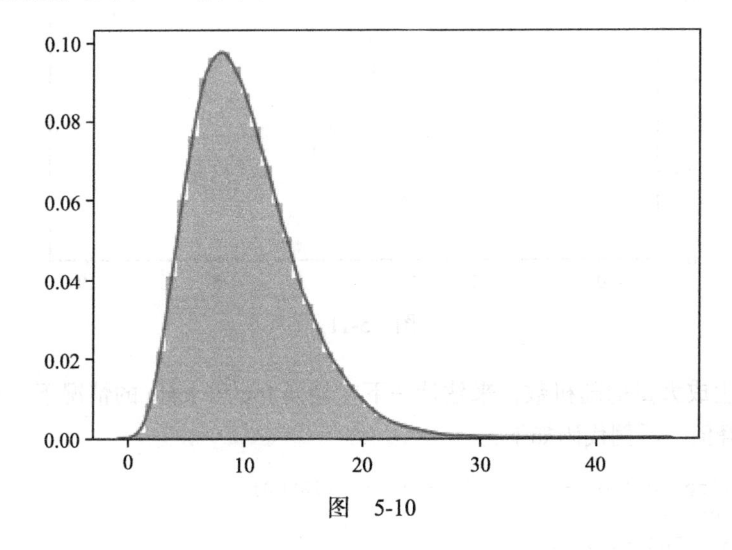

图　5-10

很明显，分布并不是中心对称的。

下面来计算一下其偏度，示例代码如下：

```
stats.skew(stats.chi2(10).rvs(100000))
Out[71]: 0.8891063018810491
```

2. kurtosis 峰度

峰度描述的是分布函数在平均值位置的取值高低的统计量。峰值高低是相对于标准正态分布的平均值而言的。一般定义正态分布的峰度为 0。为了满足这一定义，计算峰度的公式如下：

$$kurtosis = \frac{\mu^4}{\sigma^4} - 3$$

感兴趣的读者可以计算一下标准正态分布的峰度（提示：利用 moment generating function 可以很轻易地得出标准正态分布的各阶中心矩）。

下面来看一个典型的比正态分布峰值相对更高的分布：拉普拉斯分布（Laplace Distribution）。示例代码如下：

```
x = stats.laplace(loc = 0, scale = 1).rvs(10000)
sns.distplot(x)
```

画出相应的图，如图 5-11 所示。

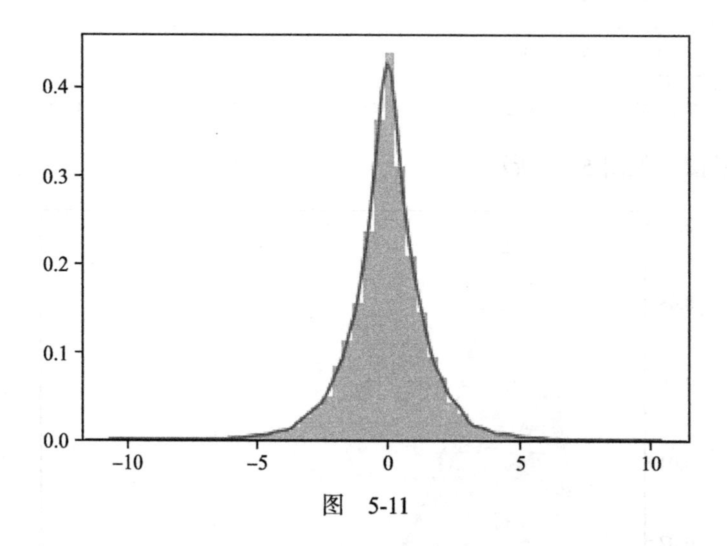

图　5-11

下面就来生成大量的随机数，来估计一下在相同 loc 和 scale 的情况下，拉普拉斯分布与正态分布的峰值，示例代码如下：

```
x = stats.laplace(loc = 0, scale = 1).rvs(10000)
stats.kurtosis(x)
Out[85]: 3.245024800904149

y = stats.norm(loc = 0, scale = 1).rvs(10000)
stats.kurtosis(y)
Out[86]: -0.00889987923437019
```

5.3　回归分析

5.3.1　最小二乘法

回归分析是通过建立模型来研究变量之间的相互关系并进行模型预测的一种有效工具。

我们来看一个案例：以平安银行的月度收益率为例来了解某只股票的风险回报率是否与大盘指数基金风险回报率有关，且相关度有多高？

从万德下载平安银行以及深证成指历史股价时间序列。示例代码如下：

```
import pandas as pd
# 读取平安银行数据
y = pd.read_excel('000001close.xlsx')
```

运行结果如图 5-12 所示。

```
# 读取深证成指数据
x = pd.read_excel("399001close.xlsx")
```

运行结果如图 5-13 所示。

Index	收盘价(元)
日期	平安银行000001.SZ
1991-04-03 00:00:00	0.4488
1991-04-04 00:00:00	0.4466
1991-04-05 00:00:00	0.4444
1991-04-08 00:00:00	0.44
1991-04-09 00:00:00	0.4379
1991-04-10 00:00:00	0.4357
1991-04-11 00:00:00	0.4357
1991-04-12 00:00:00	0.4313

图 5-12

Index	收盘价
日期	深证成指399001.SZ
1991-04-03 00:00:00	988.05
1991-04-04 00:00:00	983.11
1991-04-05 00:00:00	978.27
1991-04-08 00:00:00	968.57
1991-04-09 00:00:00	963.73
1991-04-10 00:00:00	958.88
1991-04-11 00:00:00	954.03
1991-04-12 00:00:00	949.31

图 5-13

我们先对数据进行清理（过程在此略去），得到如图 5-14 所示的 DataFrame。

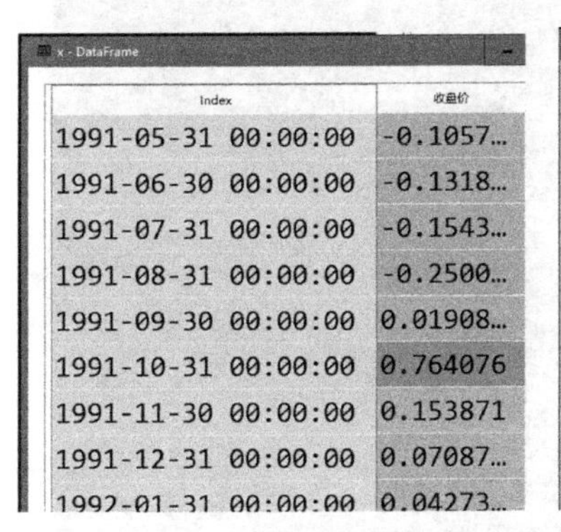
x - DataFrame

Index	收盘价
1991-05-31 00:00:00	-0.1057…
1991-06-30 00:00:00	-0.1318…
1991-07-31 00:00:00	-0.1543…
1991-08-31 00:00:00	-0.2500…
1991-09-30 00:00:00	0.01908…
1991-10-31 00:00:00	0.764076
1991-11-30 00:00:00	0.153871
1991-12-31 00:00:00	0.07087…
1992-01-31 00:00:00	0.04273…

y - DataFrame

Index	收盘价(元)
1991-05-31 00:00:00	0.237191
1991-06-30 00:00:00	-0.1222…
1991-07-31 00:00:00	-0.1222…
1991-08-31 00:00:00	-0.0571…
1991-09-30 00:00:00	-0.0300…
1991-10-31 00:00:00	0.842603
1991-11-30 00:00:00	0.01166…
1991-12-31 00:00:00	0.05382…
1992-01-31 00:00:00	0.06144…

图 5-14

得到平安银行的月度收益率以及深证成指指数基金月度收益率后，假定无风险收益率为 0%。

一个值得思考的问题是，如果大盘涨 1 个点，那么平安银行股票统计概率上会上涨多少点？这就是回归分析要解决的基本问题。为了解答这个问题，我们可以假定如下模型：

$$\text{平方银行月度收益率} = \alpha + \beta * \text{深证成指月度收益率} + \varepsilon$$

即平安银行月度收益率与深证成指月度收益率呈线性相关，并且受随机扰动项影响。我们的目标就是利用手上的数据估计出上述的各项参数。利用上述模型，我们在现有的数据集上的假设就变成了：

$$\text{平发银行月度收益率}_t = \hat{\alpha} + \hat{\beta} * \text{深证成指月度收益率}_t + \hat{\varepsilon}_t$$

参数取值决定了扰动项的大小，为了保证参数能够最优地反映相关关系，并且使得模型具有解释性，可考虑使用如下方式优化问题：

$$\min_{\alpha,\beta} \sum (\hat{\varepsilon}_t)^2$$

得出的解其实就是我们预估的上述模型参数。

上述模型的解决方法在统计中称为最小二乘法（Ordinary Least Square，简称 OLS）。顾名思义，就是普通的、最少的扰动项平方和。Python 提供了 statsmodels 包可用于解决上述优化问题。示例代码如下：

```
import statsmodels.api as sm
X =sm.add_constant(x)
results = sm.OLS(y,X).fit()
results.summary()
```

在 console 里会出现如图 5-15 所示的结果。

```
                            OLS Regression Results
==============================================================================
Dep. Variable:                平安银行月度收益率   R-squared:
0.618
Model:                            OLS   Adj. R-squared:                  0.617
Method:                 Least Squares   F-statistic:                     547.8
Date:                Fri, 09 Aug 2019   Prob (F-statistic):           1.07e-72
Time:                        17:44:22   Log-Likelihood:                 349.27
No. Observations:                 340   AIC:                            -694.5
Df Residuals:                     338   BIC:                            -686.9
Df Model:                           1
Covariance Type:            nonrobust
==============================================================================
                 coef    std err          t      P>|t|      [0.025      0.975]
------------------------------------------------------------------------------
const          0.0069      0.005      1.452      0.147      -0.002       0.016
深圳综指月度收益率      0.9527      0.041     23.405      0.000       0.873
1.033
==============================================================================
Omnibus:                       77.286   Durbin-Watson:                   1.668
Prob(Omnibus):                  0.000   Jarque-Bera (JB):              526.755
Skew:                           0.735   Prob(JB):                    4.14e-115
Kurtosis:                       8.918   Cond. No.                         8.64
==============================================================================
```

图　5-15

这张表里有很多数据，涉及这个模型不同的统计量，目前只需要关注 coef 对应的项目即可，它代表了模型的参数。

现在我们可以对模型进行解读了，这个模型代表了深证综指上涨 1%，平均来看，平安银行将上涨 0.9527%。

5.3.2 假设检验

在 5.3.1 节中，我们对平安银行月度收益率进行了回归分析，得出了如下结论：深证综指上涨 1%，平均来看，平安银行将上涨 0.9527%。这又带来了新的问题。这个结论可靠度有多高？这个系数会不会浮动？从历史数据来看，这个浮动区间应该是多少？

我们还可以思考另外一个有趣的问题，假如某个号称股票大师的人宣称，平安银行是牛股中的牛股，在牛市的时候会远超大盘，大盘月度收益率为 1% 的时候，平安银行月度收益率将超过 3%。我们可以考察的是：这个股票大师的说法，大概率是对的还是错的？

先来看一个有趣的问题，我们实质上需要做的工作是建立模型以及对应的假设：

$$\text{平安银行月度收益率} = \alpha + \beta * \text{深证成指月度收益率} + \varepsilon$$

$$H_0 : \beta > 3$$

能否利用数据来拒绝这一假设。这一类问题，在统计学上统称为假设检验（Hypothesis Testing），为了解决这一问题，需要使用的手段被称为统计推断（Statistical Inference）。

针对上述场景，我们可以提出如下这样一个通用的解决方案框架：

定义有限个随机变量 $\{X\}$，属于随机变量空间，对于任意随机变量，其与其他随机变量存在某种对应关系族 $\{f\}$，关系族由参数空间 $\{p\}$ 定义。假定我们知道对应关系族 $\{f\}$，并且拥有根据随机变量生成的样本 $\{d\}$，我们需要做的就是通过某种变换 $g(d \mid p)$（即构建统计量），使得该变换的结果满足某种已知的分布（如 Asymptotic Normal Distribution）。在给定的可能性阈值情况下，计算 $g(d \mid p)$ 是否属于给定的阈值范围。

其中，拒绝假设的阈值范围称为临界域（critical region），构建的统计量称为检验统计量（test statistics）。即假如构建的统计量属于临界域的范围之外，则我们认为该假设有很大的可能是不成立的。

针对股票大师假设的问题，我们实现上述解决方案。数学上可以证明，以下统计量服从 $t(n-1)$ 分布：

$$\frac{\hat{\beta}-\beta}{\hat{s}(\hat{\beta})} \sim t(n-k)$$

其中，分母为参数估计量的样本估计值，n 为数据量，k 为模型参数数量，β 为我们的假设值。

证明思路： 分子服从的分布为正态分布，分母为服从自由度为 n-k 卡方分布的随机变量的 1/2 次幂。

其中，n 为样本的个数。

如何设定阈值？这是一个充满艺术性的问题。先来看如下几个极端的假设。

1）我拒绝所有可能。即对于 $\frac{\hat{\beta}}{\hat{s}(\hat{\beta})}$ 的任何值，我们都不相信，于是将临界域设为全集。

很明显，这样我们会犯一个错误，即有可能其中一个值是正确的，当我们拒绝这个正确的假设时，我们犯的错误，称为第一类错误（Type I Error）。

2）我不拒绝所有可能，将临界域设为空集。这也会犯另外一个错误，即使假设是错误的，我们也会接受这个假设，这类错误称为第二类错误（Type II Error）。

大多数情况下，为了尽力避免一类问题而采取的努力，会导致我们无法减少另一类错误发生的可能性。我们必须选择尽力避免这两种错误。即，如果我们的假设是正确的，那么我们的推断过程会以最小的概率拒绝这个假设；而当我们的假设是错误的时候，那么推断过程又会以最大的概率拒绝这个假设。拒绝假设的概率函数称为功效函数（Power Function）。而由于我们无法同时满足最小化两类错误，因此必须要寻找到一个平衡点，以控制更严重的错误，并适当牺牲犯不严重错误的概率。哪一类错误更为严重是根据实际问题来确定的。比如，我们在判断一个青少年是否犯有偷窃罪时，首先要假定青少年没有犯罪，将这个假设定为我们的目标假设，考虑到可能会影响青少年身心发展问题，我们应尽可能地避免犯第一类错误。而相对立的，当我们在判断多起恐怖袭击案件犯罪团伙被抓获的犯罪嫌疑人时，如果假定的嫌疑人并没有犯罪，则我们需要尽可能地避免第二类错误。因为不能够拒绝这个假设意味着我们认定嫌疑人未犯罪，而放走一个可能的恐怖案件嫌疑犯将会导致社会稳定性大大降低，这个成本是我们不能够接受的。有意思的是，我们可以通过改变假设本身来使得第一类错误和第二类错误的描述是截然相反的，比如，我们可以将上面那个青少年偷窃案例的假设改为青少年实际犯罪了，那么这样一来，第一类错误和第二类错误就交换了。

基于上述讨论，常用的设计检测框架的模式是，控制第一类错误的发生概率，并且调节假设，使得发生第一类错误更加严重，这个严重度会得到统计学者的控制。

关于统计推断框架中功效函数与控制错误发生的平衡更深层次的讨论，可以参考Neyman-Pearson Lemma，感兴趣的读者可以自行深入研究。

回到月度收益率问题，我们假定发生第一类错误的概率不能够超过1%。即，针对统计量 $\frac{\hat{\beta}}{\hat{s}(\hat{\beta})}$ 而言，我们需要找到一个 c，使得 $\Pr\left(\frac{\hat{\beta}-\beta}{\hat{s}(\hat{\beta})}<c|\beta\right)\leqslant 0.01$，即如果假设大盘涨1个点，平安银行涨大于3个点是正确的假设，则观测值构建的统计量将假设拒绝的概率最大为0.01。前面提到 $\frac{\hat{\beta}-\beta}{\hat{s}(\hat{\beta})}\sim t(n-k)$，我们可以找到这个值，代码如下：

```
From scipy import stats
stats.t(len(y)-2).ppf(0.01)
Out[123]: -2.3374308785509292
```

于是基于这个值，我们可以构建临界域：假如 $\frac{\hat{\beta}-\beta}{\hat{s}(\hat{\beta})}<c$，我们拒绝这个假设。

下面从常理来推断这个假设检验流程的合理性。假如说平安银行涨幅真的大于3个点，那么我们构建的统计量计算出来小于临界值的概率应该会非常小，我们假定这个概率为0.01。因此我们的拒绝流程应设为当观测值统计量小于某个值的时候，则拒绝假设。

读者可以用5.3.1节提到的数据计算一下，这位股票大师的推断是多么地不靠谱。代码如下：

```
(results.params['深证综指月度收益率']-3)/results.bse['深证综指月度收益率']
Out[121]: -50.29784830620411
```

CHAPTER 6

第 6 章

数据预处理和初步探索

现实世界中的数据量越来越大，也越来越容易受到噪声、缺失值和不一致数据等的影响。数据库太大，如若有不同的来源（多半确实会有，像 Wind 的数据，来源就十分广泛，比如交易所、各公司的年报、各政府机关网站，还有其他大大小小的供应商等），那么脏数据问题一定会存在，这是不可避免的。

为了使数据中的各种问题对我们的建模影响最小化，需要对数据进行预处理。

在收集到初步的样本数据之后，接下来需要考虑的几个问题是：样本数据的质量是否有问题，如果有问题，应该怎么处理？样本数据是否出现了意外的情况？样本数据包含哪些基本的统计特征，有没有明显的规律？为了便于后续的深入分析和建模，我们需要对数据进行哪些处理？

通过数据清洗、绘制图表，以及基本统计量的计算，我们可以对数据做一个初步的分析和探索，为后面的深入分析和建模打下基础。

在实际操作中，数据预处理通常分为两大步，一是数据清洗，二是数据的基本分析。这两步并不一定是按先后顺序进行的，通常也会相互影响。比如，有的错误数据（不可能出现的极值），必须通过基本的统计分析才能发现。

有一种说法，数据的预处理会占据绝大部分的工作量，有的甚至会达到所有工作量的 80%，建模和算法真正的工作量其实只有 20%。这个结论在互联网或者传统 IT 领域，特别是面对大量的非结构化数据时，确实是事实。

但在金融二级市场上就不太一样了，由于很多现成的供应商已经将数据处理好并结构化了，所以实际的数据预处理工作量并没有那么大，但 40% 的比例应该是有的。

6.1 数据清理

数据分析界有一句很有名的谚语 “Garbage in, garbage out”，意思是如果输入的数据质量很糟糕，那么即使算法再精妙也得不到有价值的结果。更有甚者，还可能会将人引向相反的结果，造成重大决策失误。这一说法在量化投资领域当然也成立——如果输入的数据存在各种错误和问题，那将会很难做出有效的投资模型。

所以第一步，也是非常关键的一步，就是数据的清理。为了清理数据，我们必须要知道可能存在的问题，才能针对相应的问题设计相应的方法。

6.1.1 可能的问题

原始数据可能存在如下三种问题。

- 数据缺失：数据缺失的问题在高频数据里面特别常见。而且由于很多投资者是自己实时下载的数据，因此即使之后发现也很难弥补。
- 噪声或者离群点：由于系统或者人为的失误，导致数据出现明显的错误，比如某支股票的价格本应在 12 元左右，结果突然出现了 100 元的价格数据。
- 数据不一致：很多投资者，为了确保数据正确性，会使用多个数据源进行交叉验证，这时往往会出现数据不一致的问题。即使是同一个数据源，有时候也会出现数据不一致的问题。比如期货行情数据，Wind、文华、MC 的数据都有可能出现不一致的问题，数据频率越高，不一致的可能性就越大。

6.1.2 缺失值

针对缺失值，实际操作中，需要两套程序：一套程序是检查缺失值，一套程序是填补缺失值。一般流程是，先检查缺失值，研究缺失值，选择填补方法，进行填补，然后再次检查。这样迭代循环，直到将数据缺失控制在可接受范围内。

缺失值，也有多种类型，一种是“正常缺失”，比如股票在某一天停牌，那么这一天的交易数据就是没有的。一种是“非正常缺失”，比如明明有交易，但就是没有交易数据。

举个例子，在下载 5 分钟数据的时候，发现 20160104 的数据都有缺失，但 Wind 上的数据又显示当天的交易情况为“交易”。实际情况是当天发生了“熔断”，因为是新的机制，所以 Wind 还没来得及准备一个字段用于表示当天的交易状态。这种情况就属于数据的“正常缺失”，只是交易状态与数据不一致而已。

Wind 的交易状态字段如图 6-1 所示。

	trade_status text
1	
2	盘中停牌
3	下午停牌
4	停牌一天
5	停牌一上午
6	停牌1小时
7	停牌半小时
8	交易
9	盘中暂停交易
10	上午停牌
11	停牌半天
12	停牌一下午

图 6-1

在检查缺失值时，这两种缺失需要分辨清楚，因为不同的缺失值，处理方法也不一样。

检查好缺失值之后，就需要进行处理了。先处理“非正常缺失”，一般流程具体如下。

1）检查提取数据是否出错。有时候，数据源本身是完整的，然而自己在提取数据的时候出现了问题。比如，笔者在使用市场上某家的金融高频数据的时候，下载 5 分钟数据计算高频波动率，发现存在很多缺失的数据。经该公司后台查询后发现，他们的数据库其实是有这个数据的，这说明是在下载数据的过程中出现了问题。

2）从其他数据源提取。有的数据源本身就缺失了数据，对于这种情况可以再寻找另外一个数据源进行补充。

- 算法填充。有的时候，我们没有办法使用多数据源进行补充，而且有的数据本身就有空缺，无法补充。这个时候，可以退而求其次，使用算法填充。

常用算法有向前填充和向后填充两种。所谓向前填充是指使用之前最近的一个数据对空值进行填充。向后填充是指使用之后最近的一个数据对空值进行填充。

Pandas 提供了一个函数用于数据填充。示例代码如下：

```
df = pd.DataFrame([[np.nan, 2, np.nan, 0],
...                    [3, 4, np.nan, 1],
...                    [np.nan, np.nan, np.nan, 5],
...                    [np.nan, 3, np.nan, 4]],
...                    columns=list('ABCD'))
df
     A    B    C  D
0  NaN  2.0  NaN  0
1  3.0  4.0  NaN  1
2  NaN  NaN  NaN  5
3  NaN  3.0  NaN  4
```

向前填充的示例代码如下：

```
df.fillna(method='ffill')
     A   B   C   D
0    NaN 2.0 NaN 0
1    3.0 4.0 NaN 1
2    3.0 4.0 NaN 5
3    3.0 3.0 NaN 4
```

除了向前填充，该函数也支持向后填充，不过，要使用特定的值进行填充。

有的数据发生了缺失，无法使用简单的向前填充或向后填充来处理。比如，使用 Wind 下载 a 股复权数据，会发现交易状态 trade_status 在 1999 年之前都是空值，虽然实际上是有交易的，但如果直接按照 trade_status=‘交易’这个条件来筛选，将会把 1999 年之前的所有数据都去掉。这个时候就需要根据逻辑设计一个算法来进行填充，比如将成交量 volume>0 的都填充为“交易”。

6.1.3　噪声或者离群点

噪声或离群点的问题一般有两种情况，一种是数据错误导致的，比如本来应该是 10.0 的数据，错误显示为 10000；另一种则是其本身是真实数据，但就是离群点，比如金融危机中的收益率或者波动率，可能就非常极端，成为离群点。

一般的处理步骤具体如下。

1）通过一定的算法识别出离群点。一般是使用该数据标准差的多少倍来判断。比如正太分布中，正负标准差 3 倍以上的概率是 99.7%，可以将其认定为可疑离群点。

2）人工判断离群点是属于错误数据导致的，还是正常的离群点。

3）对离群点进行处理。一般来说，错误的离群点需要更正或者删除。正常的离群点则需要另外建模进行分析。

6.1.4　数据不一致

为了确保数据的准确性，有时候需要使用多种数据源进行交叉验证。比如，在研究港股的时候，对比了 Wind 和 Bloomberg 的后复权数据之后，发现两者存在很大的差别，这就是数据不一致的问题，但我们并不能确定哪一个才是正确的，于是又加入了同花顺和 CSMAR 的数据进行对比，发现后者与 Wind 的数据是一致的。所以可以确认是 Bloomberg 的问题，因而采用 Wind 的数据。

当然，在实际工作中，数据清理的问题要远远多于这里介绍的几种，需要系统性地、仔细地去处理。

6.2　描述性统计

在完成初步的数据清理之后，我们可以做一些简单的描述性统计，这样既可以对数据有一个初步直观的感受，也便于对数据进行进一步的清理操作。

这里介绍两种常用的基本统计方法，中心趋势度量和数据散布度量，两个典型的代表分别是均值和方差。下面对中心趋势度量和数据散布度量做一个简单介绍。

6.2.1　中心趋势度量

本节将考察度量数据中心趋势的各种方法。下面以某资产的收益率 X 为例，假如我们已经获取了 N 个交易日的收益率值，依次记为 $x_1, x_2, \cdots, x_N$。现在想要知道收益率总体大概在哪个值？这个反映的就是中心趋势的思想。中心趋势度量主要包括均值、中位数、众数。

“均值”是最常见、最有效的度量之一。令 $x_1, x_2, \cdots, x_N$ 为某数值 X 的 N 个观测值。则该值集合的均值（mean）为：

$$\bar{x}=\frac{x_1+x_2+\cdots+x_N}{N} \tag{6-1}$$

这个均值又称为算术平均值。均线的理论就来自于此。

有时，对于每个值 x_i，我们可以取一个对应的权重 w_i。权重反映了每个值 x_i 的重要性或者出现的频率。这种情况下，我们可以计算：

$$\bar{x}=\frac{w_i x_1+w_i x_2+\cdots+w_i x_N}{w_1+w_2+\cdots+w_N} \tag{6-2}$$

这个均值称为加权算术均值或者加权平均。在技术指标中，除了均线 MA 之外，还有一种指数平滑均线 EMA（Exponential Moving Average），利用的就是加权平均的思想，EMA 的计算使用的是一个递归公式，如下：

$$\mathrm{EMA}_{today} = a * \mathrm{CLOSE}_{today} + (1-a) * \mathrm{EMA}_{yesterday}$$

其中，a 为平滑指数，一般取作 $2/(N+1)$。

将这个公式展开之后，我们可以发现，随着时间的推移，过去收盘价的权重呈指数级减少。时刻越靠近现在，其权重越大，这样就可以凸显近期收盘价的重要性了。

虽然均值是描述数据集最有用的统计量，但它并非总是度量数据中心的最佳方法。主要问题是，均值对极端值非常敏感。比如，我们经常听到网传某某公司的平均收入是多少，该公司的员工就会抱怨他们是“被平均”了，因为少数几个高管的超高收入拉升了整个公司的平均水准，导致统计失真。为了降低少数极端值的影响，我们可以使用截尾均值（trimmed mean）。截尾均值是丢弃掉高低极端值后的均值。比如，我们可以对收益率排序，然后将最高的 2% 和最低的 2% 都去掉，最后再取平均值。

另外一种数据中心的度量是中位数（median），特别适合应用于非对称数据。中位数是有序数据的中间值。它是将数据较高的一半与较低的一半分开的值。计算中位数的方法比较简单，先将数据进行排序，如果 N 是奇数，则中位数就是序列的中间值；如果 N 是偶数，则中位数就有两个值；如果 X 是数值类型，则可以取中间两个值的平均值。

众数是另一种中心趋势度量。数据集的众数是集合中出现最频繁的值。众数比较适合用于离散变量。比如，A 股的公司类型有国有企业、中央企业、民营企业、合资企业等。我们就可以统计企业类型的众数，得出 A 股中哪种类型的企业最多，最有代表性。

6.2.2　数据散布度量

本节将考察数据散布或者发散的度量。这些度量包括方差、极差、分位数等。

方差和标准差是最常见的数据散布度量，它们可用于指出数据分布的散布程序。低标准差意味着数据趋向于非常靠近均值，而高标准差则表示数据散布在一个大的范围中。在金融数据中，我们常使用方差或者标准差来表示收益的波动性和风险。比如布林线，就是使用均线加减 N 倍的标准差，这样就能同时表达价格的整体趋势和波动性。

数值 X 的 N 个样本 $x_1, x_2, \cdots, x_N$ 的方差是：

$$\sigma^2 = \frac{1}{N}\sum_{i=1}^{N}(x_i - \overline{x})^2$$

其中，$\overline{x}$ 是数据的均值，σ^2 是方差，σ 是标准差，也是方差的平均方根。标准差 σ 的性质如下。

- ❑ σ 用于度量关于均值的发散，仅当选择均值作为中心度量时使用。
- ❑ 只有当所有观测值都具有相同的值时，$\sigma = 0$；否则 $\sigma > 0$。

除了方差，还有极差、分位数可以作为数据散布的度量。

极差是数据中最大值和最小值的差值，数值 X 的 N 个样本 $x_1, x_2, \cdots, x_N$ 的极差可以记作 $\max(X) - \min(X)$。

假设 X 的数据以数值递增的顺序排列。那么我们可以挑选某些数据点，这些数据点刚好可以将数据划分成大小相等的集合，这些数据点称为分位数。分位数是取自数据分布的、每隔一定间隔上的点，它们可将数据划分成大小基本上相等的连贯集合。（这里说“基本上”，是因为可能无法恰好将数据划分成大小相等的数据点。）

2 – 分位数是一个数据点，它将数据分布划分成高低两半。2 – 分位数对应于中位数。4 – 分位数是 3 个数据点，它们将数据分布划分成 4 个相等的部分，使得每部分都是数据分布的四分之一。

6.3　描述性统计的可视化分析

初步研究数据的分布时，最直观的方法就是可视化分析了。本节将介绍一些基本的可视化分析方法，主要以 seaborn 和其自带的例子进行说明（使用自带的例子比使用金融收益率更容易展示其特点）。本节的主要目的是理解各种可视化图形的用途。这样在进行数据分析的时候，就能有的放矢的使用。

6.3.1　直方图

直方图（histogram）出现得很早，而且应用广泛。直方图是以一种图形方法来概括给定数值 X 的分布情况的图示。如果 X 是离散的变量，比如股票类型，则对于 X 的每个已知的值，画一个柱或竖直条。条的高度表示该 X 值出现的频率（即计数）。这种图更多地被称为条形图（bar chart）。

如果 X 是连续型变量，比如股票的市盈率，则会更多地使用术语直方图。在术语直方图里，X 的值域被划分成不相交的连续子域。子域称为桶（bucket）或箱（bin），是 X 的数据分布的不相交子集。桶的范围称为宽度。通常，每个桶都是等宽的。比如，值为 1 ~ 100 的价格属性可以划分成子域 1 ~ 20、21 ~ 40、41 ~ 60，等等。对于每个子域，画一个条，其高度表示在该子域观测到的商品的计数。

有时候，我们需要比较两个数据集的差异。比如，电子行业股票和房产行业股票的市盈率有什么差别。当然，此时可以用统计检验，但不够直观。

如何最直观地比较两个数据分布的差异呢？答案就是将两个数据分布画在一张图上。

下面举例说明一下，假设生成两个正态分布的数据集。

数据集 1：均值为 -1，标准差为 2，1000 个样本。

数据集 2：均值为 0，标准差为 1，5000 个样本。

示例代码如下：

```
import numpy as np
```

```
import pandas as pd

data_n1 = np.random.normal(-1,2,1000)
data_n2 = np.random.normal(0,1,5000)


data_n1=pd.DataFrame(data_n1,columns=['normal'])
data_n2=pd.DataFrame(data_n2,columns=['normal'])
```

然后调用 Pandas 的 plot.hist 函数，绘制直方图，示例代码如下：

```
data_n1['normal'].plot.hist(bins=30,figsize=(10,6))
data_n2['normal'].plot.hist(bins=30,figsize=(10,6))
```

运行结果如图 6-2 所示。

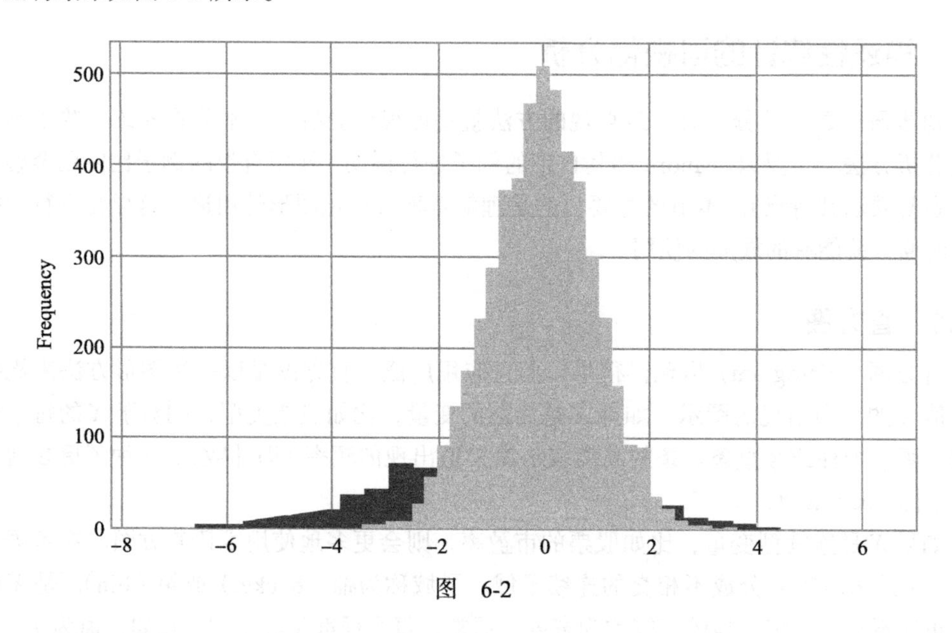

图　6-2

这个图明显存在问题，蓝色的区域被红色大面积挡住了，看不太清楚（当然，如果是黑白显示，这里将会看不清楚，建议自行在电脑上画图尝试）。

对于这种情况，应该怎么办呢？可以加入一个参数 alpha=0.5，增加图形的透明度。示例代码如下：

```
data_n1['normal'].plot.hist(bins=30,figsize=(10,6),alpha=0.5)
data_n2['normal'].plot.hist(bins=30,figsize=(10,6),alpha=0.5)
```

运行结果如图 6-3 所示。

有了透明效果，两个分布就都能看到了。还有一个问题，数据集 2 有 5000 个样本，远多于数据集 1 的 1000 个。这里默认画的是绝对数量，所以数据集 2 看起来要格外高一些。

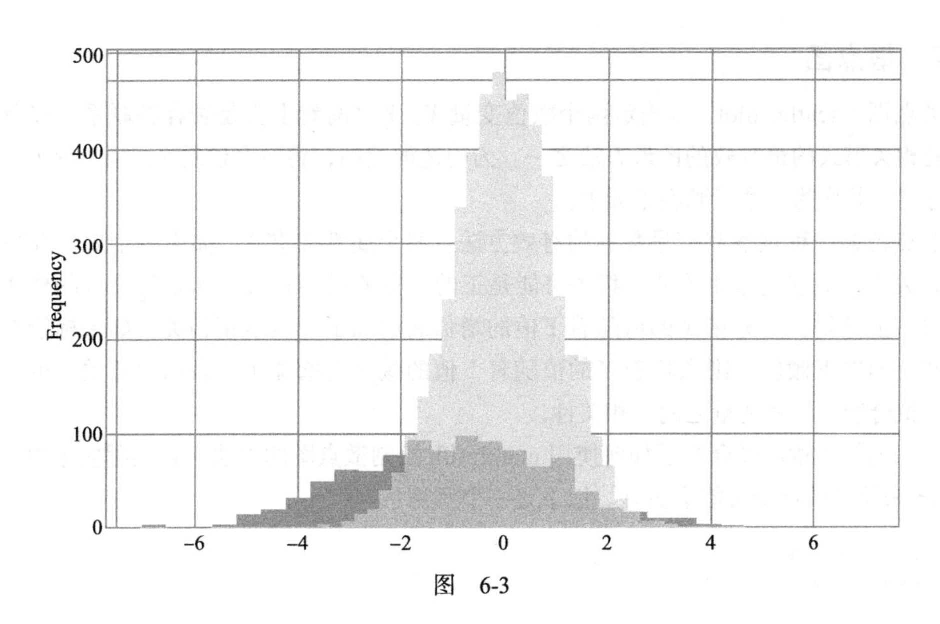

图　6-3

但我们需要的是相对概率，而不是绝对数量。因此可以再加入一个参数 normed=True，来比较概率分布，示例代码如下：

```
data_n1['normal'].plot.hist(bins=30,figsize=(10,6),alpha=0.5,normed=True)
data_n2['normal'].plot.hist(bins=30,figsize=(10,6),alpha=0.5,normed=True)
```

运行结果如图 6-4 所示。

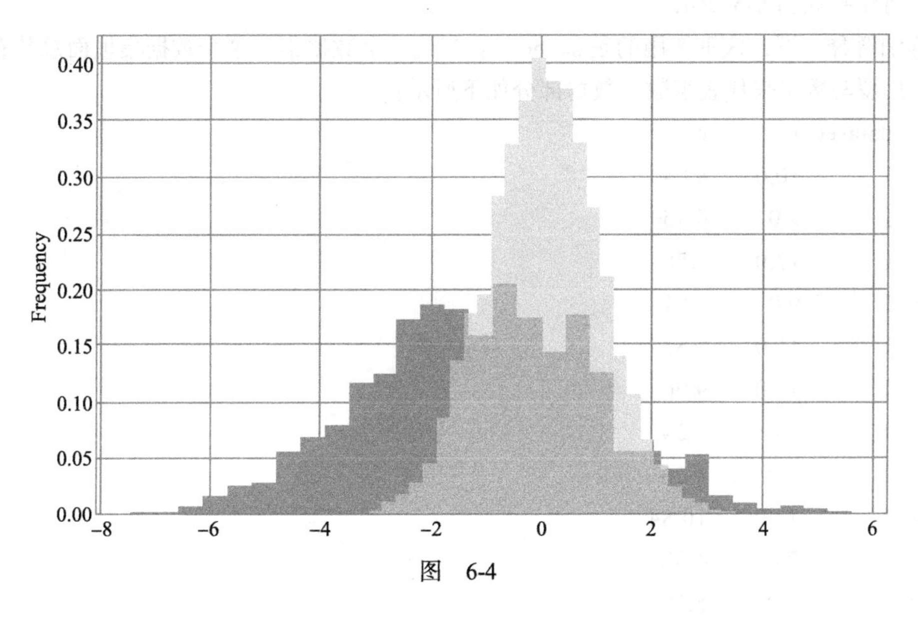

图　6-4

这个图就直观多了。

6.3.2 散点图

散点图（scatter plot）是确定两个数值变量 X、Y 之间看上去是否存在联系，以及具有怎样的相关模式的最有效的图形方法之一。为构造散点图，将每个值对（x，y）视为一个代数坐标对，并作为一个点画在平面上。

散点图是一种观察双变量数据的有效方法。两个属性 X 和 Y，如果一个属性和另一个属性有关系，则它们是相关的。相关可能是正的、负的或不相关。如果标绘点的模式是从左下向右上倾斜，则意味 X 的值随着 Y 值的增加而增加了，表示正相关。如果标绘点的模式从左上向右下倾斜，则意味着 X 的值随着 Y 值的减小而增加了，表示负相关。可以画一条最佳拟合线，研究变量之间的相关性。

本书的第 4 章已经介绍了如何使用 matplotlib 绘制散点图的方法。在实际应用中，使用 seaborn 来绘制散点图可能会更好。以下是一个示例：

```
import seaborn as sns
sns.set(style="ticks")

# Load the example dataset for Anscombe's quartet
df = sns.load_dataset("anscombe")

# Show the results of a linear regression within each dataset
sns.lmplot(x="x", y="y", col="dataset", hue="dataset", data=df,
           col_wrap=2, ci=None, palette="muted", height=4,
           scatter_kws={"s": 50, "alpha": 1})
```

运行结果如图 6-5 所示。

详细解释一下，这里使用的是 seaborn 自带的一个数据集。这个数据集里面总共有四组数据，用罗马数字来代表组数。数据部分如下所示：

	dataset	x	y
0	I	10.0	8.04
1	I	8.0	6.95
2	I	13.0	7.58
3	I	9.0	8.81
4	I	11.0	8.33
5	I	14.0	9.96
6	I	6.0	7.24
7	I	4.0	4.26
8	I	12.0	10.84
9	I	7.0	4.82
10	I	5.0	5.68
11	II	10.0	9.14

```
12 II      8.0     8.14
13 II      13.0    8.74
...
```

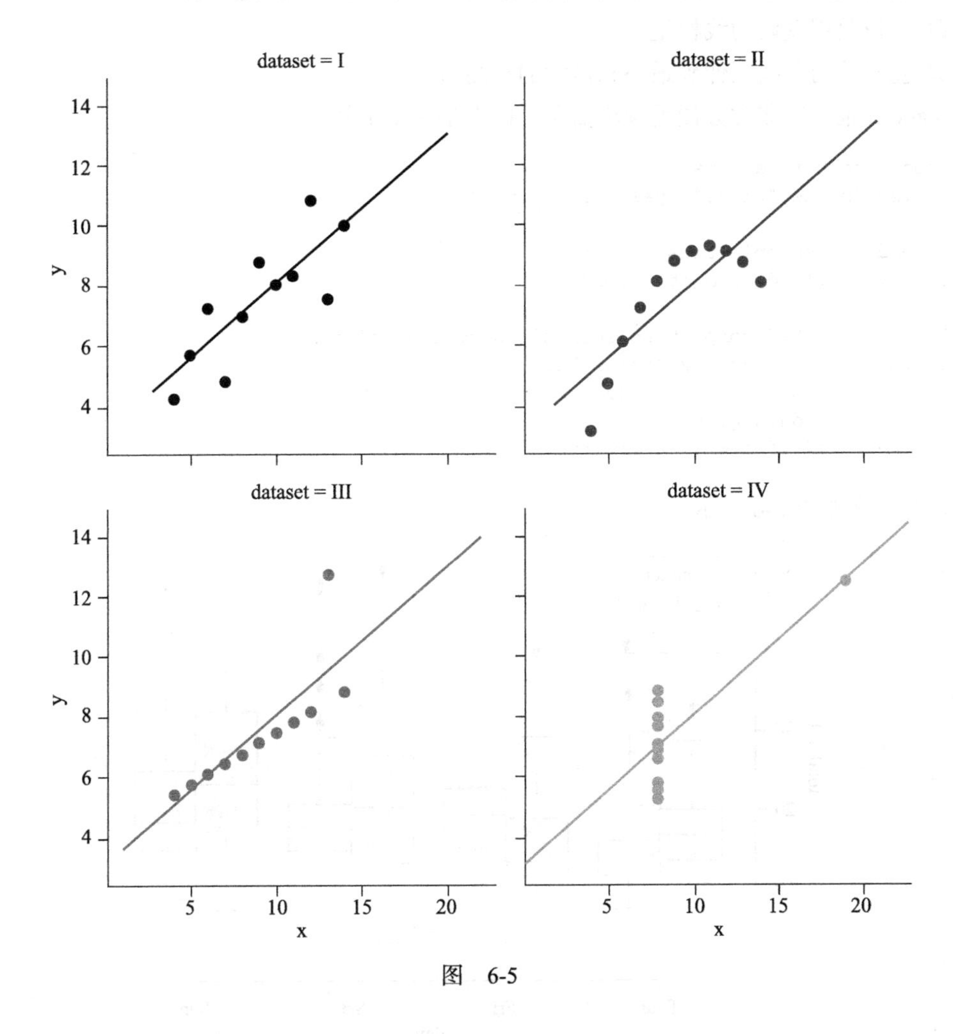

图 6-5

我们只需要按类似的格式将数据整理好，就可以使用 seaborn.lmplot 来画出各组的散点图，而且顺便也能将各组的线性回归直线也画出来。

从图 6-5 中可以看出，第 1 组和第 3 组的 x，y 值是正相关的。第 2 组的似乎是一个二次曲线。第 4 组除了一个异常点之外，其他所有点的 x 都是相同的。

这就是 seaborn 的好处，可以非常方便地用一个函数分析出不同数据组之间的相关性。

6.3.3 盒图

为了更加全面地了解一个分布，五数概括是一个很好的工具。五数概括由中位数、两个四分数、最小、最大值组成。按次序分别表示为 *Minimum*, Q_1, *Median*, Q_3, *Maximum*。

盒图（boxplot）是一种流行的分布的图形表示。盒图就体现了五数概括的特点。

- 盒的端点一般在四分位数上，使得盒的长度是四分位数极差 IQR。
- 中位数用盒内的线标记。
- 盒外的两条线延伸到最小和最大的观测值。

seaborn 也可以非常方便地画出盒图。以下是一个示例：

```
import seaborn as sns
sns.set(style="ticks", palette="pastel")

# Load the example tips dataset
tips = sns.load_dataset("tips")

# Draw a nested boxplot to show bills by day and time
sns.boxplot(x="day", y="total_bill",
            hue="smoker", palette=["m", "g"],
            data=tips)
sns.despine(offset=10, trim=True)
```

运行结果如图 6-6 所示。

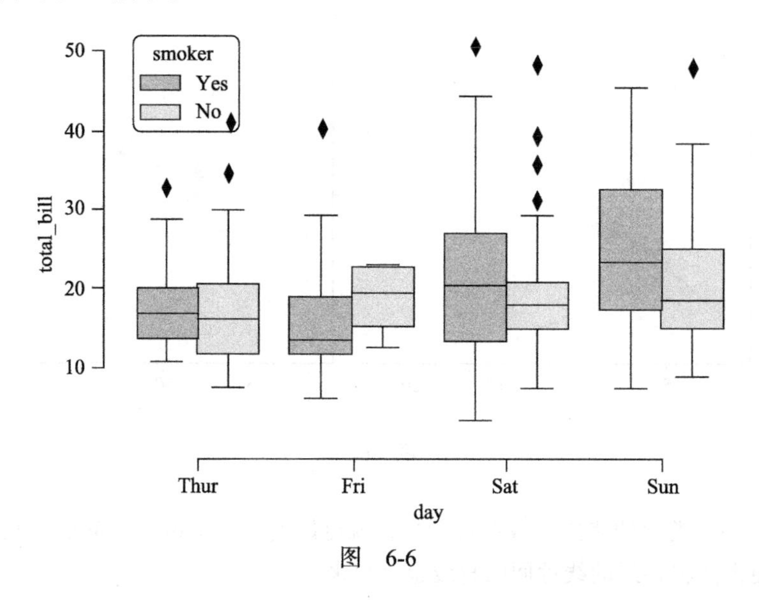

图　6-6

同样地，这里也是使用了 seaborn 自带的数据集。这个数据集有好几个维度，比如 sex（性别）、smoker（是否吸烟）、day（星期几）。统计数据有 total_bill（总账单）、tip（小费）。

以上代码是将 day 作为 x 轴，用 smoker 作为第二维度，画出了 total_bill 的盒图（数据分布）。最中间的线就是中位数，实体上下边缘是四分位数，上下影线是最大最小值、灰点是异常值。

同理，我们也可以将第二维度选为 sex，只需要将函数中的参数 hue 换为 sex 即可。代码如下：

```
sns.boxplot(x="day", y="total_bill",
            hue="sex", palette=["m", "g"],
            data=tips)
```

运行结果如图 6-7 所示。

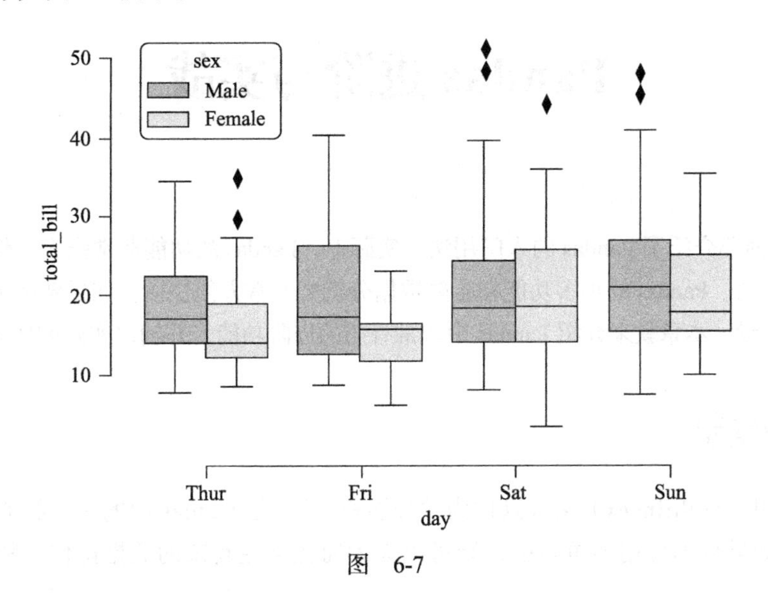

图　6-7

可以看到，图 6-7 左上角的图例变为了 sex。

值得注意的是，此例的数据结构与上例非常类似，这是一种常用的标准数据格式。只要我们将数据格式处理成这种数据格式，就可以非常方便地调用 seaborn 绘制出各种统计图形，进行数据的初步探索。

由此可见，在数据的描述统计上和可视化上，Python 都提供了相当便捷的方法，可以迅速地进行数据探索和数据理清。

CHAPTER 7

第 7 章

Pandas 进阶与实战

3.3 节已简单介绍了 Pandas 的入门用法。实际上，Pandas 的功能非常强大，仅用一节的篇幅是介绍不完的。Pandas 的很多功能在金融数据分析中非常方便快捷，如果熟练掌握，则可以大大节省编程量。本章就来介绍 Pandas 中非常有用的进阶功能，并辅以实际的例子进行讲解。

7.1 多重索引

多重索引（MultiIndex）又可以称为“分层索引”，是 Pandas 中的一个核心功能。在实际工作中，如果合理应用多重索引，则可以大大简化某些复杂的数据操作，特别是高维数据的操作。

本节就来讲解“多重”和“分层”的真实含义，以及多重索引是如何在复杂的数据分析中发挥作用的。

多重索引在 Pandas 中也是一种对象，即 MultiIndex 对象，其与标准的 Index 对象非常相似，只不过有了“多重”的概念。我们可以将多重索引对象看成是一个由元组（tuple）元素组成的数组，其中，每一个元组对象都是唯一的。MultiIndex 既可以由嵌套数组创建（使用 MultiIndex.from_arrays），也可以由元组组成的数组创建（使用 MultiIndex.from_tuples），或者指定每个维度的索引值，自动循环生成索引（使用 MultiIndex.from_product）。

下面就来列举一个例子说明生成 MultiIndex 对象的方法。假设我们想生成一个由股票代码和不同年份组成的索引，股票代码分别是 000001、000002、000003，年份分别是 2016、2017。

最快的方式是使用 from_product 方法，示例代码如下：

```
import pandas as pd
numbers = ['000001', '600000', '688001']
colors = [2016, 2017]
mindex=pd.MultiIndex.from_product([numbers, colors],names=['code', 'year'])
```

其中，mindex 的值如下所示：

```
MultiIndex(levels=[['000001', '600000', '688001'], [2016, 2017]],

           codes=[[0, 0, 1, 1, 2, 2], [0, 1, 0, 1, 0, 1]],
           names=['code', 'year'])
```

MultiIndex 最大的好处是其提供了各种便捷的方法，可以方便快速地进行各种数据变换。一个经典的例子是从 Wind 中导出数据，并将它变换成我们需要的数据格式。

比如，我们有时会碰到类似表 7-1 的数据。在表 7-1 中，A 和 B 都包含了 2006 年、2007 年的数据。

表 7-1　数据表 1

ID\ 年份	2006	2007
A	0.1	0.2
B	0.3	0.4

表 7-1 所示的格式有时候处理起来不是很方便，我们希望将其转换为一种更为统一的格式，如表 7-2 所示。

表 7-2　数据表 2

ID	年份	值
A	2006	0.1
A	2007	0.2
B	2006	0.3
B	2007	0.4

使用 Pandas 可以很容易实现这种转换。我们可以为 dataframe 建立列索引，然后使用 stack() 方法来实现这个功能。

下面引用一个实例来说明。使用 Wind 终端下载所有股票对应的机构持股数量，下载的季度数据是按列排列的，如图 7-1 所示（图 7-1 的右边还有数据到 2016 年，但限于篇幅，并没全部显示）。为了便于处理，需要将图 7-1 中的数据变换为表 7-2 所示的格式，并保存为 csv 文件，以供后续使用。

先导入数据，将第一列作为索引，再更改索引和名称。为了方便处理，我们将年份和季度分开，这里使用双重列索引，分别代表年份和季度。示例代码如下：

```
import pandas as pd
import numpy as np

year=np.arange(2006,2017,1)
quarter=np.arange(1,5,1)

col_index=pd.MultiIndex.from_product([year, quarter],
                                     names=['year', 'quarter'])
```

```
df=pd.read_csv('unstack.csv',index_col=[0],header=0)
df.head()
df.columns=col_index
df.index.name='code'
df.head()
```

证券代码	机构持股数量合计 [报告期] 2006一季 [单位] 股	机构持股数量合计 [报告期] 2006中报 [单位] 股	机构持股数量合计 [报告期] 2006三季 [单位] 股	机构持股数量合计 [报告期] 2006年报 [单位] 股	机构持股数量合计 [报告期] 2007一季 [单位] 股	机构持股数量合计 [报告期] 2007中报 [单位] 股	机构持股数量合计 [报告期] 2007三季 [单位] 股	机构持股数量合计 [报告期] 2007年报 [单位] 股	机构持股数量合计 [报告期] 2008一季 [单位] 股
000001.SZ	73976328	1.39E+08	1.56E+08	2.6E+08	3.13E+08	5.25E+08	6.59E+08	9.08E+08	6.8E+08
000002.SZ	1.24E+09	8.59E+08	1.05E+09	1.67E+09	1.42E+09	2.69E+09	2.43E+09	3.37E+09	2.95E+09
000004.SZ	1588994	1933813	2417266	1593582			13242218	6846880	9937839
000005.SZ		3960774	3202396	1650000	4846550		69892874	63772532	48944376
000006.SZ	31396494	18532157	17409948	57710304	56251994	1.18E+08	62131494	70270658	76734156
000007.SZ	225900	409537	343368	971	1600000	1702683	23919763	14877981	14765584
000008.SZ	160000					1099700	1043500	4372914	2586179
000009.SZ	12095906	10597416	30121861	9861137	10960298	59009100	87554171	77484677	43997246
000010.SZ				482412	709800	2480000			

图　7-1

导入的 df 数据部分如图 7-2 所示。

year	2006				2007			
quarter	1	2	3	4	1	2	3	4
code								
000001.SZ	73976328	139096035	156308623	259904240	313484021	525490091	658791656	907866570
000002.SZ	1242811300	859425803	1045899398	1669720462	1416740081	2693889690	2426396112	3366097947
000004.SZ	1588994	1933813	2417266	1593582	NaN	NaN	13242218	6846880
000005.SZ	NaN	3960774	3202396	1650000	4846550	NaN	69892874	63772532
000006.SZ	31396494	18532157	17409948	57710304	56251994	117925546	62131494	70270658

图　7-2

先进行一次 stack() 操作，示例代码如下：

```
df_quarter=df.stack()
df_quarter.head()
```

df_quarter 的数据如图 7-3 所示，可以看到，第一次 stack 操作将季度由列索引转为了行索引。

	year	2006	2007	2008	2009	2010	2011
code	quarter						
000001.SZ	1	73976328	313484021	680040861	1288830864	1315878980	1176433778
	2	139096035	525490091	1193017508	1779186999	1612741622	1558299215
	3	156308623	658791656	941230973	1392823128	1263998117	1345946216
	4	259904240	907866570	1446598587	1789556272	1408634395	1526664450
000002.SZ	1	1242811300	1416740081	2946253224	3454727079	2803681060	3116257616

图 7-3

再进行一次 stack() 操作，示例代码如下：

```
s_year=df_quarter.stack()
s_year.head()
```

s_year 的数据如图 7-4 所示。需要注意的是，此时 s_year 不再是 dataframe 类，而是变成了 Series 类，因为 s_year 没有 column 索引了。如果此时引用 s.columns，则会报错。

```
code        quarter  year
000001.SZ   1        2006      73976328
                     2007     313484021
                     2008     680040861
                     2009    1288830864
                     2010    1315878980
dtype: float64
```

图 7-4

将 s_year 输出到 csv 文件，示例代码如下：

```
s_year.to_csv('s_year.csv')
```

csv 文件的数据格式如图 7-5 所示。

我们也可以将年份和季度的位置调换，这样更符合日常使用习惯。但调换之前需要先将 s_year 转换成 dataframe 类。示例代码如下：

```
df_year=s_year.to_frame()
df_year.swaplevel(1,2,axis=0)
```

最后得到的数据如图 7-6 所示。

	A	B	C	D
1	000001.SZ	1	2006	73976328
2	000001.SZ	1	2007	313484021
3	000001.SZ	1	2008	680040861
4	000001.SZ	1	2009	1288830864
5	000001.SZ	1	2010	1315878980
6	000001.SZ	1	2011	1176433778
7	000001.SZ	1	2012	1293564447
8	000001.SZ	1	2013	1204891103
9	000001.SZ	1	2014	2178640396
10	000001.SZ	1	2015	5751263351
11	000001.SZ	1	2016	7376913755

图 7-5

code	year	quarter	value
000001.SZ	2006	1	73976328
000001.SZ	2007	1	3.13E+08
000001.SZ	2008	1	6.8E+08
000001.SZ	2009	1	1.29E+09
000001.SZ	2010	1	1.32E+09
000001.SZ	2011	1	1.18E+09
000001.SZ	2012	1	1.29E+09
000001.SZ	2013	1	1.2E+09
000001.SZ	2014	1	2.18E+09
000001.SZ	2015	1	5.75E+09

图 7-6

7.2　数据周期变换

在进行数据分析的时候，我们经常需要选取不同时间周期的数据。比如，假设我们现在有 1 分钟周期的数据，需要合成 15 分钟，或者日线数据，那么这种情况可以使用 Pandas 自带的 resample 功能进行处理。

在 TuShare 上可以下载到 5 分钟数据。下面我们列举个示例，将 5 分钟数据转化为 1 小时数据。

首先是获取数据，示例代码如下：

```
df=ts.get_k_data('399300',ktype='5')
df.head()
```

得到的结果如图 7-7 所示。

	date	open	close	high	low	volume	code
0	2017-06-02 10:15	3486.56	3483.48	3487.72	3483.43	1823480.0	399300
1	2017-06-02 10:20	3483.48	3484.86	3484.86	3482.87	1517723.0	399300
2	2017-06-02 10:25	3484.86	3486.55	3487.14	3484.67	1426080.0	399300
3	2017-06-02 10:30	3486.26	3483.31	3487.04	3483.27	1318585.0	399300
4	2017-06-02 10:35	3483.31	3477.05	3483.31	3477.05	1668804.0	399300

图　7-7

Pandas 提供了 resample 方法，可用于变换时间序列的周期。要想使用 resample 方法，首先必须要有 datetime 类型的 index。这里 date 是字符串，我们需要将 date 转化为 datetime 类型，而且还要将其设为 index，示例代码如下：

```
# 将字符串转化为 datetime
df['date']=pd.to_datetime(df['date'])

# 设置 date 为 index
df=df.set_index('date')
```

现在，我们要调用 resample 方法了。这里是将 5 分钟数据转为 15 分钟数据，相当于每三个数据点合并为一个。需要注意的时候，不同的数据，合并的方式是不一样的。比如，对于最高价 high，我们要选择三个数据中的最大值作为新的最高价 high。对于成交量 volume，我们要将三个值加总，作为新的成交量 volume。以下是转换代码：

```
df_new=pd.DataFrame()

# 将 5 分钟转化为 15 分钟数据，相当于将 3 个数据点合并为 1 个数据点
# 3 个数据点中，取最前面的作为 open
df_new['open']=df['open'].resample('15T').first()
```

```
# 3个数据点中，取最大的作为 high
df_new['high']=df['high'].resample('15T').max()

# 3个数据点中，取最小的作为 low
df_new['low']=df['low'].resample('15T').min()

# 3个数据点中，取最后的作为 close
df_new['close']=df['close'].resample('15T').last()

# 3个数据点加总
df_new['volume']=df['volume'].resample('15T').sum()
```

在我们调用 resample 方法之后，会出现很多 NaN 值，如图 7-8 所示。

2017-06-01 11:45:00	NaN	NaN	NaN	NaN	NaN
2017-06-01 12:00:00	NaN	NaN	NaN	NaN	NaN
2017-06-01 12:15:00	NaN	NaN	NaN	NaN	NaN
2017-06-01 12:30:00	NaN	NaN	NaN	NaN	NaN

图　7-8

原因是 resample 是对所有的时间段都进行的，包括没有交易的时间段，当然，这个时间段是没有相应的数值的。

所以我们还需要删除 NaN 值，操作代码如下：

```
df_new=df_new.dropna()
```

这个时候，就完成了时间周期的转换。可通过如下代码得到最终结果：

```
df_new.head()
```

最终的结果如图 7-9 所示。

	open	high	low	close	volume
date					
2017-06-01 10:15:00	3481.56	3485.19	3476.75	3484.04	5819474.0
2017-06-01 10:30:00	3484.04	3491.70	3484.04	3489.17	4139674.0
2017-06-01 10:45:00	3488.74	3489.12	3484.59	3484.77	4293100.0
2017-06-01 11:00:00	3484.77	3488.59	3484.48	3486.36	3654269.0
2017-06-01 11:15:00	3486.36	3491.79	3486.11	3488.53	4164994.0

图　7-9

CHAPTER 8

第 8 章

金融基础概念

本章主要介绍关于金融量化分析的一些基本概念，比如对数收益率、年化收益、波动率等。在严格的量化分析中，这些基本概念是必须要掌握并熟练使用的。

市面上，很多策略回测笼统地使用所谓的“胜率”来确定策略的好坏，这是一种非常业余而且不可靠的分析方法。在衡量基金业绩好坏的时候，大部分人也只是看基金的年化收益，忽略了基金的风险情况（波动率）。

市场中充斥着大量类似的业余的分析方法，这些方法导致很多所谓的回测看起来很美好，其实在统计上根本站不住脚，即所谓的“统计骗局”。

在对基本的概念掌握得足够熟练之后，我们很容易就可以识破很多统计骗局。经典的统计骗局有如下几种：只告诉你基金的年化收益，而不提基金的波动率或者最大回撤；使用周收益率来计算夏普比率，而不是使用日收益率来计算。

熟练掌握基本的概念，可以让我们对基金业绩的评估有更为全面理性的认识。

8.1 收益率

在学术界，建模一般不直接使用资产价格，而是使用资产收益率（Returns）。因为收益率比价格具有更好的统计特性，更便于建模。下面我们来看一下经典的收益率算法。

假设 P_t 表示在时刻 t 时一种资产的价格，在没有利息的情况下，从时刻 $t-1$ 到时刻 t 这一持有阶段的收益率为：

$$R_t = \frac{P_t - P_{t-1}}{P_{t-1}} \tag{8-1}$$

其中，分子 $P_t - P_{t-1}$ 表示资产在持有期内的收入或利润，如果该值为负，则表示亏损。分母 P_{t-1} 表示持有资产初期的原始投资。

8.2 对数收益率

对数收益率（Log returns），用 r_t 表示。r_t 的定义如下：

$$r_t = \ln(1+R_t) = \ln\left(\frac{P_t}{P_{t-1}}\right) \quad (8\text{-}2)$$

其中 ln(*x*) 表示自然对数，即以 *e* 为底的对数。对数收益率比简单的收益率更为常见，因为对数收益率具有三个良好的数学性质，具体如下。

- 当 *x* 比较小的时候（比如小于 10% 时），ln(*x*) 和 *x* 的值是很接近的。
- 使用对数收益率，可以简化多阶段收益。*k* 阶段总的对数收益就是 *k* 阶段的对数收益之和。
- 将对数收益绘制成图表，在直观上更接近真实的表现。比如股票价格从 1 元涨到 10 元，相当于翻了 10 倍，再从 10 元涨到 100 元，也是翻了 10 倍。如果单纯绘制股票价格，那么从 10 元涨到 100 元的这一段明显会“看起来涨了更多”。但是如果换算成对数价格，那么就不会存在这种直观偏差了。

8.3 年化收益

年化收益（Annualized Returns）表示资产平均每年能有多少收益。我们在对比资产的收益的时候，需要有一个统一的标准。计算方式是：

（最终价值 / 初始价值 – 1）/ 交易日数量 ×252

其中，252 代表每年有 252 个交易日，这个数字每年都不一样，但业界为了方便，一般都将其固定为 252，即：

$$(P_t - P_{t-1})/days \times 252$$

年化收益的一个直观的理解是，假设按照某种盈利能力，换算成一年的收益大概能有多少。这个概念常常会存在误导性，比如，这个月股票赚了 5%，在随机波动的市场中，这是很正常的现象。如果据此号称年化收益为 5% × 12 个月 = 60%，这就显得不太可信了，实际上每个月的收益不可能都这么稳定。所以在听到有人说年化收益的时候，需要特别留意一下具体的情况，否则很容易被误导。

8.4 波动率

波动率（Volatility）和风险，可以算是一对同义词，都是用来衡量收益率的不确定性的。波动率可以定义为收益率的标准差，即

$$\sigma = \text{Std}(r)$$

假设不同时间段的收益率没有相关性（称为没有自相关性），那么可以证明的是，收益率的方差 Var(r) 具有时间累加性。时间累加性的意思是，不同时间段 $t_1, t_2, \cdots, t_n$ 的方差，加总即可得到 $t_1+t_2+\cdots+t_n$ 这段时间的方差。

换句话说，随着时间的增加，方差将会成正比增加，波动率（标准差）将会按时间开根号的比例增加。举个例子，假设股票收益率的日波动率为 σ，那么股票每年的波动率就为 $\sqrt{252\sigma}$（假设一年有 252 个交易日）。

这种不同周期间的波动率换算，在投资计算中非常常见。最常用的波动率是年化波动率，我们经常需要将日波动率、月波动率换算成年化波动率。

8.5　夏普比率

在研发策略的时候，经常会接触到各种各样的指标，这些指标代表了策略（资产、基金）的表现，比如下面将要介绍的夏普比率（Sharpe Ratio）。

关于夏普比率（Sharpe ratio），具有投资常识的人都明白，投资光看收益是不够的，还要看承受的风险，也就是收益风险比。夏普比率描述的正是这个概念，即每承受一单位的总风险，会产生多少超额的报酬。用数学公式描述就是：

$$\text{SharpeRatio}=\frac{E(R_p)-R_f}{\sigma_p}$$

其中各参数说明如下。

$E(R_p)$：表示投资组合预期收益率。

R_f：表示无风险利率。

σ_p：表示投资组合的波动率（亦即投资组合的风险）。

上面三个值一般是指年化后的值，比如预期收益率是指预期年化收益率。

需要注意的是，虽然公式看起来很简单，但是计算起来其实并不容易。原因就是预期收益率 $E(R_p)$ 和波动率 σ_p 其实是无法准确得知的。我们只能用统计方法来估计这两个值，然而估计方法也有很多种。估计 $E(R_p)$ 和 σ_p 最简单的方法就是计算历史年化收益率及其标准差。然而，即使是同一种方法，针对不同周期计算出来的结果也可能存在很大的差别，从而产生误导。

知乎网站上有一个很经典的问题：“夏普比率和最大回撤到底怎么计算”[㊀]？

> 如题，这里列举一个极端例子来进行说明，三个交易日。
> 我 9 月 1 日一大早进场，带了 100 万，9 月 1 日亏了 999 999 元。
> 9 月 2 日一大早我就只剩 1 元钱了，9 月 2 日赚了一元钱，变成了 2 元钱。
> 9 月 3 日我又赚了一元钱，变成了 3 元钱。
> 9 月 3 日收盘时我决定退市。
> 上面所列举的这个极端情况中，最大回撤和夏普比率怎么计算？

㊀ 链接地址为：https://www.zhihu.com/question/27264526。

提问者理解了公式的意思，但在具体计算的时候，却产生了迷惑。提问者之所以会产生迷惑，是因为他将收益率和波动率的周期弄混了。

同一项资产，用不同周期频率的收益率，计算出来的夏普值，根本就不是一回事！比如，利用每日的收益率计算夏普值，与利用每年的收益率计算夏普，就不是一回事。而且在计算的时候，收益率和波动率周期是要一致的，你不能用日线数据计算收益率，然后用周线数据计算波动率。

在上面的问题里，提问者其实是将周期的概念弄混了，如果你要按三天一个样本来计算收益，那么必须也要按三天一个样本的频率来计算波动率，然而，这里按三天一个周期来算的话，就只有一个样本，是无法计算波动率的。所以只能按每日的收益来进行计算。

事实上，自己手动算过一遍后，就不容易被误导了，也很容易发现别人计算中存在的问题。比如，笔者就曾发现不少知名回测平台中存在严重的错误，而且很多错误直到现在也没有更正，于是笔者不再相信第三方平台的统计值。

举个例子来说明一下，我们先生成一组收益率数据，代码如下：

```
import pandas as pd
import numpy as np

year_list=[]
month_list=[]
rtn_list=[]

# 生成对数收益率，以半年为周期
for year in range(2006,2017):
    for month in [6,12]:
        year_list.append(year)
        month_list.append(month)
        rtn=round((-1)**(month/6)*(month/6/10),3)+(np.random.random()-0.5)*0.1
        rtn_list.append(rtn)

# 生成半年为周期的收益率 df
df=pd.DataFrame()
df['year']=year_list
df['month']=month_list
df['rtn']=rtn_list
```

这组收益率是对数收益率。从 2006 年到 2016 年，以半年为周期，总共 22 个数据点。生成的 df 的前 10 行如图 8-1 所示。

	year	month	rtn
0	2006	6	-0.127468
1	2006	12	0.155413
2	2007	6	-0.060085
3	2007	12	0.206799
4	2008	6	-0.145343
5	2008	12	0.204521
6	2009	6	-0.075825
7	2009	12	0.239188
8	2010	6	-0.126363
9	2010	12	0.177702

图　8-1

计算其夏普比率，代码如下：

```
round(df['rtn'].mean()/df['rtn'].std()*np.sqrt(2),3)
```

结果是 0.495。

由于我们要计算的是年化的值，所以收益率要乘以 2，波动率要乘以 $\sqrt{2}$（一年是半年的 2 倍）。

现在我们将数据变换成以年为频率的收益率。使用groupby方法，代码如下：

```
# 生成每年的收益数据df_year(对数收益率可以直接相加)
df_year=df.groupby(['year']).sum()
del df_year['month']
```

得到的df_year如图8-2所示。

计算其夏普比率，代码如下：

```
round(df_year['rtn'].mean()/df_year['rtn'].std(),3)
```

得到的结果是：2.205。

	rtn
year	
2006	0.109801
2007	0.067516
2008	0.107975
2009	0.083435
2010	0.018464
2011	0.107416
2012	0.074787
2013	0.105577
2014	0.028146
2015	0.100552
2016	0.162326

图　8-2

可以看到，同样的收益率数据，使用不同的周期，计算出来的结果之间的差距非常大。一般来说，周期频率越小，越难以保持收益稳定，每天都盈利比每年都盈利困难太多了。我们可以想象一种极端情况，10年中，每年的收益都是10%，夏普值就是无穷大，因为收益完全稳定，没有任何波动，然而每月的收益又不完全相同，所以从每月的收益率来看，夏普值并不是无穷大的。

所以在看夏普值的时候，一定要留意这个夏普值的计算方式，否则很容易产生误判。

自行计算的话，并没有强行的标准，只是需要注意如下两点。

一是要结合自己的实际，比如，高频策略当然得用日收益率，每周调仓的策略则可以使用周收益率。二是对比策略优劣的时候，周期要一致，比如，对比每日调仓的策略和每月调仓的策略，一定要换算到同一个周期上，才有可比性。

8.6　索提诺比率

索提诺比率与夏普比率相似，不一样的是，索提诺比率是使用下行风险来衡量波动率的。在夏普比率中，资产大涨与资产大跌都可视为波动风险。

实际上，有时候大涨并不算风险，大跌才是风险，比如基金净值，所以索提诺比率只考虑大跌的风险，这也可以看作是对夏普比率的一种修正方式。

但是在某些品种中，大涨大跌都可能是风险，比如可以做多做空的期货。美股也可以做多或者做空，这种情况下，涨或跌都是风险。索提诺比率之所以没有流行，大概是因为美股可以做空。

8.7　阿尔法和贝塔

关注量化的读者，可能经常会听到有人谈论阿尔法（Alpha）策略。所谓的阿尔法策略，其实是来源于资本资产定价模型（CAPM）。这个模型将股票的收益分为了两个部分，一部分是由大盘涨跌带来的，另一部分则是由股票自身的特性带来的。大盘的那部分影响就是贝塔（Beta）值，剔除大盘的影响，剩下的股票自身就是 Alpha 值。

所以在谈论 Alpha 策略的时候，其实就是在谈论股票与大盘无关的那部分收益[⊖]。如果 Alpha 策略做得好，对冲掉大盘风险后，可以取得相当稳定的收益。

8.8　最大回撤

最大回撤，顾名思义，是指投资一项资产，可能产生的最大亏损，即所谓的“买在最高点，抛在最低点”。

计算公式如下：

$$\max（1-当日净值/当日之前最高净值）$$

这个 max 需要对每个交易日进行循环。

下面给出一段计算最大回撤的代码，算法复杂度为 $O(n)$。这里的 df 是常见的 K 线数据（包含 open、high、low、close 字段）。第一步是循环计算出截至每个交易日之前的最高值，第二步是计算出每个交易日的最大回撤，第三步是在所有交易日中选出极值。示例代码如下：

```
# 记录截至每个时点的前最高值
for idx,row in df.iterrows():
    max_c=max(row['high'],max_c)
    df.loc[idx,'max_c']=max_c

# 计算每个交易日的最大回撤
df['max_dd']=df['low']/df['max_c']-1

# 得到所有交易日中的最大回撤
max_dd=abs(df['max_dd'].min())
```

⊖ 这个只是针对 CAPM 而言，对于多因子模型而言，Alpha 值是指被因子定价完之后剩下的超额收益部分。

CHAPTER 9

第9章

资产定价入门

本章将介绍资产定价里的一些基本概念，并且使用Python进行相应的计算。本章的概念比较复杂，但Python语法相对比较简单，可以看作是对Python的简单练手。

9.1 利率

利率是决定金融产品价格的一个基本因素。本章将讨论利率的基本分析方式，首先，定义利率所用的复利频率和连续复利利率的含义，然后介绍零息利率、平价收益率、收益率曲线以及债券定价分析的内容。

利率定义了资金借入方承诺支付给资金借出方的资金数量。利率包含了很多种类，比如存款利率、贷款利率、国债利率等。利率与信用风险有关，信用风险越高，利率就越高。

国债收益率是投资者投资国债所得到的收益率。国债是政府借入以本国货币为计量单位而发行的产品。通常我们认为政府不会对其债务违约，因此国债利率可以视为无风险利率。

LIBOR是伦敦同业银行的拆借利率（London Interbank Offered Rate），这是一个参照利率，每天的拆借利率由英国银行家协会提供。该利率是指伦敦一流银行之间短期资金借贷的利率，是国际金融市场中大多数浮动利率的基础利率。SHIBOR是我国仿照LIBOR的模式，建立的上海同业拆借利率。SHIBOR报价银行现由18家商业银行组成。全国银行间同业拆借中心授权SHIBOR的报价计算和信息发布。每个交易日根据各报价行的报价，剔除最高、最低报价各4家，然后对其余报价进行算术平均计算之后，得出每一期限品种的SHIBOR，并于每天早上的9:30对外发布。

无风险利率广泛应用于金融产品的定价。无风险利率的选取并没有一个完全客观的标准，在美国，有交易员用一年期的国债利率作为无风险利率，但也有交易员认为政府债券隐含的利率是偏低的，所以很多金融机构将LIBOR作为无风险利率。2007年发生信用危机导致LIBOR利率激增，许多市场参与者开始使用隔夜指数互换利率（Overnight Indexed Swap，OIS）作为对无风险利率的近似取值。在国内，SHIBOR和10年期国债利率都可以作为无风险利率。

9.2 利率的计量

当我们谈论年利率的时候，根据复利频率的不同，会有不同的表现形式。比如，假设年利率是 10%，那么可以是一年按 10% 复利一次，也可以是半年按 5% 复利两次，还可以是每 3 个月按 2.5% 复利 4 次。

推广以上结果，假设将 A 资金投资 n 年。如果利率是按年复利的，那么投资的终值为：

$$A(1+R)^n$$

如果利率是对应于一年复利 m 次，那么投资终值为：

$$A\left(1+\frac{R}{m}\right)^{mn} \tag{9-1}$$

下面用 Python 程序来对复利 m 次的投资终值进行一个模拟操作。假设初始投资为 100 元，年利率为 10%，投资 1 年，复利次数从 1 到 15。程序代码具体如下：

```
import pandas as pd
import numpy as np
import matplotlib.pyplot as plt

data=pd.DataFrame()

data['frequency']=np.arange(1,15,1)
data['final_value']=100*((1+0.1/data['frequency'])**data['frequency'])

data.plot(figsize=(10,6),x='frequency',y='final_value',style='o-')
```

得到的结果如图 9-1 所示。

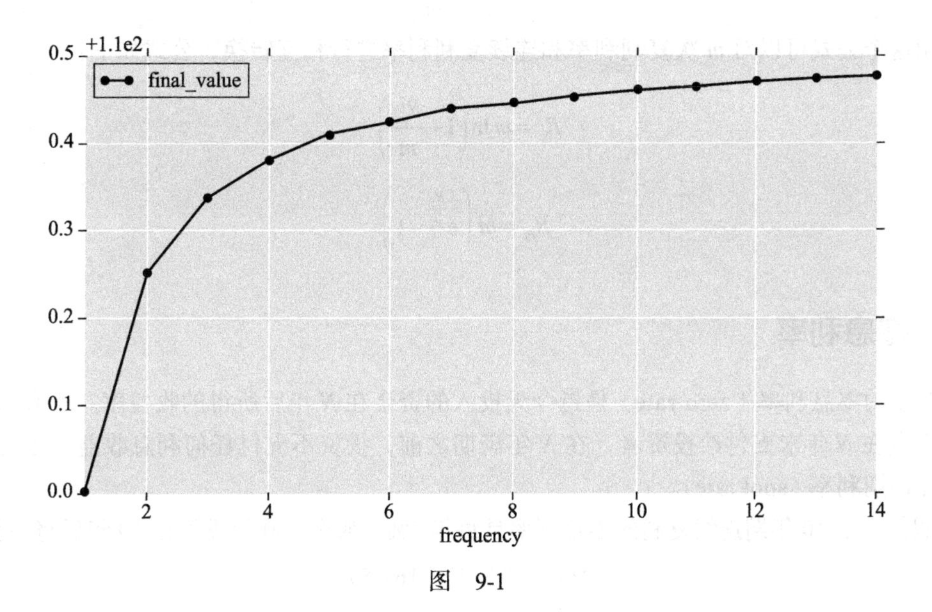

图　9-1

由图 9-1 可以看到，随着复利频率的增加，投资终值趋近于一个极限。可以从数学上进行证明，当复利频率趋于无穷大的时候，投资的终值为：

$$Ae^{Rn} \tag{9-2}$$

其中 e = 2.718 28。这种情况下对应的利率被称为连续复利（continuous compounding）利率。

在实际情况下，由于每天计算复利的频率非常高（每年复利 365 次），非常接近于连续复利，因此可以认为普通复利的计算方法与连续复利的计算方法是等价的。对一笔资金，以利率 R 连续复利 n 年，相当于乘以 e^{Rn}；反过来我们可以计算贴现值。"贴现值"是一个较为复杂的概念，为了便于理解，下面举例说明。

比如，我给你一张支票，这张支票你必须要等一年之后才能拿到 1 万元钱，你愿意花多少钱买这张支票？这个钱肯定比 1 万元要少，因为当前的 1 万元现金放在银行是有利息的，放在银行一年后可能是 10400 元。那么这张支票值多少钱呢？未来到手的资产在当前值多少钱，就是某资产的贴现值。一笔 n 年后的资金如果要计算贴现值，则以利率为 R 按连续复利进行贴现，相当于乘以 e^{-Rn}。

连续复利在衍生品产品定价中的使用非常广泛，所以在本书中，除非特别指明，利率均将按照连续复利来计算。

假设 R_c 是连续复利利率，R_m 是与之等价的每年 m 次复利利率。可以得到：

$$Ae^{R_c n} = A\left(1+\frac{R_m}{m}\right)^{mn}$$

即：

$$e^{R_c n} = \left(1+\frac{R_m}{m}\right)^{mn} \tag{9-3}$$

用这个公式可以对 m 次复利利率和连续复利利率进行相互转换，公式如下：

$$R_c = m\ln\left(1+\frac{R_m}{m}\right)$$

$$R_m = m\left(e^{\frac{R_c}{m}}-1\right)$$

9.3　零息利率

N 年的零息利率（zero rate）是指今天投入的资金在 N 年后所得的收益率。所有的利息以及本金在 N 年末支付给投资者，在 N 年满期之前，投资不支付任何利息收益。零息利率也称作即期利率（spot rate）。

假如一个 10 年期连续复利的零息利率是每年 5%，那么 100 元投资在 10 年后将增长到：

$$100\times e^{0.05\times 10} = 164.87$$

在市场上直接观察到的很多利率都不是零息利率。因为债券的一些券息并不是在到期的时候支付，而是在到期前就会周期性地支付一部分。

9.4 债券定价

任何金融产品的理论价格都等于未来现金流的折现值，债券亦是如此。大多数债券提供周期性的券息，债券发行人在债券满期时将债券的本金偿还给投资者。有时，投资者使用同样的贴现率对债券的现金流进行贴现，但更精确的办法是对不同的现金流采用不同的零息贴现率。

假设表9-1给出的是零息利率，其中的利率是连续复利。假设一个两年期债券面值为100元，券息为6%，每半年付息一次。为了计算第一个3元券息的现值，我们用5%的6个月贴现率进行贴现操作；为了计算第二个3元券息的现值，我们用5.8%的1年贴现率进行贴现操作，以此类推。因此债券理论价格为：

$$3e^{-0.05\times0.5}+3e^{-0.058\times1}+3e^{-0.064\times1.5}+103e^{-0.068\times2}=98.39$$

即98.39元。

表9-1 国债零息利率

期限（年）	零息利率（连续复利，%）
0.5	5
1.0	5.8
1.5	6.4
2.0	6.8

9.4.1 债券收益率

债券收益率又称为到期收益率（Yield To Maturity，YTM）。债券收益率等于对所有现金流贴现并使债券的价格与市场价格相等的贴现率。假定上面考虑的债券理论价格也等于市场价格，即98.39元，如果用y表示按连续复利的债券收益率，那么我们可以得到：

$$3e^{-y\times0.5}+3e^{-y\times1}+3e^{-y\times1.5}+103e^{-y\times2}=98.39$$

下面使用Python的Scipy库来解这个方程，可以得到收益率$y=6.76\%$，程序代码具体如下：

```
from scipy.optimize import fsolve
import math

def func(y):
    e=math.e
    return 3*e**(-y*0.5)+3*e**(-y*1)+3*e**(-y*1.5)+103*e**(-y*2)-98.39
y = fsolve(func, 0.1)
print y
[ 0.06759816]
```

9.4.2　平价收益率

债券平价收益率（par yield）是使债券价格等于面值（par value）的券息率。假定债券每年的券息为 c，每半年支付一次即 $c/2$。采用之前的零息利率，可以得到以下方程：

$$\frac{c}{2}\mathrm{e}^{-0.05\times0.5}+\frac{c}{2}\mathrm{e}^{-0.058\times1}+\frac{c}{2}\mathrm{e}^{-0.064\times1.5}+\left(100+\frac{c}{2}\right)\mathrm{e}^{-0.068\times2}=100$$

解出 $c = 6.87\%$，即平价收益率为 6.87%。

9.4.3　国债零息利率确定

确定零息收益率曲线的一种常用方法是从国债价格入手来进行计算。最流行的方法就是所谓的票息剥离法（bootstrap method）。为了说明这种方法，下面首先来看一下表 9-2 中关于 5 个债券价格的数据。

表 9-2　票息剥离法原始数据

债券本金（元）	期限（年）	年券息（元）	债券价格（元）
100	0.25	0	97.5
100	0.50	0	94.9
100	1.00	0	90.0
100	1.50	8	96.0
100	2.00	12	101.6

接下来使用如下代码创建 dataframe：

```
import pandas as pd
import numpy as np
data=pd.DataFrame()
data['maturity']=[0.25,0.5,1,1.5,2]
data['coupon']=[0,0,0,8,12]
data['principal']=[100]*5
data['price']=[97.5,94.9,90,96,101.6]
data['zero_rate']=[np.nan]*5
print data
```

得到的结果如下：

```
   maturity  coupon  principal  price  zero_rate
0      0.25       0        100   97.5        NaN
1      0.50       0        100   94.9        NaN
2      1.00       0        100   90.0        NaN
3      1.50       8        100   96.0        NaN
4      2.00      12        100  101.6        NaN
```

前三个债券不支付券息，对应的零息利率可以直接进行计算。比如，对于第一个债券（期限为 0.25 年)，满足公式：

$$100 = 97.5\mathrm{e}^{R\times0.25}$$

等价于：

$$R=\frac{\ln\left(\frac{100}{97.5}\right)}{0.25}=10.127\%$$

类似地，0.5年连续复利利率满足：

$$100=94.9e^{R\times0.5}$$

1年连续复利利率满足：

$$100=90e^{R\times1.0}$$

下面使用Python进行向量化计算，计算可以得到，0.25年、0.5年、1年期的零息利率分别为10.127%、10.469%、10.536%。程序代码具体如下：

```
from sympy.solvers import solve
from sympy import Symbol
import math

df.loc[0:2,'zero_rate'] = df.loc[0:2,'principal']/df.loc[0:2,'price']
df.loc[0:2,'zero_rate'] = df['zero_rate'].apply(math.log)
df.loc[0:2,'zero_rate']=df.loc[0:2,'zero_rate']/df.loc[0:2,'maturity']

print df.loc[0:2,'zero_rate']
```

得到的结果如下：

```
0     0.101271
1     0.104693
2     0.105361
Name: zero_rate, dtype: float64
```

第四个债券，假设半年支付一次券息。那么债券带来的现金流如下。

6个月：4元

1年：4元

1.5年：104元

债券价格必须等于债券未来现金收入的现值。假设1.5年所对应的零息利率为R，那么可以得到

$$4e^{-0.10469\times0.5}+4e^{-0.10536\times1}+104e^{-R\times1.5}=96$$

由此得出$R=0.10681$，因此，1.5年所对应的零息利率为10.681%。

对应Python代码具体如下：

```
# 计算半年的券息
c=df.loc[3,'coupon']/2

# 计算券息的现值
coupon_pv=0
e=math.e
```

```
for i in [1,2]:
    coupon_pv+=c*e**(-df.loc[i,'zero_rate']*df.loc[i,'maturity'])

df.loc[3,'zero_rate']=-math.log((df.loc[3,'price']-coupon_pv)/(100+c))/df.loc[3,
    'maturity']

print df.loc[3,'zero_rate']
```

同样地，对于 2 年期零息利率，假设该利率为 R，则可以得到：

$$6e^{-0.10469\times 0.5}+6e^{-0.10536\times 1}+6e^{-0.10681\times 1.5}+106e^{-R\times 2}=101.6$$

用同样的方法，可以得到 $R=0.108\,08$，即 10.808%。

表 9-3 总结了计算结果。我们可以以期限为 x 轴，零息利率为 y 轴，绘制曲线图，该图形称为零息利率曲线（如图 9-2 所示）。由票息剥离法计算只能计算几个标准期限对应的零息利率，对于其他非标准期限，比如 1.23 年，则需要使用其他方法。这里假设数值节点之间为线性关系，进而绘制零息利率曲线图。

表 9-3　票息剥离法结果

期限（maturity）	券息（coupon）	债券本金（principal）	债券价格（price）	零息利率（zero_rate）
0.25	0	100	97.5	0.101 27
0.5	0	100	94.9	0.104 69
1	0	100	90	0.105 36
1.5	8	100	96	0.106 81
2	12	100	101.6	0.108 08

绘制图的 Python 代码具体如下：

```
df.plot(figsize=(10,6),x='maturity',y='zero_rate',style='o-')
```

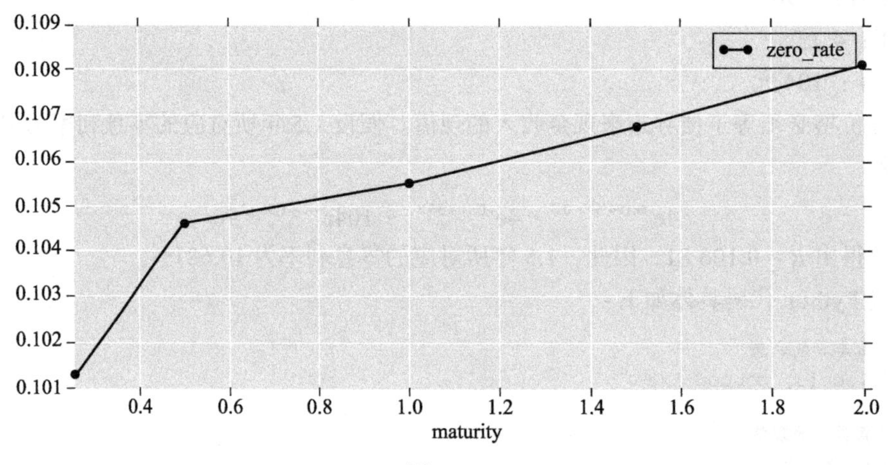

图　9-2

9.4.4 远期利率

远期利率（forward interest rate）是由当前零息利率所蕴含的将来一定期限的利率。下面举例说明远期利率的计算方法，假设一组零息利率如表 9-4 所示。

表 9-4 远期利率

期限（年）	零息利率（每年，%）	远期利率（每年，%）
1	3	
2	4	5
3	4.6	5.8
4	5	6.2
5	5.3	6.5

如果这些利率为连续复利，那么 1 年期的 3% 利率即意味着今天投资 100 元，一年后投资者收到 $100e^{0.03\times 1}=103.05$ 元。2 年期 4% 利率意味着今天投资 100 元，两年后投资收到 $100e^{0.04\times 2}=108.33$ 元，以此类推。

表 9-4 中第 2 年的远期利率为每年 5%。这个利率的意思是，在未来的第 1 年年末投资，到第 2 年年末的隐含利率。这个利率可以由 1 年期和 2 年期的零息利率计算得出。为了说明远期利率为 5%，假定投资 100 元，第 1 年的利率是 3%，第 2 年的利率是 5%，那么在第 2 年年末的收益为

$$100e^{0.03\times 1}e^{0.05\times 1}=108.33\text{ 元}$$

如果按照 4% 的零息利率计算，那么连续投资两年的收益为：

$$100e^{0.04\times 2}=108.33\text{ 元}$$

可以看到，这两种投资最终的收益是相等的，所以 1 年期末到 2 年期末的远期利率为 5%。进一步可得到一般结论：当利率按连续复利表示时，将相互衔接的时间段的利率结合在一起，整个时段的等价利率即为各个时段利率的平均值。比如，在上面的例子中，第一年的利率 3% 和第二年的利率 5% 求平均值将会得到两年的平均利率为 4%。对于非连续复利的利率，这一结论只是近似成立。

第 3 年的远期利率可以由 2 年的零息利率 4% 与 3 年的零息利率 4.6% 隐含得出，结果为 5.8%。其他远期利率也可以用类似的方法进行计算，结果如表 9-4 中的第 3 列所示。

一般来说，如果 R_1 和 R_2 分别对应期限为 T_1 和 T_2 的零息利率，R_f 为 T_1 和 T_2 之间的远期利率，那么有：

$$R_f=\frac{R_2T_2-R_1T_1}{T_2-T_1} \tag{9-4}$$

为了说明公式（9-4），考虑表 9-4 中第 4 年的远期利率：$T_1=3$, $T_2=4$, $R_1=0.046$, $R_2=0.05$，由公式可以得出 $R_f=0.062$。

式（9-4）可以写成：

$$R_f = R_2 + \frac{(R_2 - R_1)T_1}{T_2 - T_1} \tag{9-5}$$

公式（9-5）说明如果零息利率曲线在 T_1 与 T_2 之间向上倾斜，即 $R_2 > R_1$，那么 $R_f > R_2$。类似地，如果零息利率曲线向下倾斜，即 $R_2 < R_1$，那么 $R_f < R_2$。令 T_2 趋近于 T_1，并将共同值记为 T，可以得到

$$R_f = R_2 + T\frac{\partial R}{\partial T} \tag{9-6}$$

公式（9-6）中，R 为期限为 T 的零息利率。R_f 称为期限为 T 的瞬时远期利率（instantaneous forward rate）。这是用于在 T 开始的一段很短时间内的远期利率。

9.5　久期

债券的久期（duration）是指投资者收到所有的现金流所要等待的平均时间。一个 n 年期的零息债券久期为 n 年，而一个 n 年带息债券的久期小于 n 年，因为持有人在 n 年之前就已经收到部分现金付款了。

假定一个债券在 t_i 时刻给债券持有人提供的现金流为 c_i，$1 \leqslant i \leqslant n$。债券价格 B 与连续复利收益率关系式为：

$$B = \sum_{i=1}^{n} c_i \mathrm{e}^{-yt_i} \tag{9-7}$$

债券久期 D 定义为

$$D = \frac{\sum_{i=1}^{n} t_i c_i \mathrm{e}^{-yt_i}}{B} \tag{9-8}$$

或者

$$D = \sum_{i=1}^{n} t_i \left[\frac{c_i \mathrm{e}^{-yt_i}}{B}\right] \tag{9-9}$$

9.6　期权

期权是一项在一段有限时间内按一定价格买进或者卖出某种资产的权利。这里所说的某种资产称为标的资产（underlying asset）。

期权包含两种基本类型：看涨期权（call option）赋予了期权持有者在将来某一特定时

刻以一定的价格买入某项资产的权利，看跌期权（put option）赋予了期权持有者在将来某一特定时刻以一定的价格卖出某项资产的权利。看涨期权也称为认购期权。看跌期权也称为认沽期权。目前上海证券交易所官方使用的就是认购期权和认沽期权。

期权合约中注明的日期称为到期日（expiration date）或者满期日（maturity date），期权合约中所注明的价格称为执行价格（exercise price）或者敲定价格（strike price）。

期权可以是美式期权（American option）或者是欧式期权（European option）。美式期权可以在到期日之前的任何时刻行使，而欧式期权只能在到期日才能行使。

9.7　期权的描述

每个期权合约均包含如下 4 个基本属性。

- 类型（看涨期权或者看跌期权）。
- 标的资产。
- 到期日。
- 执行价格。

举个例子，国内的 50ETF 期权，其中一个合约代码是 10000691.SH，简称“50ETF 购 12 月 2.348A”，这个合约包含如下 4 个属性。

- 类型：看涨期权（认购期权）。
- 标的资产：上证 50 交易型开放式指数证券投资基金（“50ETF”）。
- 到期日：2016 年 12 月 28 日。
- 执行价格：2.348 元。

这个期权的意思是，如果投资者买入一手期权，那么可以在 2016 年 12 月 28 日，以 2.348 元的价格买入相应份额的 50ETF。

9.8　看涨期权和看跌期权

考虑某投资者以 5 元的价格买入执行价格为 100 元的看涨期权。如果在到期日，股票价格小于 100 元，那么投资者明显不会行使期权，此时投资损失的就是他买入期权的费用 5 元。如果股票价格大于 100 元，比如是 110 元，那么投资者将会行使期权，可以获取 110 - 100 = 10 元的收益，再减去 5 元的期权费用，最后获得 5 元的利润。

看涨期权持有人希望股票价格上涨，而看跌期权持有人则希望股票价格下跌。考虑某投资者以 5 元的价格购买了执行价格为 100 元的看跌期权。如果在到期日，股票价格大于 100 元，那么投资者不会行使期权。如果股票价格低于 100 元，比如是 90 元，那么投资者将会行使期权，可以获取 100 - 90 = 10 元的收益，再减去 5 元的期权费用，最后获得 5 元的利润。

9.9 期权价格与股票价格的关系

期权可以分为实值期权（in-the-money option）、平值期权（at-the-money option）及虚值期权（out-of-the-money option）。如果股票价格低于一手看涨期权的执行价格，那么这手看涨期权称为虚值期权；如果股票价格等于看涨期权的执行价格，那么看涨期权称为平值期权；如果股票价格大于看涨期权的执行价格，那么看涨期权称为实值期权。假设 S 为股票价格，K 为执行价格，对于看涨期权，当 $S < K$ 时为虚值期权，$S = K$ 时为平值期权，$S > K$ 时为实值期权。相反，对于看跌期权，$S < K$ 时为实值期权，$S = K$ 时为平值期权，$S > K$ 时为虚值期权。只有期权为实值期权时才会被行使。

一个期权的内涵价值（intrinsic value）是期权被行使时能产生的额外价值。如果一个期权是虚值的，那么内涵价值就是 0。一个看涨期权的内涵价值为 $\max(S - K, 0)$；一个看跌期权的内涵价值为 $\max(K - S, 0)$。

9.10 影响期权价格的因素

有 6 种因素会影响股票期权的价格，具体列举如下。

- 当前股票价格 S_0。
- 执行价格 K。
- 期权期限 T。
- 股票价格的波动率 σ。
- 无风险利率 r（例如 1 年期国债利率）。
- 期权期限内预期发放的股息。

前 4 项是决定一个期权价格的主要因素，后两项一般没那么重要。不过，对红利（股息）高的股票来说，股息率可能会有相当大的影响。

为期权定价，最常用的公式就是布莱克 – 斯科尔斯 – 默顿（Black-Scholes-Merton）定价公式：

$$c = S_0N(d_1) - Ke^{-rT}N(d_2) \tag{9-10}$$

$$p = Ke^{-rT}N(-d_2) - S_0N(-d_1) \tag{9-11}$$

式中：

$$d_1 = \frac{\ln(S_0 / K) + (r + \sigma^2 / 2)T}{\sigma\sqrt{T}} \tag{9-12}$$

$$d_2 = \frac{\ln(S_0 / K) + (r - \sigma^2 / 2)T}{\sigma\sqrt{T}} = d_1 - \sigma\sqrt{T} \tag{9-13}$$

函数 $N(x)$ 为标准正太分布的累积概率分布函数。c 与 p 分别为欧式看涨期权与看跌期权的价格，S_0 为股票在 0 时刻的价格，K 为执行价格，r 为连续复利的无风险利率，σ 为股票价格的波动率，T 为期权的期限。

下面我们用 Python 来实现期权定价的函数。option_pricer 函数共有 6 个参数，每个参数在注释里面都有说明。此外，这里用到了 scipy.stats 的 norm 模块，程序代码具体如下：

```
def option_pricer(call_or_put, spot, strike, maturity, r, vol):
    """
参数:
        call_or_put: 1 代表计算看涨期权价格，0 代表计算看跌期权价格
        spot: 标的资产价格
        strike: 执行价格
        maturity: 到期时间 (年化)
        r: 无风险利率
        vol: 波动率
返回:
相应期权的价格
    """
    d1 = (log(spot/strike) + (r + 0.5*vol*vol)*maturity)/vol/sqrt(maturity)
    d2 = d1 - vol*sqrt(maturity)

    if call_or_put==1:

        call_price = spot*norm.cdf(d1) - strike*exp(-r*maturity)*norm.cdf(d2)

        return call_price

    elif call_or_put==0:

        put_price=strike*exp(-r*maturity)*norm.cdf(-d2) - spot*norm.cdf(-d1)

        return put_price
```

现在考虑一个 6 个月的期权。股票的当前价格为 50 元，期权执行价格为 40 元。无风险利率为 3%，年化波动率为 20%。也就是说 $S_0 = 50, K = 40, r = 0.03, \sigma = 0.2, T = 6/12 = 0.5$，调用以上函数。

假设该期权为看涨期权，其价格为：

```
option_pricer(1, 50, 40, 0.5, 0.03, 0.2)
```

输出结果如下：

```
10.714669847585476
```

假设该期权为看跌期权，其价格为：

```
option_pricer(0, 50, 40, 0.5, 0.03, 0.2)
```

输出结果如下：

```
0.1191474317079777
```

本章介绍了利率、债券和期权的一些基本概念，并且使用 Python 实现了部分概念的计算。

CHAPTER 10

第 10 章

金融时间序列分析

金融时间序列分析是一门比较成熟，同时也比较难掌握的学科。时间序列分析对投资者的数学功底有一定的要求，特别是关于理论方面的知识。本章为了突出 Python 在时间序列分析中的应用，将会尝试尽量少地涉及数学性的证明和推导。但也不可能完全不讨论理论问题，因为有些理论如果不理解清楚，就只是稀里糊涂地当黑盒使用，也很容易出错。虽然条条大路通罗马，量化不止这一条路，但多掌握些分析工具总是好的。

10.1 为什么用收益率而不是价格

我们知道，业界非常流行的技术分析是基于资产的价格数据来进行分析，比如求 MACD、KDJ 等，都是基于价格本身来进行的。然而在学术界，金融时间序列分析，通常是基于收益率数据的，而不是基于价格数据。

主要原因是可以假设收益率数据是平稳的（stationary），而价格数据是不平稳的。平稳性是金融时间序列分析中一个非常重要的概念。平稳的时间序列有着更好的统计特性，更便于建模分析。平稳性，直观地理解，就是时间序列的统计特性不随着时间的变化而变化。后文将对平稳性给出严格的定义。这里举一个直观的例子，比如股票的收益率，每天的收益率都在 –10% 到 10% 之间波动，可以预计的是将来收益率也不会超出这个区间太远。然而股票的价格是完全不可预期的，很可能 10 年就涨了 100 倍。

所以对于习惯于使用技术分析的投资者来说，如果想要使用更严谨的金融时间序列分析方法，首先需要转变思维的习惯，即从分析价格转变为分析收益率。

10.2 金融时间序列定义

第 8 章给出了收益率和对数收益率的定义，在进行实际分析的时候，这两种收益率都可以使用。这里针对对数收益率进行分析，下面先使用 TuShare 获取沪深 300 指数 2016 年的数据：

```
import tushare as ts
```

```
df=ts.get_k_data('399300', index=True,start='2016-01-01', end='2016-12-31')
df.head()
```

得到的结果如图 10-1 所示。

	date	open	close	high	low	volume	code
0	2016-01-04	3725.86	3470.41	3726.25	3469.01	115370674.0	sz399300
1	2016-01-05	3382.18	3478.78	3518.22	3377.28	162116984.0	sz399300
2	2016-01-06	3482.41	3539.81	3543.74	3468.47	145966144.0	sz399300
3	2016-01-07	3481.15	3294.38	3481.15	3284.74	44102641.0	sz399300
4	2016-01-08	3371.87	3361.56	3418.85	3237.93	185959451.0	sz399300

图 10-1

我们只需要使用 close 数据，并基于 close 计算对数收益率即可。示例代码如下：

```
import numpy as np
df['rtn']=np.log(df['close']-np.log(df['close'].shift(1)))
df=df.dropna()
```

得到的结果如图 10-2 所示。

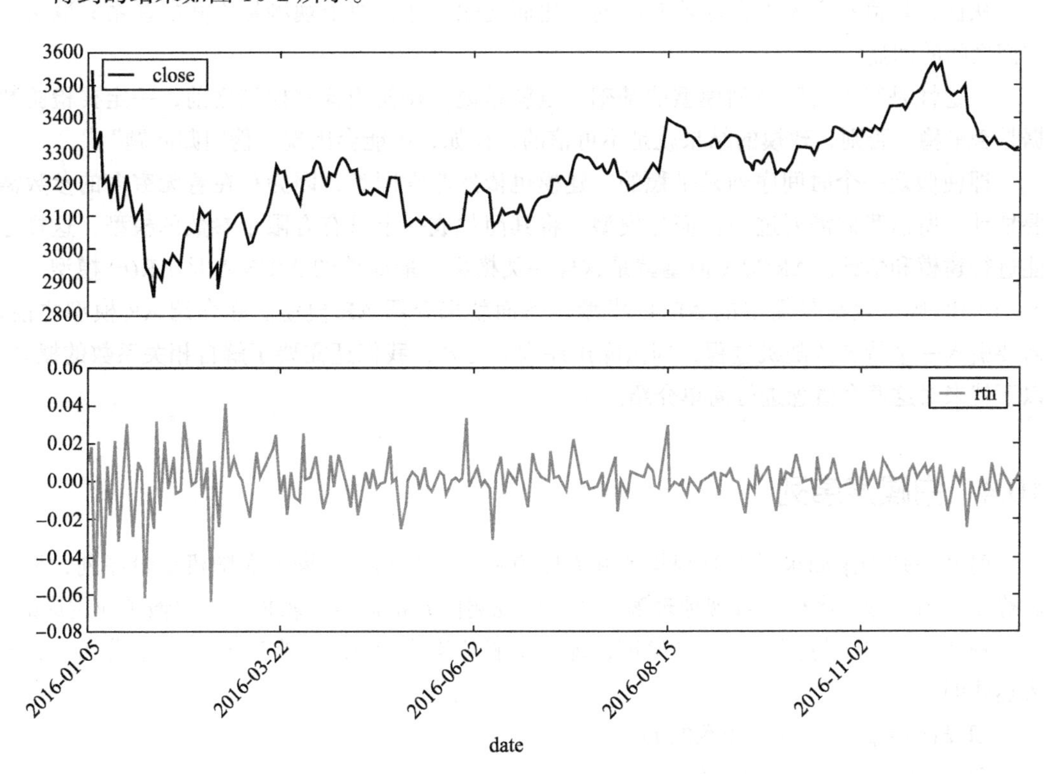

图 10-2

对比两个图形的数据可以看到，收益率看起来要比价格更“平稳”一些。这是直观上的感受，下面就来看一下平稳性的严格定义。

10.3 平稳性

通常我们会看到一个时间序列的波动表现为随机性，但是在一段时间内其统计特性却是保持不变的。对于一个随机过程，如果随着时间的变化，其表现的各个统计特性都不变，则称这个随机过程具有强平稳性。

在数学上，强平稳性是这样定义的，对于时间序列 $\{r_t\}$，$r_1, r_2, \cdots, r_n$ 的分布与 $r_{1+m}, r_{2+m}, \cdots, r_{n+m}$ 的分布相同。也就是说，这 n 个观测序列的概率分布不取决于它们的初始时间。强平稳性是一个很强的假设，因为它需要所有的统计特性在时间上保持不变。一般来说，我们会假设金融序列是弱平稳性的。

弱平稳性并不要求所有的统计特性一直保持不变，只要求均值、方差以及协方差随着时间变化不发生改变即可。这个条件用数学公式表达具体如下：

- $E(r_i) = \mu$ （μ 是常数）
- $\mathrm{Corr}(r_i, r_{i-l}) = \gamma_l$ （γ_l 只依赖于 l）

从而，均值和方差不会随着时间的变化而变化，并且两个观测量之间的联系只取决于它们之间的间隔。

平稳性是很多时间序列模型的基础。也就是说，在使用这些模型之前，一定要检验数据是否平稳。否则，建模的结果就是不可信的，比如，可能会出现“伪回归问题”。

即使假定一个时间序列是平稳的，建模也依然非常困难，因为存在着无穷多的参数需要估计。所以我们需要进一步简化模型，将其简化成一个只有有限个参数的模型，这样才能进行建模和估计。ARIMA 模型就是这样一类模型。最简单的 ARIMA 是 AR(p) 模型。当 $p = 1$ 的时候，就是最简单的 AR(1) 模型，下面就来介绍 AR 模型。在介绍 AR 模型之前，需要引入一个特殊的随机过程，即白噪声序列。另外，我们还需要了解自相关系数的概念，以下就来对这两个概念进行简单介绍。

10.4 白噪声序列

时间序列 $\{r_t\}$ 如果具有有限均值和有限方差，并且是独立同分布随机变量序列，那么就称 $\{r_t\}$ 为白噪声序列。直观地理解，每一个观测值 r_t 都像是重新摇了一次骰子而生成的。

白噪声的一个特例是高斯白噪声，即 $\{r_t\}$ 服从均值为 0，方差为 σ^2 的正态分布。数学表达式即

- $E(r_i) = \mu$ （对任意的 i）
- $\mathrm{Var}(r_i) = \sigma^2$ （对任意的 i）

- $\text{Cov}(r_i, r_j) = 0$（对任意的 $i \neq j$）

白噪声序列是平稳的。虽然白噪声本身并不有趣，但对于其他的时间序列模型来说，它是一个基础。后文将使用 $\{a_t\}$ 来表示白噪声序列。

10.5　自相关系数

学过基本统计理论的，将很容易理解相关系数。相关系统是用来衡量两个随机变量的线性相关性和相关程度的。计算相关系数的公式为：

$$\rho_{x,y} = \frac{\text{Cov}(X,Y)}{\sqrt{\text{Var}(X)\,\text{Var}(Y)}}$$

上式中，X 和 Y 分别为两个随机变量。$\text{Cov}(X, Y)$ 是两个变量的协方差。$\text{Var}(X)$、$\text{Var}(Y)$ 分别是它们的方差。

相关系数是基本的统计知识，很容易理解。在时间序列分析中，相关的一个重要概念是自相关函数（Autocorrelation Function，ACF）。

考虑一个弱平稳收益率序列 r_t。当 r_t 与它的过去值 r_{t-l} 是线性相关关系时，就可以将相关系数的概念推广到自相关系数。r_t 与 r_{t-l} 的相关系数则称为 r_t 的间隔为 l 的自相关系数，通常记为 ρ_l，在弱平稳性的假设下，它只是 l 的函数。具体地说，定义：

$$\rho_l = \frac{\text{Cov}(r_t, r_{t-1})}{\sqrt{\text{Var}(r_t)\,\text{Var}(r_{t-1})}} = \frac{\text{Cov}(r_t, r_{t-1})}{\sqrt{\text{Var}(r_t)\,\text{Var}(r_{t-1})}} = \frac{\gamma_l}{\gamma_0}$$

对于一个平稳时间序列 $\{r_t\}$，$1 \leqslant t \leqslant T$，间隔为 l 的自相关系数的估计为：

$$\hat{\rho}_l = \frac{\sum_{t=l+1}^{T}(r_t - \bar{r})(r_{t-l} - \bar{r})}{\sum_{t=1}^{T}(r_t - \bar{r})^2}, \quad 0 \leqslant l < T-1$$

我们称函数

$$\hat{\rho}_1, \hat{\rho}_2, \hat{\rho}_3 \cdots$$

为 $\{r_t\}$ 的样本自相关函数（ACF）。

可以通过如下代码绘制出收益率的 ACF 图：

```
import matplotlib.pyplot as plt
%matplotlib inline
fig = plt.figure(figsize=(10,5))
ax1=fig.add_subplot(111)
fig = sm.graphics.tsa.plot_acf(df['rtn'],ax=ax1,lags=50)
```

得到的结果如图 10-3 所示。

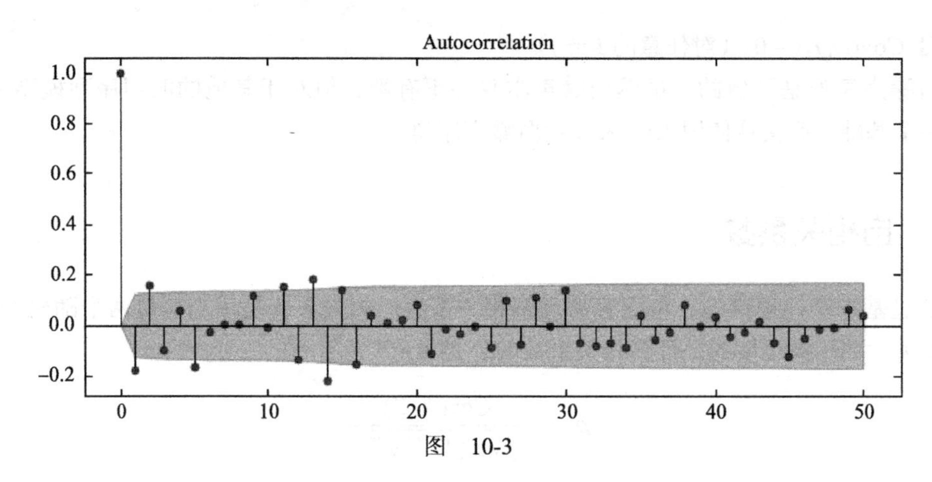

图　10-3

可以看到，大概在 17 阶之前，自相关度还比较高。

10.6　混成检验

很多时候，我们倾向于认为通过历史收益率是很难预测将来的收益率的，也就是说，收益率的时间序列自相关系数为 0。为了验证这个结论，需要使用相应的统计检验手段。混成检验（Portmanteau Test）经常用来检验 r_t 的几个相关系数是否同时为零。

原假设 H_0：$\rho_1 = \cdots = \rho_m = 0$

备择假设 H_a：对某 $i \in \{1, \cdots, m\}, \rho_i \neq 0$

混成检验统计量：

$$Q^*(m)=T(T+2)\sum_{l=1}^{m}\frac{\hat{\rho}_l^2}{T-l}$$

决策规则是：

$$Q(m) > \chi_\alpha^2\text{，拒绝原假设 } H_0$$

我们可以用 Python 计算出 $Q(m)$ 的 p-value，当 p-value 小于等于显著性水平 α 时拒绝 H_0，也就是说序列自相关系数为 0 不成立，即序列是具有自相关性的。

以下是对沪深 300 指数进行混成检验的代码：

```
import pandas as pd
from scipy import stats
import statsmodels.api as sm

# 获取数据
df=ts.get_k_data('399300', index=True,start='2016-01-01', end='2016-12-31')
df=df.set_index('date')

# 计算收益率
df['rtn']=np.log(df['close'])-np.log(df['close'].shift(1))
```

```
df=df.dropna()

# 检验 10 个自相关系数
m = 10
acf,q,p = sm.tsa.acf(df['rtn'],nlags=m,qstat=True)
out = np.c_[range(1,11), acf[1:], q, p]
output=pd.DataFrame(out, columns=['lag', "AC", "Q", "P-value"])
output = output.set_index('lag')
output
```

得到的结果如图 10-4 所示。

取显著性水平为 0.05，可以看到，所有的 p-value 都小于 0.05。所以我们拒绝 H_0 假设，认为此段收益率是序列相关的。

	AC	Q	P-value
lag			
1.0	-0.178514	7.839777	0.005111
2.0	0.156326	13.876707	0.000970
3.0	-0.099271	16.321298	0.000974
4.0	0.056385	17.113263	0.001837
5.0	-0.166990	24.088764	0.000209
6.0	-0.026627	24.266859	0.000466
7.0	0.002090	24.267962	0.001022
8.0	0.000263	24.267979	0.002066
9.0	0.116595	27.726689	0.001059
10.0	-0.006233	27.736615	0.001989

图　10-4

10.7　AR(*p*) 模型

10.7.1　AR(*p*) 模型简介

最简单的具有相关性的平稳过程是自回归过程，在该过程中，观测值 r_t 的定义是过去观测值的加权平均值与白噪声残差之和。以下用数据公式来进行说明。

假设当前的观测值 r_t 与前一个观测值 r_{t-1} 之间存在某种相关关系。那么存在如下公式：

$$r_t = \phi_0 + \phi_1 r_{t-1} + a_t$$

其中，$\{a_t\}$ 是均值为 0，方差为 σ_a^2 的白噪声序列，即服从分布 White Noise(0, σ_a^2)。我们称 r_t 为 AR (1) 的过程，其中 AR 代表 Autoregressive，所以这个模型又称为一阶自回归模型。直观的理解是，当前观测值是前一个观测值线性的“记忆”函数加上了一个白噪声的随机扰动。

将 AR (1) 推广，我们可以得到 AR(p) 模型：

$$r_t = \phi_0 + \phi_1 r_{t-1} + \cdots + \phi_p r_{t-p} + a_t \tag{10-1}$$

当这个模型表示给定过去的数据时，过去的 p 个值 $r_{t-i}(i = 1, \cdots, p)$ 联合决定了 r_t，即当前观测值的条件期望。

10.7.2　AR (*p*) 平稳性检验

要想使用 AR (p) 模型进行拟合和预测，首先要检测时间序列是否平稳。这里先介绍一下如何判断 AR (p) 模型是否平稳。我们先假定序列是弱平稳性的，则有如下公式：

- $E(r_i) = \mu$
- $\text{Var}(r) = \gamma_0$

- $Cov(r_t, r_{t-l}) = \gamma_l$

其中，μ 和 γ_l 都是常数。

因为 a_t 是白噪声序列，因此有如下公式：

- $E(a_t) = 0$
- $Var(a_t) = \gamma_0$
- $Cov(r_t, r_{t-l}) = \gamma_l$

根据公式（10-1），两边同时求期望值，可以得到：

$$E(r_t) = \phi_0 + \phi_1 E(r_{t-1}) + \cdots + \phi_p E(r_{t-p})$$

根据平稳性的性质，有 $E(r_t) = E(r_{t-1}) = \cdots = \mu$，从而：

$$\mu = \phi_0 + \phi_1 \mu + \cdots + \phi_p \mu$$

对应的方程是：

$$1 - \phi_1 x - \phi_2 x^2 \cdots - \phi_p x^p = 0$$

我们称这个方程的解的倒数为该模型的特征根。如果所有特征根的模都小于 1，则该序列是平稳的。在 Python 中，statsmodel 提供了 AR 模型的函数，用于拟合 AR 模型。这里使用 10.1 节的收益率数据来拟合 AR 模型。示例代码如下：

```
import statsmodels as sm
import numpy as np

# 获取数据，计算收益率
df=ts.get_k_data('399300', index=True,start='2016-01-01', end='2016-12-31')
df=df.set_index('date')
df['rtn']=np.log(df['close'])-np.log(df['close'].shift(1))
df=df.dropna()

# tsa 库的 AR 模型参数只能使用 ndarray 类型
rtn = np.array(df['rtn'])

# 生成模型
model = sm.tsa.api.AR(rtn)

# 拟合
fit_AR = model.fit()

# 绘图，蓝色的是收益率，红色的是 AR 模型拟合的曲线
plt.figure(figsize=(10,4))
plt.plot(rtn,'b',label='return')
plt.plot(fit_AR.fittedvalues, 'r',label='AR fit')
plt.legend()
```

得到的结果如图 10-5 所示。

这里调用的模型会自动判断出 p 的值。示例代码如下：

```
len(fit_AR.roots)
```

也就是说这个模型是 15 阶的，即 $p = 15$。

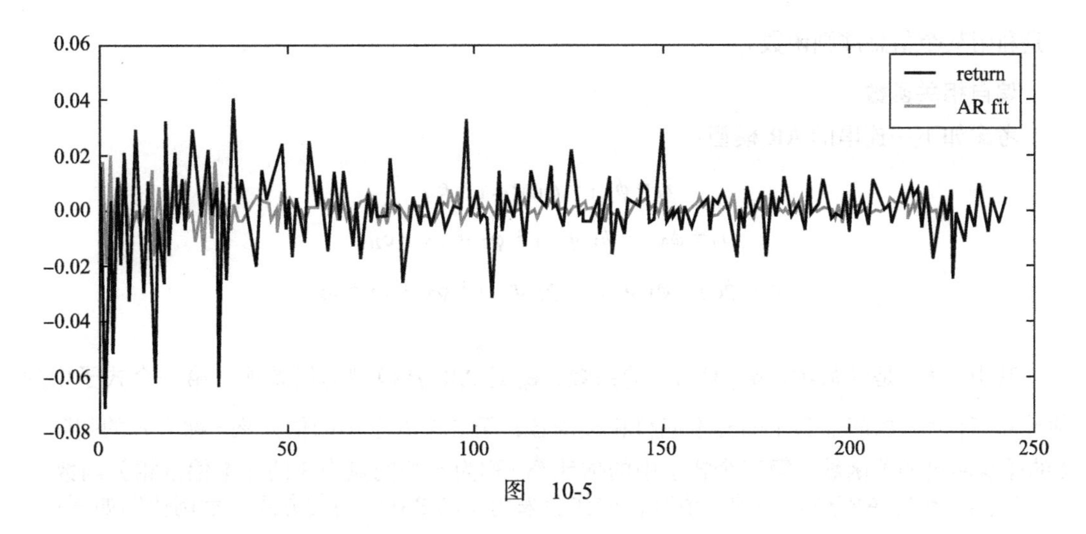

图 10-5

下面画出模型的特征根，以检验平稳性，示例代码如下：

```
# 画单位圆
pi,sin,cos = np.pi,np.sin,np.cos
r1 = 1
theta = np.linspace(0,2*pi,360)
x1 = r1*cos(theta)
y1 = r1*sin(theta)
plt.figure(figsize=(6,6))
plt.plot(x1,y1,'k')

# 这里 fit_AR.roots 是计算的特征方程的解，特征根应该取倒数
roots = 1/fit_AR.roots

# 画特征根
for i in range(len(roots)):
    plt.plot(roots[i].real,roots[i].imag,'.r',markersize=8)

plt.show()
```

得到的结果如图 10-6 所示。

可以看到，15 个特征根都在单位圆内，说明模都小于 1，序列是平稳的。

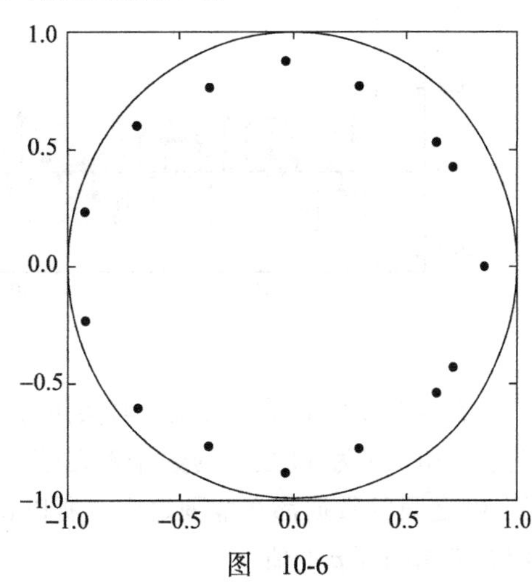

图 10-6

10.7.3 AR(p) 如何确定参数 p

在实际应用中，AR(p) 模型中的 p 是未知的，必须根据实际数据来决定。求解阶 p 的过程称为 AR 模型的定阶。解决这个问题一般有两种方法：第一种是利用偏相关函数（Partial Auto Correlation Function，PACF）；第二种方

法是利用某个信息准则函数。

偏自相关函数

考虑如下一连串的 AR 模型：

$$r_t = \phi_{0,1} + \phi_{1,1} r_{t-1} + e_{1t}$$

$$r_t = \phi_{0,2} + \phi_{1,2} r_{t-1} + \phi_{2,2} r_{t-2} + e_{2t}$$

$$r_t = \phi_{0,3} + \phi_{1,3} r_{t-1} + \phi_{2,3} r_{t-2} + \phi_{3,3} r_{t-3} + e_{3t}$$

$$\cdots$$

其中，$\phi_{0,j}$ 是常数项，$\phi_{i,j}$ 是 r_{t-i} 的系数，e_{jt} 是 AR(j) 模型的误差项。第一个式子中的估计 $\hat{\phi}_{1,1}$ 称为 r_t 的间隔为 1 的样本偏自相关函数；第二个式子中的估计 $\hat{\phi}_{2,2}$ 称为 r_t 的间隔为 2 的样本偏自相关函数；第三个式子中的估计 $\hat{\phi}_{3,3}$ 称为 r_t 的间隔为 3 的样本偏自相关函数。

在具体确定 AR(p) 模型的 p 值时，往往会采用绘制 PACF 图的方式。示例代码如下：

```
import matplotlib.pyplot as plt
fig = plt.figure(figsize=(10,5))
ax1=fig.add_subplot(111)
fig = sm.graphics.tsa.plot_pacf(df['rtn'],ax=ax1,lags=80)
```

得到的结果如图 10-7 所示。

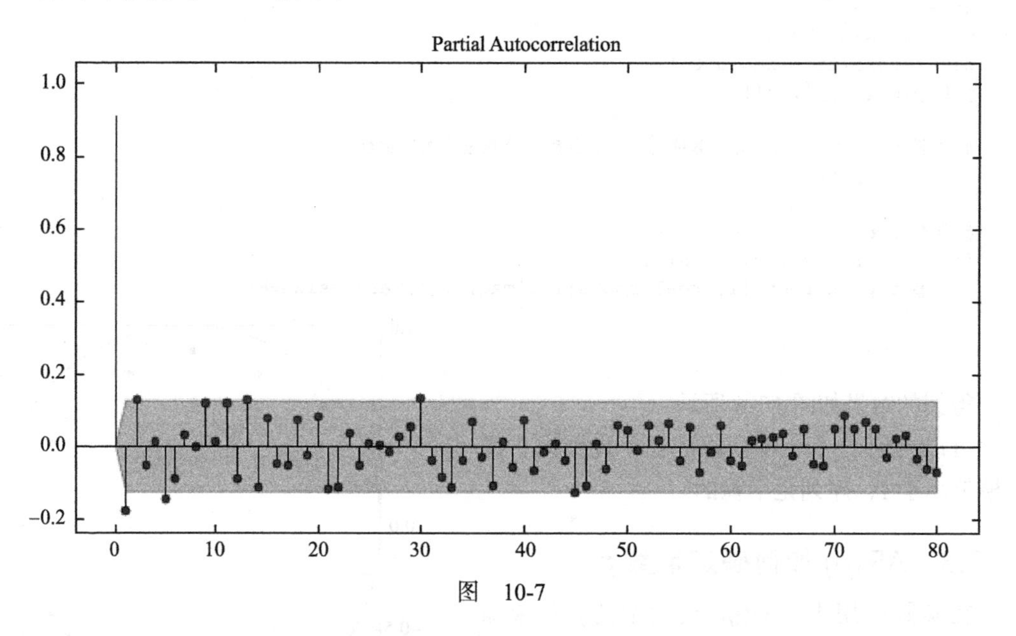

图 10-7

在观察 PACF 图的时候，其实是存在主观判断的。比如，在图 10-7 中，我们既可以认为 $p = 30$（因为 30 之后的数据都在范围之内），也可以认为 $p = 30$ 是偶然情况，因为从 13 到 30 之间的数据都在范围之内。所以也可以认为 $p = 13$。实践中往往会结合其他的方法，综合考虑判断 p 的值。

对于第二种方法，下一节会详细介绍。

10.8　信息准则

有几种信息准则可用来决定 AR 过程的阶 p，它们都是基于似然函数的。例如，常用的 Akaike 信息准则（AIC）(Akaike，1973）的定义如下：

$$\text{AIC}=\frac{-2}{T}\ln\text{（似然函数的最大值）}+\frac{2}{T}\text{（参数的个数）}$$

其中，T 是样本容量。对高斯 AR(l) 模型，AIC 可以简化为：

$$\text{AIC}(l)=\ln(\tilde{\sigma}_l^2)+\frac{2l}{T}$$

在实际应用中，我们首先要计算 AIC(l)，其中，$l=0, 1, 2, \cdots, P$。然后选择阶 k，使 AIC 达到最小值。类似的还有 BIC 准则，这里不再详细介绍。

在 Python 中，我们可以使用 ARMA(p, 0) 模型进行拟合，ARMA 模型在后文中会详细介绍，此处了解即可。ARMA 模型有两个参数，p 代表了 AR(p) 模型，0 代表没有 MA 部分。所以 ARMA(p, 0) 模型实际就是 AR(p) 模型。下面使用沪深 300 在 2015 年的收益率数据进行实验。示例代码如下：

```
import tushare as ts
import numpy as np
import statsmodels.api as sm
import matplotlib.pyplot as plt
%matplotlib inline

df=ts.get_k_data('399300', index=True,start='2015-01-01', end='2015-12-31')
df=df.set_index('date')
df['rtn']=np.log(df['close'])-np.log(df['close'].shift(1))
df=df.dropna()

aicList = []
bicList = []
# 从 1 到 15，对每一阶都进行一个 AR(p) 模型的拟合，并得到相应的 AIC 数值
for i in range(1,16):
    # 这里使用了 ARMA 模型，order 代表了模型的 (p,q) 值，我们令 q 始终为 0，就只考虑了 AR 情况。
    order = (i,0)
    tempModel = sm.tsa.ARMA(df['rtn'].values,order).fit()
    aicList.append(tempModel.aic)
    bicList.append(tempModel.bic)

plt.figure(figsize=(10,4))
plt.plot(aicList,'r',label='AIC value')
plt.plot(bicList,'b',label='BIC value')
plt.legend(loc=0)
```

得到的结果如图 10-8 所示。

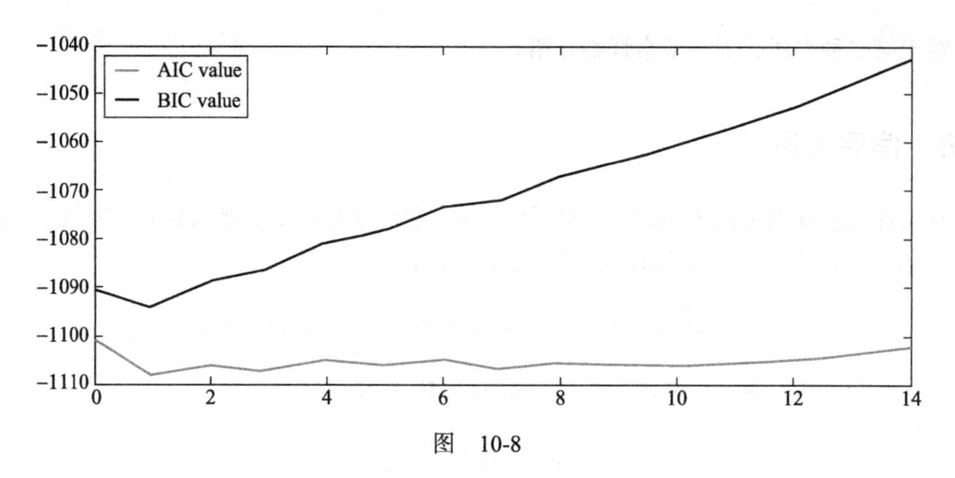

图　10-8

可以看到，当 $p = 1$ 的时候，AIC 和 BIC 同时为最小。所以可以认为，$p = 1$ 是合理的。

10.8.1　拟合优度

根据公式（10-1）来看，模型拟合较好的一个必要条件是残差序列应该是白噪声，也就是说，模型拟合出来的数据减去收益率序列本身，得到的差值，应该是白噪声。

下面先求出残差序列，并绘图，程序代码如下：

```
# 计算残差
delta = fit_AR.fittedvalues  - rtn[15:]
plt.figure(figsize=(10,6))
plt.plot(delta,'r',label=' residual error')
plt.legend()
```

绘图结果如图 10-9 所示。

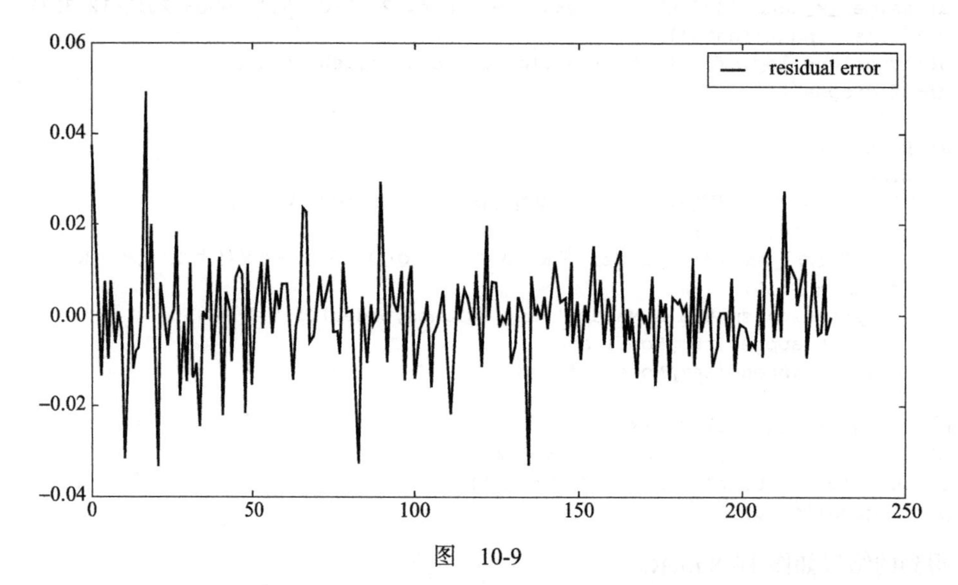

图　10-9

然后计算其 acf 和对应的 p 值：

```
# 计算自相关系数及p-value
lags=10
acf,q,p = sm.tsa.api.acf(delta,nlags=lags,qstat=True)
out = np.c_[range(1,lags+1), acf[1:], q, p]
df=pd.DataFrame(out, columns=['lag', "AC", "Q", "P-value"])
df
```

得到的结果如图 10-10 所示。

	AC	Q	P-value
lag			
1.0	0.002082	0.001001	0.974758
2.0	0.019779	0.091778	0.955148
3.0	-0.027838	0.272399	0.965133
4.0	-0.039679	0.640979	0.958403
5.0	0.004391	0.645514	0.985825
6.0	0.077852	2.077216	0.912462
7.0	-0.098354	4.372602	0.735999
8.0	0.017058	4.441959	0.815211
9.0	-0.040487	4.834461	0.848493
10.0	-0.001422	4.834948	0.901927

图　10-10

从 p-value 的值可以知道，该序列没有相关性，即序列接近白噪声。

衡量平稳模型拟合是否足够好的一个常用统计量是拟合优度，拟合优度的公式如下：

$$R^2 = 1 - \frac{\text{残差的方差}}{r_t\text{的方差}}$$

它的值在 0 ～ 1 之间，越接近 1，拟合效果越好。

现在我们来计算 AR 模型的拟合优度，示例代码如下：

```
value = 1 - delta.var()/rtn[15:].var()
print(value)
```

得到的结果为 0.179448551885，可以看到，该模型的拟合优度不算好。

10.8.2　预测

我们可以将样本分为训练集和测试集。用训练集来拟合模型，用测试集来测试模型的准确度。测试集一般选取最后的 t_len（这里的 t_len=10）个样本。示例代码如下：

```
# 测试集长度
t_len=10

# 测试集
train = rtn[:-t_len]

# 训练集
test = rtn[-t_len:]

# 拟合模型
fit = sm.tsa.api.AR(train).fit()

# 获取对应的预测值
predicts = fit.predict(len(rtn)-t_len, len(rtn)-1, dynamic=True)

# 生成对比数据
df = pd.DataFrame()
```

```
df['real'] = rtn[-t_len:]
df['predict'] = predicts
df
```

	real	predict
0	-0.005109	-0.000626
1	-0.006002	0.005946
2	0.008869	0.000564
3	-0.000860	0.002151
4	-0.008451	0.000037
5	0.004465	-0.000055
6	-0.001811	-0.006198
7	-0.004382	0.002308
8	-0.001252	-0.004827
9	0.003729	0.003489

图　10-11

得到的结果如图 10-11 所示。

可以看到，预测效果并不是很好。这是很正常的，毕竟要找到一个好的收益率预测模型是非常困难的。

10.9　ARMA 模型

ARMA 模型是 AR 模型和 MA 模型的一种结合形式。因此，这里先讨论 MA 模型。

10.9.1　MA 模型

MA(q) 模型的表达公式如下：

$$r_t = c_0 + a_t - \theta_1 a_{t-1} - \cdots - \theta_q a_{t-q} \tag{10-2}$$

其中，c_0 是一个常数，$\{a_t\}$ 是一个白噪声序列。

Python 并未为 MA 模型专门提供模型，如果需要拟合 MA 模型，只需要使用 ARMA 模型，将 p 置为 0 即可。这里演示一个简单的建模过程。

先使用 ACF 函数判断阶次 q，程序代码如下：

```
import tushare as ts
import pandas as pd
import numpy as np
import statsmodels.api as sm
import matplotlib.pyplot as plt
%matplotlib inline

df=ts.get_k_data('399300', index=True,start='2015-01-01', end='2015-12-31')
df=df.set_index('date')
df['rtn']=np.log(df['close'])-np.log(df['close'].shift(1))
df=df.dropna()

fig = plt.figure(figsize=(10,5))
ax1=fig.add_subplot(111)
fig = sm.graphics.tsa.plot_acf(df.rtn,ax=ax1,lags=60)
```

得到的结果如图 10-12 所示。

可以看到，在 10 之前存在大量的高自相关系数（超过范围的圆点都是高自相关系数）。虽然 21 点也超过了，但 10 到 21 之间的点都没有超过，故可以认为 21 是意外情况，10 才是临界值，所以可以假定阶次 q 为 10。

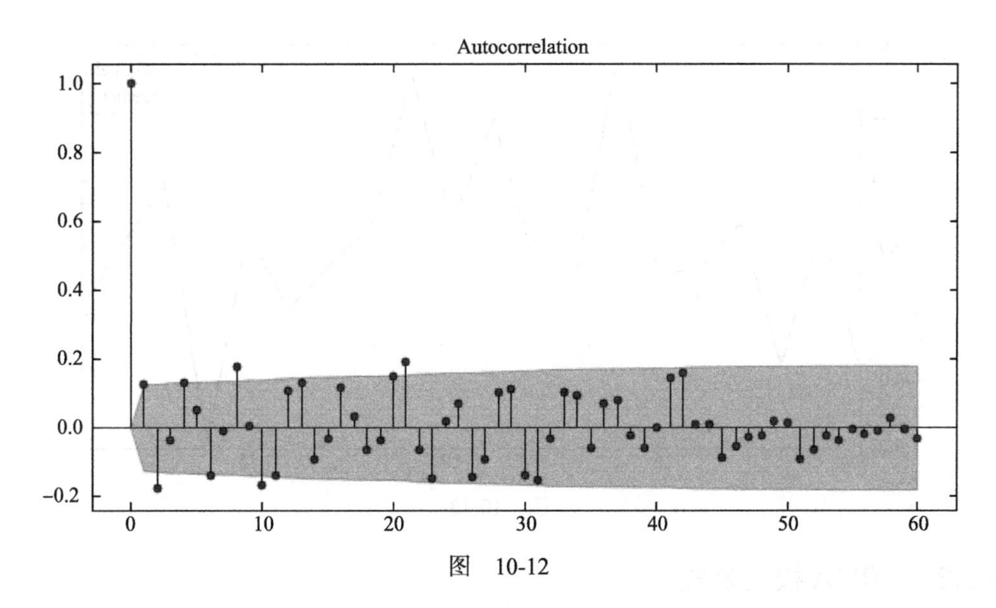

图 10-12

使用 MA 模型拟合，并且查看预测效果，示例代码如下：

```
rtn=df.rtn.values

# 测试集长度
t_len=20

# 测试集
train = rtn[:-t_len]

# 训练集
test = rtn[-t_len:]

# 拟合模型
order = (0,10)
ma_model = sm.tsa.ARMA(train,order).fit()

# 获取对应的预测值
predicts = ma_model.predict(len(rtn)-t_len, len(rtn)-1, dynamic=True)

comp = pd.DataFrame()
comp['original'] = test
comp['predict'] = predicts
comp.plot(figsize=(10,5))
```

得到的结果如图 10-13 所示。

可以看到，预测并不准确。这是很容易理解的，MA 模型过于简单，一般不会产生有效的拟合和预测。

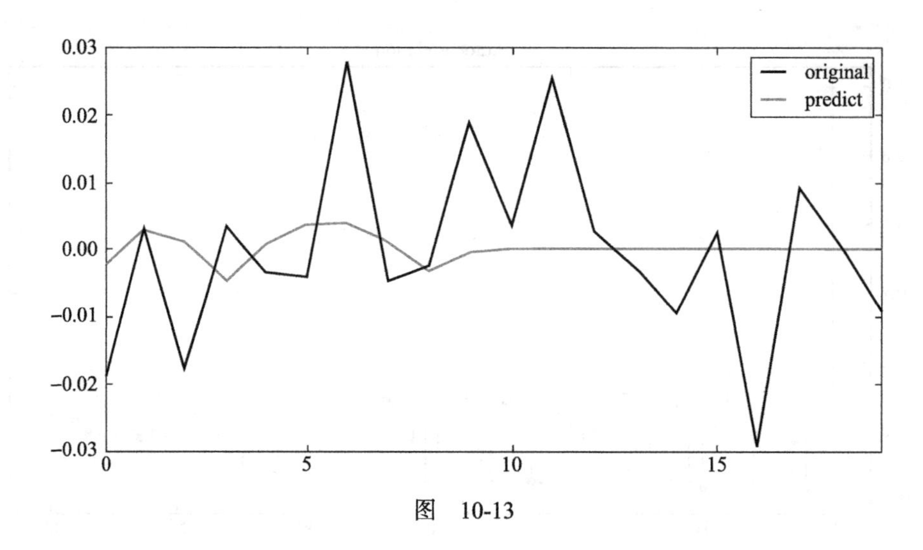

图 10-13

10.9.2 ARMA 模型公式

在某些应用中，我们需要通过高阶的 AR 或者 MA 模型才能充分地描述数据的动态结构。这时会有很多参数需要估计，问题也就变得烦琐了。为了克服这个困难，人们提出了自回归滑动平均（ARMA）模型。该模型的基本思想是将 AR 和 MA 模型的想法结合在一个紧凑的形式中，使所用参数的个数保持很小。对于金融中的收益率序列，直接使用 ARMA 模型的机会较少。然而，ARMA 模型的概念与波动率建模存在密切关系。事实上，广义的自回归条件异方差（GARCH）模型就可以认为是 $\{a_t^2\}$ 的 ARMA 模型。

ARMA(p, q) 模型的表达形式如下：

$$r_t = \phi_0 + \sum_{i=1}^{p} \phi_i r_{t-1} + a_t - \sum_{i=1}^{q} \theta_i a_{t-i} \tag{10-3}$$

其中，$\{a_t\}$ 是白噪声序列，p 和 q 都是非负整数。AR 和 MA 模型是 ARMA(p, q) 的特殊情形。当 $q = 0$ 的时候，ARMA$(p, 0)$ 就是 AR(p) 模型。当 $p = 0$ 的时候，ARMA$(0, q)$ 就是 MA(q) 模型。

10.9.3 ARMA 模型阶次判定

一般来说，判断 p 要使用 PACF 函数，判断 q 要使用 ACF 函数，这里可以同时绘制 PACF 和 ACF 图形，示例代码如下：

```
import tushare as ts
import pandas as pd
import numpy as np
import statsmodels.api as sm
import matplotlib.pyplot as plt
%matplotlib inline
```

```
df=ts.get_k_data('399300', index=True,start='2015-01-01', end='2015-12-31')
df=df.set_index('date')
df['rtn']=np.log(df['close'])-np.log(df['close'].shift(1))
df=df.dropna()

fig = plt.figure(figsize=(10,8))
ax1=fig.add_subplot(211)
fig = sm.graphics.tsa.plot_acf(df.rtn,lags=30,ax=ax1)
ax2 = fig.add_subplot(212)
fig = sm.graphics.tsa.plot_pacf(df.rtn,lags=30,ax=ax2)
```

得到的结果如图 10-14 所示。

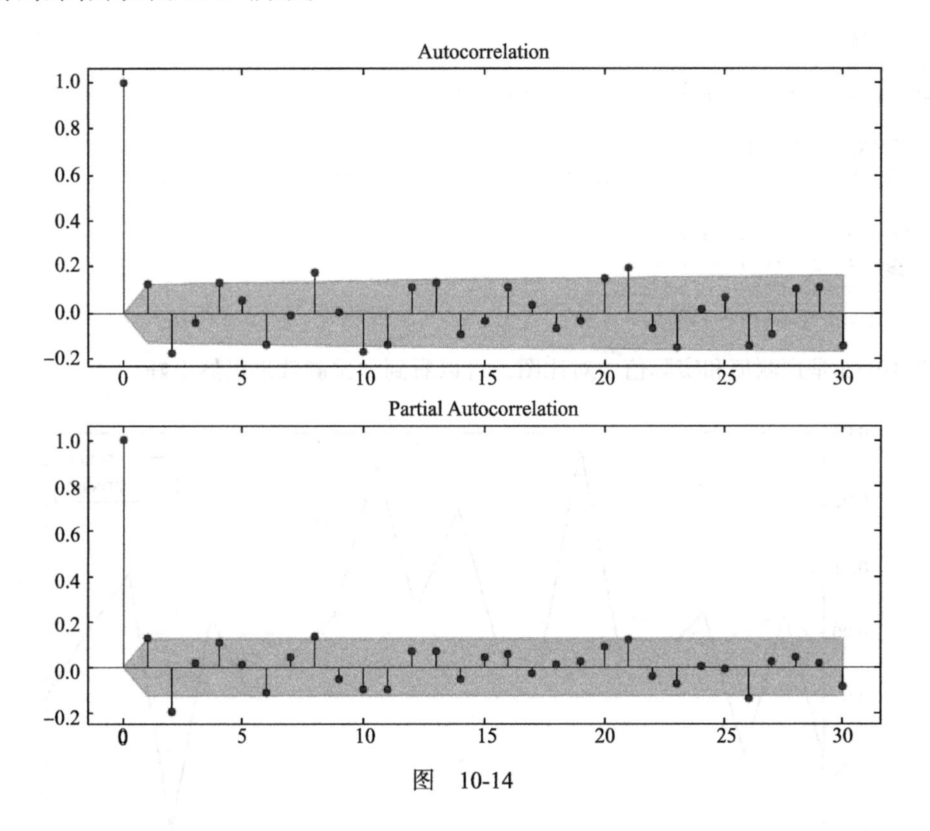

图 10-14

观察图 10-14 可知，阶次为（10，8）是合理的。不过一般来说，阶次太高的话，拟合的计算量会比较大。下面我们再用信息准则判断一下，示例代码如下：

```
sm.tsa.arma_order_select_ic(df.rtn.values,max_ar=10,max_ma=10,ic='aic')['aic_min_order']
```

计算出来的结果是（2，3），这是用信息准则判断出来的阶次。

10.9.4 建立 ARMA 模型

下面用 10.9.3 节计算出来的阶次（2，3）来建立 ARMA 模型，并利用拟合的模型进行预测，示例代码如下：

```
rtn=df.rtn.values

# 测试集长度
t_len=20

# 测试集
train = rtn[:-t_len]

# 训练集
test = rtn[-t_len:]

# 拟合模型
order = (2,3)
arma_model = sm.tsa.ARMA(train,order).fit()

# 获取对应的预测值
predicts = arma_model.predict(len(rtn)-t_len, len(rtn)-1, dynamic=True)

comp = pd.DataFrame()
comp['original'] = test
comp['predict'] = predicts
comp.plot(figsize=(10,5))
```

图10-15是预测值和实际值的对比图，可以看到，预测效果仍然不好。

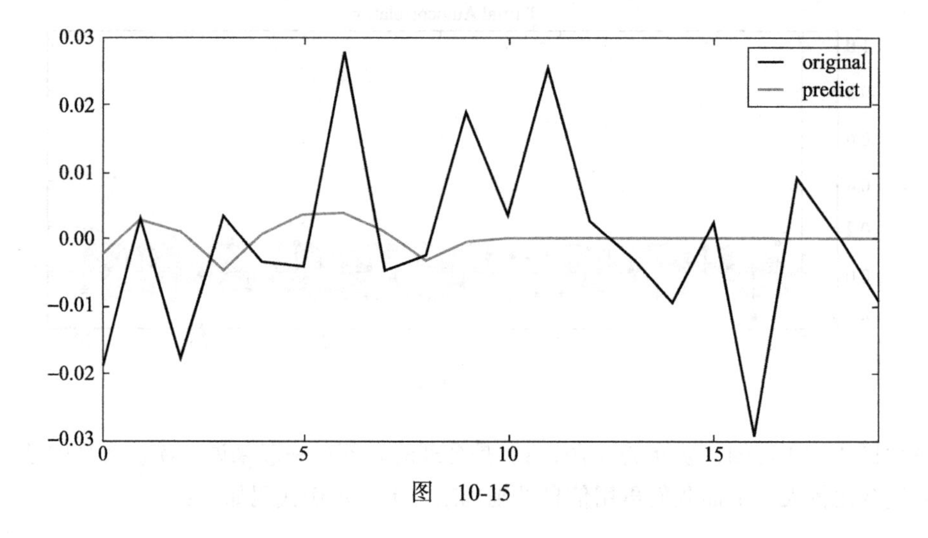

图　10-15

10.10　ARCH和GARCH模型

之前我们讨论了AR模型和ARMA模型，这两个模型是对收益率数据的拟合，并且进行了预测。实际上，时间序列模型对波动率的应用更为广泛。

股票波动的一个特殊性是它不能被直接观测。我们只能通过收益率数据对波动率进行估计。一个很常用的做法是计算一段时间内收益率的标准差，然而大家对这种方法的准确性依然存疑。

10.10.1 波动率的特征

对于金融时间序列，波动率往往具有以下特征。

- 存在波动率聚集现象（volatility cluster），也就是说，波动率在一段时间内都比较高，在另一段时间内都比较低。
- 波动率以连续方式随时间发生变化，即波动率很少发生跳跃。
- 波动率不会发散到无穷，即波动率只在固定的范围内发生变化。从统计学角度来说，这意味着波动率往往是平稳的。
- 波动率对价格大幅上升和价格大幅下降的反应不同，这种现象称为杠杆效应（leverage effect）。

10.10.2 波动率模型框架

在对波动率进行建模的时候，我们需要同时考虑收益率的条件均值和条件方差。给定 $t-1$ 时刻已知的信息集 F_{t-1}，r_t 的条件均值和条件方差为：

$$\mu_t = E(r_t \mid F_{t-1}), \sigma_t^2 = \mathrm{Var}(r_t \mid F_{t-1}) \tag{10-4}$$

我们假设 r_t 服从一个简单的时间序列模型，得到的平稳 ARMA(p, q) 模型如下：

$$r_t = \mu_t + a_t \tag{10-5}$$

$$\sigma_t^2 = \mathrm{Var}(r_t \mid F_{t-1}) \tag{10-6}$$

其中，a_t 为资产收益率在 t 时刻的“扰动”或“新息”，μ_t 为 r_t 的均值方程，σ_t^2 的模型称为 r_t 的波动率方程。可以看到，条件异方差性建模就是对时间序列增加一个动态方程，用来刻画资产收益率的条件方差随时间的演变规律。

对资产收益率序列建立一个波动率模型（ARCH）需要如下 4 个步骤。

1）通过检验数据的序列相关性建立一个均值方程，如有必要，对收益率序列建立一个计量经济模型（如 ARMA 模型）来消除任何的线性依赖。

2）对均值方程的残差进行 ARCH 效应检验。

3）如果 ARCH 效应在统计上是显著的，则指定一个波动率模型，并对均值方程和波动率方程进行联合估计。

4）仔细地检验所拟合的模型，如有必要则对其进行改进。

10.10.3 ARCH 模型

在较早的经济学模型中，干扰项的方差被假设为常数。但是实际上，有很多经济时间序列呈现出的是波动聚集性，这种情况下假设方差为常数是不恰当的。

为波动率建模提供一个系统框架的第一个模型是 Engle（1982 年）提出的 ARCH 模型。

ARCH采用自回归形式来刻画方差的变异。其基本思想具体如下。

1）资产收益率的扰动 a_t 是序列不相关的，但不是独立的。

2）a_t 的不独立性可以用其延迟值的简单二次函数来描述。

具体地说，一个ARCH(m)模型假定：

$$a_t = \sigma_t \varepsilon_t, \sigma_t^2 = \alpha_0 + \alpha_1 a_{t-1}^2 + \cdots + \alpha_m a_{t-m}^2 \tag{10-7}$$

其中，$\{\varepsilon_t\}$ 是均值为0、方差为1的独立同分布随机变量序列，$\alpha_0 > 0$，对于 $i > 0$，有 $\alpha_i \geqslant 0$。系数 α_i 必须满足一些正则性条件以保证 a_t 的无条件方差是有限的。实际中，通常假定 $\{\varepsilon_t\}$ 服从标准正态分布。

从模型的结构上看，大的"扰动"会倾向于紧接着出现另一个大的"扰动"。这一点与在资产收益率中所观察到的"波动率聚集"现象相似。

现在，我们用Python来进行ARCH建模。

ARCH和GARCH模型在另外一个模块中，Anaconda没有包含这两个模型，需要自己重新安装。安装方法为：

```
pip install arch
```

先导入相关的库，获取数据，计算收益率，代码如下：

```
import tushare as ts
import pandas as pd
import numpy as np
import statsmodels.api as sm
import matplotlib.pyplot as plt
%matplotlib inline
# 条件异方差模型相关的库
import arch

df=ts.get_k_data('399300', index=True,start='2015-01-01', end='2015-12-31')
df=df.set_index('date')
df['rtn']=np.log(df['close'])-np.log(df['close'].shift(1))
df=df.dropna()

rtn=df.rtn.values
```

然后检验收益率序列是否平稳，代码如下：

```
t = sm.tsa.stattools.adfuller(df.rtn)  # ADF检验
print("p-value: ", t[1])
```

得到的结果为p-value: 0.000115888145256。p-value小于0.05，说明序列是平稳的。

为了简化问题，我们假设该序列的均值方程是AR(p)模型。先判定阶次 p，示例代码如下：

```
fig = plt.figure(figsize=(10,5))
ax1=fig.add_subplot(111)
fig = sm.graphics.tsa.plot_pacf(df.rtn,lags = 25,ax=ax1)
```

得到的结果如图 10-16 所示。

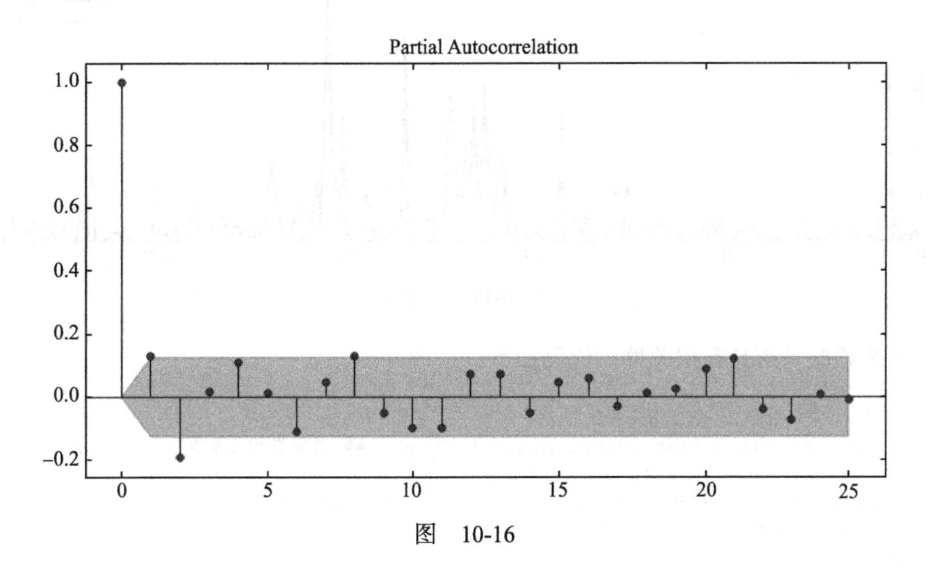

图　10-16

通过图 10-16，我们可以假定阶次 p 为 2。现在来生成均值方程 AR(2) 模型，并绘制残差 a_t、a_t^2 的图形，示例代码如下：

```
order = (2,0)
mean_model = sm.tsa.ARMA(rtn,order).fit()
at = rtn -  mean_model.fittedvalues
at2 = np.square(at)
plt.figure(figsize=(10,6))
plt.subplot(211)
plt.plot(at,label = 'at')
plt.legend()
plt.subplot(212)
plt.plot(at2,label='at^2')
plt.legend(loc=0)
```

绘制结果如图 10-17 所示。

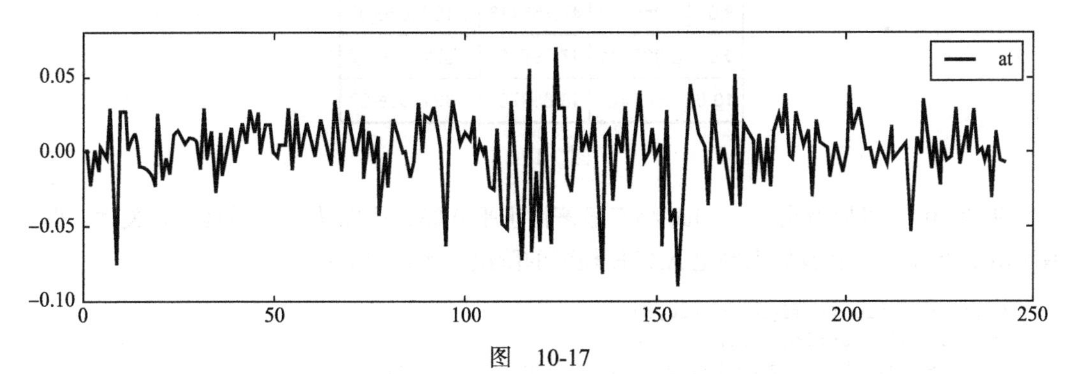

图　10-17

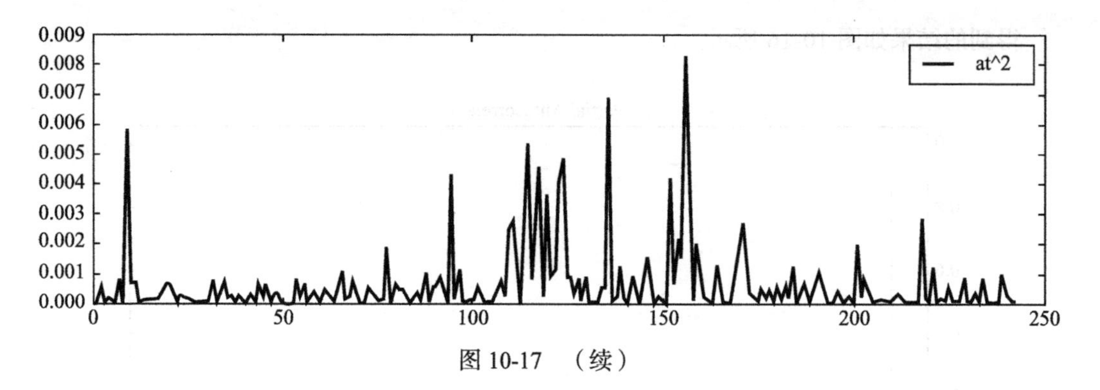

图 10-17　（续）

下面来检验是否具有相关性，代码如下：

```
m = 10 # 我们检验10个自相关系数
acf,q,p = sm.tsa.acf(at2,nlags=m,qstat=True)  ## 计算自相关系数及p-value
out = np.c_[range(1,m+1), acf[1:], q, p]
output=pd.DataFrame(out, columns=['lag', "AC", "Q", "P-value"])
output = output.set_index('lag')
output
```

得到的结果如图 10-18 所示。

	AC	Q	P-value
lag			
1.0	0.233668	13.432403	2.473151e-04
2.0	0.197474	23.065714	9.802658e-06
3.0	0.213674	34.391364	1.637922e-07
4.0	0.153189	40.236971	3.866477e-08
5.0	0.114327	43.506581	2.916797e-08
6.0	0.079023	45.075237	4.521836e-08
7.0	0.086284	46.953325	5.700257e-08
8.0	0.056257	47.755118	1.100363e-07
9.0	0.023511	47.895756	2.671212e-07
10.0	0.061421	48.859706	4.321588e-07

图　10-18

从图 10-18 可以看出，p-value 小于显著性水平 0.05，所以认为序列具有相关性，即具有 ARCH 效应。现在我们来判定 ARCH 模型的阶次，代码如下：

```
fig = plt.figure(figsize=(10,5))
ax1=fig.add_subplot(111)
fig = sm.graphics.tsa.plot_pacf(at2,lags = 30,ax=ax1)
```

绘制结果如图 10-19 所示。

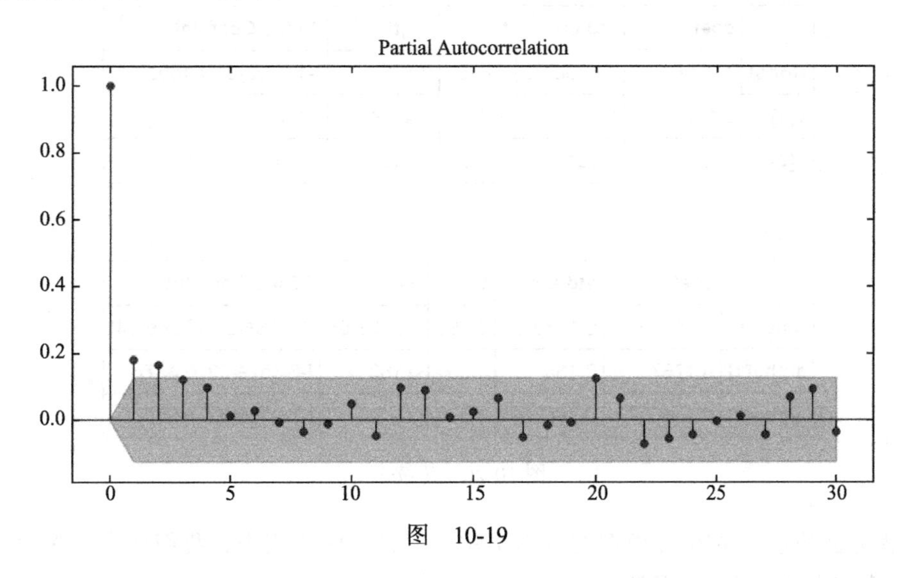

图　10-19

根据图 10-19，我们可以将阶次定为 2 阶（从第 3 个点开始，都没有超出范围）。所以最终的选择是均值方程为 AR(2) 模型，波动率模型为 ARCH(2) 模型。

下面来拟合模型，示例代码如下：

```
am = arch.arch_model(rtn,mean='AR',lags=2,vol='ARCH',p=2)
res = am.fit()
```

通过以下命令显示拟合模型的结果：

```
res.summary()
```

得到的结果如图 10-20 所示。

AR - ARCH Model Results

Dep. Variable:	y	**R-squared:**	0.051
Mean Model:	AR	**Adj. R-squared:**	0.043
Vol Model:	ARCH	**Log-Likelihood:**	566.340
Distribution:	Normal	**AIC:**	-1120.68
Method:	Maximum Likelihood	**BIC:**	-1099.77
		No. Observations:	241
Date:	Tue, Aug 15 2017	**Df Residuals:**	235
Time:	17:16:28	**Df Model:**	6

图　10-20

Mean Model

	coef	std err	t	P>|t|	95.0% Conf. Int.
Const	1.2506e-03	1.480e-03	0.845	0.398	[-1.649e-03,4.150e-03]
y[1]	0.1472	8.243e-02	1.786	7.404e-02	[-1.431e-02, 0.309]
y[2]	-0.2075	0.101	-2.063	3.913e-02	[-0.405,-1.035e-02]

Volatility Model

	coef	std err	t	P>|t|	95.0% Conf. Int.
omega	3.5183e-04	6.173e-05	5.699	1.203e-08	[2.308e-04,4.728e-04]
alpha[1]	0.1767	0.133	1.331	0.183	[-8.357e-02, 0.437]
alpha[2]	0.2346	0.160	1.463	0.144	[-7.977e-02, 0.549]

图 10-20　（续）

虽然上面演示了 ARCH 模型的基本语法。但在实际应用中，我们通常更多地是使用 GARCH 模型来进行波动率预测。

10.10.4　GARCH 模型

如果说 ARCH 模型对应着 AR 模型，那么 GARCH 模型对应的就是 ARMA 模型。GARCH 模型是 ARCH 模型的推广形式，是由 Bollerslev（1986 年）提出来的。

对于收益率序列 r_t，令 $a_t = r_t - \mu_t$，若 a_t 满足公式（10-8），则称 a_t 服从 GARCH(m, s) 模型：

$$a_t = \sigma_t \varepsilon_t, \sigma_t^2 = \alpha_0 + \sum_{i=1}^{m} \alpha_i a_{t-i}^2 + \sum_{j=1}^{s} \beta_j \sigma_{t-j}^2 \tag{10-8}$$

其中，ε_t 是均值为 0、方差为 1 的独立同分布随机变量序列，$\alpha_0 > 0$, $\alpha_i \geqslant 0$, $\beta_j \geqslant 0$, $\sum_{i=1}^{\max(m,s)} (\alpha_i + \beta_j) < 1$。

若 $s = 0$，GARCH(m, s) 就简化成一个 ARCH(m) 模型了。α_i 和 β_j 分别称为 ARCH 参数和 GARCH 参数。

在实际应用中，GARCH 模型的阶不太容易确定，所以往往直接使用低阶的 GARCH 模型，比如 GARCH(1, 1) 模型。

下面的示例仍然使用演示 ARCH 模型时所用的数据，那么均值方程也仍然可以选择 AR(2) 模型。拟合模型的示例代码如下：

```
am = arch.arch_model(rtn,mean='AR',lags=2,vol='GARCH')
res = am.fit()
```

可通过如下命令来查看拟合的结果：

```
res.summary()
```

得到的结果如图 10-21 所示。

AR - GARCH Model Results

Dep. Variable:	y	R-squared:	0.051
Mean Model:	AR	Adj. R-squared:	0.043
Vol Model:	GARCH	Log-Likelihood:	567.101
Distribution:	Normal	AIC:	-1122.20
Method:	Maximum Likelihood	BIC:	-1101.29
		No. Observations:	241
Date:	Thu, Aug 17 2017	Df Residuals:	235
Time:	15:02:08	Df Model:	6

Mean Model

	coef	std err	t	P>|t|	95.0% Conf. Int.
Const	1.3586e-03	1.451e-03	0.936	0.349	[-1.485e-03,4.202e-03]
y[1]	0.1545	6.930e-02	2.229	2.579e-02	[1.867e-02, 0.290]
y[2]	-0.1931	7.459e-02	-2.589	9.619e-03	[-0.339,-4.693e-02]

Volatility Model

	coef	std err	t	P>|t|	95.0% Conf. Int.
omega	1.1949e-05	1.304e-11	9.161e+05	0.000	[1.195e-05,1.195e-05]
alpha[1]	0.0500	1.852e-02	2.700	6.928e-03	[1.371e-02,8.629e-02]
beta[1]	0.9300	1.614e-02	57.607	0.000	[0.898, 0.962]

图　10-21

画图的命令如下：

```
res.plot()
```

绘制的图形如图 10-22 所示。

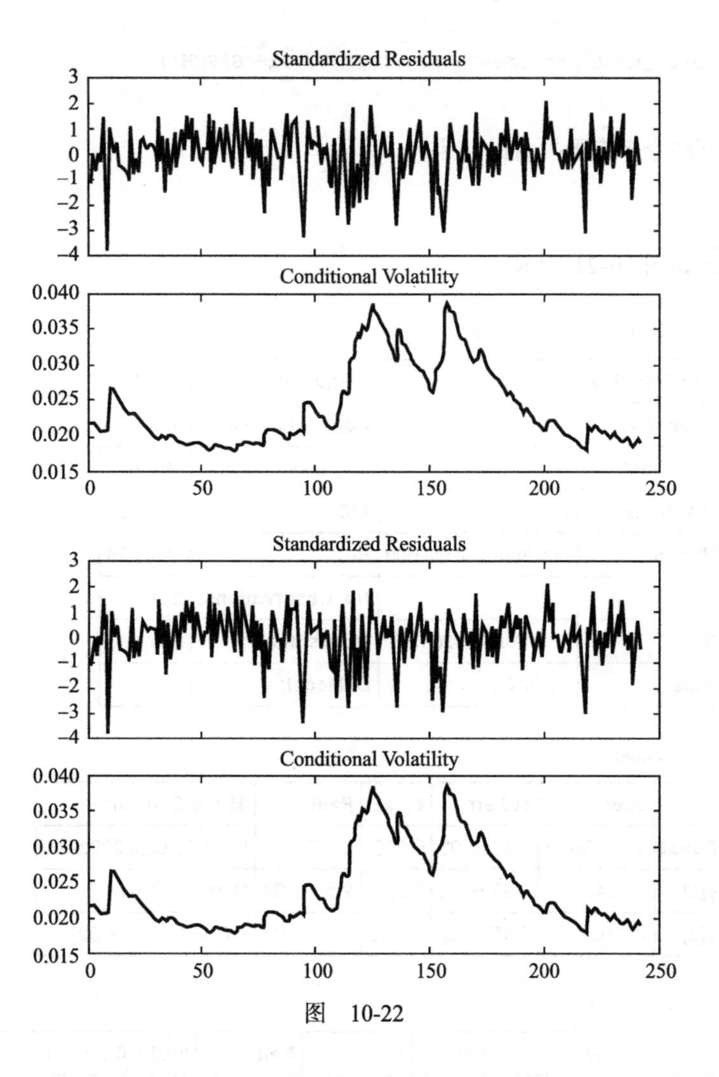
Standardized Residuals
Conditional Volatility
Standardized Residuals
Conditional Volatility

图　10-22

CHAPTER 11

第 11 章

数据源和数据库

11.1 数据来源

在进行量化分析的时候，最基础的工作是数据准备，即收集数据、清理数据、建立数据库。下面先讨论收集数据的来源，数据来源可分为两大类：免费的数据源和商业数据库。

免费数据源包括新浪财经、Yahoo 财经等。这些数据源提供的接口比较复杂，不是很好用。好消息是，Python 中有对应的开源工具可以让数据获取变得简单。比如，TuShare 能够获取新浪财经的数据，pandas-reader 能够获取 Yahoo Finance 的数据。本章主要讨论 TuShare 和 pandas-reader 的用法。

商业数据库包括万得（Wind）、同花顺（iFind）、聚源等。商业数据库也分为两种，一种是软件终端，除了可以提供各种数据查询和可视化功能之外，还提供了接口以便从终端上提取数据。比如万得终端。终端的好处是价格便宜，简单易用。坏处是对提取的数据量有限制，而且数据的定制化功能很差，很多数据甚至都没有提供接口。另一种是落地数据库，通常是 SQL 数据库，所有数据直接落地，可以用 SQL 语句进行提取。落地数据库的好处是数据丰富，定制灵活，没有数据量限制；缺点是成本较高，而且技术门槛也相对较高。大部分人使用的是第一种，即终端提供的接口。笔者曾经使用过第二种，现在主要也是使用第一种。本章就以 Wind 为例，讨论第一种数据库的用法。

11.2 TuShare

TuShare 可以说是国内最早的 Python 开源财经数据接口项目，主要实现了对股票等金融数据从数据采集、清洗加工到数据存储的过程。TuShare 返回的绝大部分的数据格式都是 Pandas DataFrame 类型，以便于用 Pandas 进行数据分析和可视化操作。

TuShare 面市三年多以来不断更新迭代，在广度和深度等方面都得到了提升，现在最新版是 Pro 版，可针对的数据内容扩大到包含股票、基金、期货、债券、外汇等行业大数据，同时还包括了数字货币行情等区块链数据，它已成为全数据品类金融大数据平台，可以为各类金融投资和研究人员提供适用的数据和工具。Pro 版数据更稳定、质量更好，它也是一个开放的、免费的平台，不带任何商业性质和目的。

TuShare 的官方网站地址为：https://tushare.pro

11.2.1　TuShare 安装

由于 Anaconda 并没有包含 TuShare 模块，所以需要自行安装，TuShare 具体包含如下三种安装方式。

方式 1：执行命令 pip install tushare。如果安装网络超时则可尝试国内 pip 源，如 pip install tushare -i https://pypi.tuna.tsinghua.edu.cn/simple。

方式 2：访问 https://pypi.python.org/pypi/tushare/ 下载安装，执行命令 python setup.py install。

方式 3：访问 https://github.com/waditu/tushare，将项目下载到本地，进入到项目的目录下，执行命令 python setup.py install。

11.2.2　TuShare 的 Python SDK

TuShare 是一个免费的数据接口项目，可用于提取数据。需要注意的是，TuShare 的版本正在不断迭代，使用方法请以官网介绍为主，这里只做一个简单介绍。

导入 TuShare，命令如下：

```
import tushare as ts
```

这里需要注意的是，TuShare 的版本需要大于 1.2.10。

设置 token，命令如下：

```
ts.set_token('your token here')
```

以上方法只需要在第一次或者 token 失效后调用，即可完成调取 TuShare 数据凭证的设置，正常情况下不需要重复设置。也可以忽略此步骤，直接用 pro_api('your token') 语句完成初始化。

初始化 pro 接口的命令如下：

```
pro = ts.pro_api()
```

如果上一步骤 ts.set_token('your token') 无效或不想将 token 保存到本地，则可以在初始化接口里直接设置 token，示例代码如下：

```
pro = ts.pro_api('your token')
```

下面以调取数据来获取交易日历信息为例进行说明，代码如下：

```
df = pro.trade_cal(exchange='', start_date='20180901', end_date='20181001', fields=
    'exchange,cal_date,is_open,pretrade_date', is_open='0')
```

或者：

```
df = pro.query('trade_cal', exchange='', start_date='20180901', end_date=
    '20181001', fields='exchange,cal_date,is_open,pretrade_date', is_open='0')
```

调取结果如下：

```
    exchange  cal_date   is_open pretrade_date
0        SSE  20180901         0      20180831
1        SSE  20180902         0      20180831
2        SSE  20180908         0      20180907
3        SSE  20180909         0      20180907
4        SSE  20180915         0      20180914
5        SSE  20180916         0      20180914
6        SSE  20180922         0      20180921
7        SSE  20180923         0      20180921
8        SSE  20180924         0      20180921
9        SSE  20180929         0      20180928
10       SSE  20180930         0      20180928
11       SSE  20181001         0      20180928
```

11.3 pandas-reader

如果想要获取国外市场数据，那么 pandas-reader 将是一个很好的免费数据接口。但 pandas-reader 也没有包含在 Anaconda 当中，需要自行安装。可以使用 pip 命令进行安装，命令如下：

```
pip install pandas-datareader
```

Pandas 集成了很多免费的数据接口，包括但不限于 Yahoo Finance、Google Finance、quandl、美联储、世界银行等提供的数据。

pandas-reader 的接口使用也很简单。先导入相关的函数，命令如下：

```
import pandas_datareader.data as web
```

下面定义一个日期区间，用于读取后面的数据：

```
import datetime
start = datetime.datetime(2010, 1, 1)
end = datetime.datetime(2015, 5, 9)
```

然后，使用 Yahoo Finance 提取数据。其中，‘F’是股票代码，‘yahoo’代表数据源，start 和 end 代表数据的日期区间。数据提取代码如下：

```
df=web.DataReader('F', 'yahoo', start, end)
df.head()
```

得到的结果如图 11-1 所示。

Date	Open	High	Low	Close	Adj Close	Volume
2009-12-31	10.04	10.06	9.92	10.00	7.880220	31253700
2010-01-04	10.17	10.28	10.05	10.28	8.100866	60855800
2010-01-05	10.45	11.24	10.40	10.96	8.636724	215620200
2010-01-06	11.21	11.46	11.13	11.37	8.959811	200070600
2010-01-07	11.46	11.69	11.32	11.66	9.188335	130201700

图　11-1

如图 11-1 所示，获取的数据中，Adj Close 代表调整过后的 Close 价格，相当于国内所说的复权价格。

还可以获取股票的派息和拆股信息，示例代码如下：

```
df=web.DataReader('AAPL', 'yahoo-actions', start, end)
df.head()
```

得到的结果如图 11-2 所示。

获取 Google Finance 数据只需要更改数据源即可，示例代码如下：

```
f = web.DataReader("F", 'google', start, end)
f.head()
```

得到的结果如图 11-3 所示。

Date	value	action
2015-05-07	0.520000	DIVIDEND
2015-02-05	0.470000	DIVIDEND
2014-11-06	0.470000	DIVIDEND
2014-08-07	0.470000	DIVIDEND
2014-06-09	0.142857	SPLIT

图　11-2

Date	Open	High	Low	Close	Volume
2016-11-07	11.52	11.62	11.39	11.58	25120693
2016-11-08	11.50	11.51	11.35	11.48	28497894
2016-11-09	11.15	11.63	11.07	11.58	60625748
2016-11-10	11.58	11.98	11.58	11.94	52756533
2016-11-11	11.88	12.40	11.84	12.28	79259270

图　11-3

获取 quandl 数据的命令如下：

```
df = web.DataReader('AAPL', 'quandl', start, end)
df.head()
```

得到的结果如图 11-4 所示。

由图 11-4 可以看到，不同的数据源所返回的数据是不太一样的，可以根据自己的需要进行获取。

除了股票数据，pandas-reader 还可以获取公开的经济基本面数据。下面以美联储和世界银行为例进行说明。

	Open	High	Low	Close	Volume	ExDividend	SplitRatio	AdjOpen	AdjHigh	AdjLow	AdjClose	AdjVolume
Date												
2015-05-08	126.68	127.6200	126.11	127.62	55550382.0	0.00	1.0	121.319683	122.219908	120.773802	122.219908	55550382.0
2015-05-07	124.77	126.0800	124.02	125.26	43940895.0	0.52	1.0	119.490502	120.745071	118.772238	119.959769	43940895.0
2015-05-06	126.56	126.7500	123.36	125.01	72141010.0	0.00	1.0	120.703676	120.884884	117.651750	119.225399	72141010.0
2015-05-05	128.15	128.4498	125.78	125.80	49271416.0	0.00	1.0	122.220101	122.506029	119.959769	119.978843	49271416.0
2015-05-04	129.50	130.5700	128.26	128.70	50988278.0	0.00	1.0	123.507633	124.528120	122.325011	122.744651	50988278.0

图 11-4

获取美国的 GDP 数据时，可采用如下命令：

```
gdp = web.DataReader("GDP", "fred", start, end)
gdp.head()
```

得到的结果如图 11-5 所示。

	GDP
DATE	
2010-01-01	14681.063
2010-04-01	14888.600
2010-07-01	15057.660
2010-10-01	15230.208
2011-01-01	15238.371

图 11-5

现在，我们使用世界银行的数据来进行一个小实验，测试人均生产总值和手机使用率的关系。理论上，这两者应该是正相关关系。

获取世界银行的数据使用的是另外一个模块，命令如下：

```
from pandas_datareader import wb
```

这个模拟提供了一个搜索功能，可用于搜索各项指标，它可以使用正则表达式来进行搜索匹配。

首先，我们搜索包含关键词 gdp 和 capita 的指标，命令如下：

```
wb.search('gdp.*capita.').iloc[:,:2]
```

得到的结果如图 11-6 所示。

	id	name
685	6.0.GDPpc_constant	GDP per capita, PPP (constant 2011 internation...
5029	FB.DPT.INSU.PC.ZS	Deposit insurance coverage (% of GDP per capita)
7838	NE.GDI.FTOT.CR	GDP expenditure on gross fixed capital formati...
7920	NV.AGR.PCAP.KD.ZG	Real agricultural GDP per capita growth rate (%)
8079	NY.GDP.PCAP.CD	GDP per capita (current US$)
8080	NY.GDP.PCAP.CN	GDP per capita (current LCU)
8081	NY.GDP.PCAP.KD	GDP per capita (constant 2010 US$)
8082	NY.GDP.PCAP.KD.ZG	GDP per capita growth (annual %)
8083	NY.GDP.PCAP.KN	GDP per capita (constant LCU)
8084	NY.GDP.PCAP.PP.CD	GDP per capita, PPP (current international $)
8085	NY.GDP.PCAP.PP.KD	GDP per capita, PPP (constant 2011 internation...

图 11-6

图 11-6 所示的是搜索出来的部分指标值。我们选择指标 NY.GDP.PCAP.PP.KD，即"GDP per capita, PPP(constant 2011 internation…)"作为人均生产总值的代表。

下面再搜索包含关键词 cell 的指标，命令如下：

```
wb.search('cell.*%').iloc[:,:2]
```

得到的结果如图 11-7 所示。

	id	name
6357	IT.CEL.COVR.ZS	Population covered by mobile cellular network (%)
6412	IT.MOB.COV.ZS	Population coverage of mobile cellular telepho...

图　11-7

我们选择 IT.MOB.COV.ZS 作为手机覆盖率的代表。

下面就来获取数据（以 2011 年的数据为代表），命令如下：

```
ind = ['NY.GDP.PCAP.KD', 'IT.MOB.COV.ZS']
dat = wb.download(indicator=ind, country='all', start=2011, end=2011).dropna()
dat.columns = ['gdp', 'cellphone']
print(len(dat))
print(dat.head())
```

```
30
                                gdp  cellphone
country                  year
Benin                    2011   758.577521       99.0
Botswana                 2011  6610.331923       96.0
Central African Republic 2011   458.332773       56.0
Chad                     2011   867.999063       75.0
Congo, Dem. Rep.         2011   328.750569       50.0
```

图　11-8

得到的结果如图 11-8 所示。

由图 11-8 我们可以看到，总共获取了 30 个国家的数据。现在对 gdp 和 cellphone 这两个指标进行回归操作，命令如下：

```
import numpy as np
import statsmodels.formula.api as smf
mod = smf.ols("cellphone ~ np.log(gdp)", dat).fit()
print(mod.summary())
```

得到的结果如图 11-9 所示。

```
                            OLS Regression Results
==============================================================================
Dep. Variable:              cellphone   R-squared:                       0.321
Model:                            OLS   Adj. R-squared:                  0.296
Method:                 Least Squares   F-statistic:                     13.21
Date:                Sat, 04 Nov 2017   Prob (F-statistic):            0.00111
Time:                        15:55:52   Log-Likelihood:                -127.26
No. Observations:                  30   AIC:                             258.5
Df Residuals:                      28   BIC:                             261.3
Df Model:                           1
Covariance Type:            nonrobust
===============================================================================
                  coef    std err          t      P>|t|      [0.025      0.975]
-------------------------------------------------------------------------------
Intercept      -2.3661     24.081     -0.098      0.922     -51.694      46.962
np.log(gdp)    11.9965      3.301      3.635      0.001       5.236      18.757
==============================================================================
Omnibus:                       27.738   Durbin-Watson:                   2.064
Prob(Omnibus):                  0.000   Jarque-Bera (JB):               62.985
Skew:                          -1.931   Prob(JB):                     2.10e-14
Kurtosis:                       8.956   Cond. No.                         56.3
==============================================================================
```

图　11-9

从图 11-9 所示的结果中可以看到，np.log(gpd) 的值为 11.99，R-squared 的值为 0.32，说明这两者之间存在一定的正相关关系。

11.4　万得接口

11.4.1　一个简单例子

万得（Wind）提供了一系列的接口，其中也包含 Python 的接口。下面列举一段简单的示例代码，用于提取股票 000001.SZ 一周的日线数据，具体如下：

```
from WindPy import w
import pandas as pd

w.start();

# 获取数据的命令可以用代码生成器来辅助完成
w_data=w.wsd("000001.SZ", "windcode,open,high,low,close", "2015-02-02", "2015-
    02-09", "Fill=Previous")

# 将 api 返回的数据装入 Pandas 的 DataFrame 中
# index 与 Fields 对应，columns 与日期对应，之后再进行转置
df=pd.DataFrame(w_data.Data,index=w_data.Fields,columns=w_data.Times)

# 由于 w_data.data 是矩阵结构，所以要采用这种转置方法
df=df.T # 对矩阵执行转置操作

df
```

提取的数据如图 11-10 所示。

	WINDCODE	OPEN	HIGH	LOW	CLOSE
2015-02-02 00:00:00.005	000001.SZ	13.6	13.8	13.55	13.63
2015-02-03 00:00:00.005	000001.SZ	13.78	13.99	13.62	13.95
2015-02-04 00:00:00.005	000001.SZ	14	14.04	13.7	13.71
2015-02-05 00:00:00.005	000001.SZ	14.3	14.43	13.76	13.79
2015-02-06 00:00:00.005	000001.SZ	13.69	13.95	13.4	13.51
2015-02-09 00:00:00.005	000001.SZ	13.5	13.68	13.22	13.52

图　11-10

基于 Wind 返回的 data 的数据结构特点，在创建 DataFrame 的时候，必须先将 index 与 Fields 对应，columns 与日期对应，之后再进行矩阵转置。

另外，Wind 返回的 date 是带有时间的，对于日线，时间是冗余的，需要去掉，还有 columns 的名称都是大写，笔者更习惯于小写，所以在此将之全部变为小写，代码如下：

```
#为 index 添加名称
df.index.names=['date']

#将 index 转换为正常的 column
df=df.reset_index(level=['date'])

#将 date 的数据类型转换为 datetime.date() 类型
df['date']=df['date'].apply(lambda x:x.date())

#将 date 设为 index
df=df.set_index(['date'])

# 将 df 的 columns 变成小写
df.columns=[x.lower() for x in df.columns]
```

得到的结果如图 11-11 所示。

这里我们就得到了股票 000001.SZ 的部分日线数据。使用这种方法，我们可以将所需要的信息全部下载下来，并存储到数据库中。

为了方便接口的使用，万得提供了代码生成器，可以用图形化的方式来生成接口代码。关于代码生成器的用法，可以咨询万得相关业务的客服经理。

	windcode	open	high	low	close
date					
2015-02-02	000001.SZ	13.6	13.8	13.55	13.63
2015-02-03	000001.SZ	13.78	13.99	13.62	13.95
2015-02-04	000001.SZ	14	14.04	13.7	13.71
2015-02-05	000001.SZ	14.3	14.43	13.76	13.79
2015-02-06	000001.SZ	13.69	13.95	13.4	13.51
2015-02-09	000001.SZ	13.5	13.68	13.22	13.52

图　11-11

11.4.2　数据库

存储数据有很多种方式。有人比较喜欢以文件的形式存储，比如，csv 文件或 hdf5 文件。但通常情况下，笔者还是比较喜欢建立一个数据库，以便于进行数据的管理和分享。而且，数据库本身也能完成很多数据计算和分析工作。

现今的数据库主要分为两种：一种是关系型数据库，也就是使用 SQL 语句进行操作的数据库，常见的有 MySQL、PostgreSQL、SQL Sever 等；一种是非关系型（NoSQL）数据库，比如 MongoDB。这两种数据库各有其优势，这里主要还是使用传统的 SQL 数据库。本书中以 PostgreSQL 为例。SQL 基础知识的讲解不在本书的范围之内，大家可以自行查找相关的教程进行学习。这里假设读者已经具有 SQL 的相关基础。

Pandas 利用 SQLAlchemy 包，提供了简单的数据库接口。比如，我们想把一个 dataframe 存储到数据库里面，可以使用如下代码：

```
from sqlalchemy import create_engine
engine = create_engine('postgresql://postgres@localhost:5432/postgres')
df.to_sql('stock_all_info',engine,if_exists='replace',index=True)
```

其中，engine 存储了连接数据库的相关信息（数据库地址、数据库名称、用户名和密码)。

在 df.to_sql 中，第一个参数表示表的名称。参数 if_exists 表示假如现在已经存在此表，应进行什么操作；append 代表在当前表中添加新的列；replace 表示替换当前表（删除当前已有的表）；fail 表示不进行任何操作，默认值是 fail；参数 index 表示是否将 DataFrame 的索引也存储到表中。

存储的时候，数据库会自动识别每列的数据类型，并对应到 SQL 数据库的类型。比如我们将 11.4.1 节中获取的数据存储到 stock_all_info 中。数据库中会生成一张表，截图如图 11-12 所示。

	date date	windcode text	open double precision	high double precision	low double precision	close double precision
1	2015-02-02	000001.SZ	13.6	13.8	13.55	13.63
2	2015-02-03	000001.SZ	13.78	13.99	13.62	13.95
3	2015-02-04	000001.SZ	14	14.04	13.7	13.71
4	2015-02-05	000001.SZ	14.3	14.43	13.76	13.79
5	2015-02-06	000001.SZ	13.69	13.95	13.4	13.51
6	2015-02-09	000001.SZ	13.5	13.68	13.22	13.52

图 11-12

由于 date 在 df 里面是索引，所以数据库也会自动地为这张表创建一个 date 索引。

数据库的读取也非常容易，可以使用如下代码实现：

```
df=pd.read_sql("select * from stock_info' where windcode='000001.SZ'",engine)
```

其中，第一个参数是一个 SQL 查询语句，接口将返回该查询语句对应的 DataFrame。

11.4.3 下载所有股票历史数据

做策略研究的朋友，经常会有建立一个完整的股票数据库的需求。本节将展示一个小程序，指导读者下载所有股票历史行情并存储到数据库中。

需要注意的是，Wind 对下载数据量是有限制的，所以在实际下载的时候，需要在不同时间段分几次下载。

实现代码具体如下：

```
from WindPy import w
from sqlalchemy import create_engine
import datetime as dt
import pandas as pd

engine = create_engine('postgresql://postgres@localhost:5432/postgres')

# 获取所有 A 股代码
def get_all_code(sector_id_str,date_str):

    para_str="date=%s;sectorid=%s;field=wind_code,sec_name" % (date_str,sector_id_str)
```

```
    wind_data=w.wset("sectorconstituent",para_str)

    df=pd.DataFrame(wind_data.Data,index=map(str.lower,wind_data.Fields))

    df=df.T

    return df

# 获取单只股票的指标
def get_indicator(code,start_date,stop_date,indicator_str,back_str=''):

    wsd_data=w.wsd(code, indicator_str, start_date, stop_date, back_str)

    df=pd.DataFrame(wsd_data.Data,index=map(str.lower,wsd_data.Fields), columns=
        wsd_data.Times)

    df=df.T

    df.index.names=['date']

    df=df.reset_index(level=['date'])

    df['date']=df['date'].apply(lambda x:x.date())

    return df

# 获取所有股票某段时间的指标
def get_all_stock_indi_once(start_date,stop_date,indicator_str):

    # 获取今天所有A股的代码
    df_code=get_all_code('a001010100000000',dt.datetime.now().strftime('%Y-%m-%d'))

    for code in df_code['wind_code']:

        df=get_indicator(code,start_date,stop_date,indicator_str)

        df.to_sql('stock_all_info',engine,if_exists='append',index=False)

    return df

get_all_stock_indi_once('20160901','20161001','open,high,low,close')
```

上面的程序，主要分为两步，第一步获取所有 A 股的代码。第二步是针对每一个股票，获取对应的指标（这里是 open、high、low、close），并存储于数据中。

CHAPTER 12

第 12 章

CTA 策略

CTA 全称是 Commodity Trading Advisor，即“商品交易顾问”，是由 NFA（美国全国期货协会）认定的，在 CFTC（商品期货交易委员会）注册，并接受监管的投资顾问。CTA 一般是指通过为客户提供期权、期货方面的交易建议，或者直接通过受管理的期货账户参与实际交易，来获得收益的机构或个人。

以上的定义只是原始的意思，随着市场的发展，市场对 CTA 策略的理解普遍发生了改变，它已不再只是商品期货了。实际上，目前国内的 CTA 策略大都是基于量价的趋势跟踪策略。无论是商品期货、金融期货，还是股票、外汇，只要是有历史公开量价的二级市场，都可以成为 CTA 策略运作的市场。国内市场中，期货是 T + 0，股票是 T + 1，且期货可以做多做空，所以期货的研究空间要大很多。国内成熟的第三方自动化交易软件，基本上都是从期货入手的。所以本章就以期货作为研究对象，介绍基本的 CTA 策略研究思路和方法。

12.1 趋势跟踪策略理论基础

但凡接触过投资的，大概都听过“趋势跟踪”的概念。著名经济学家大卫·李嘉图曾将“趋势跟踪”策略表述为“截断亏损，让利润奔跑”。

“趋势跟踪”策略，通俗地讲，就是涨了的股票，会涨得更高；跌了的股票，会跌得更低。只要我们顺着大势做，就能赚钱。

很多人将“趋势跟踪”奉为圭臬，坚定不移。也有人将其当作“金融巫术”，认为该策略不值一提。

那么“趋势跟踪”是否真的有效？很多信徒内心也不免打鼓。这种怀疑，就像肉中刺，平时隐隐作痛，令人不得安稳。假若不幸，连续亏损，则是“发炎肿胀”，让人难受得开始怀疑人生。

“趋势跟踪”不是魔法，不可能让你天天赚钱，甚至都不一定能年年赚钱。但既然该策略能广为流传，那一定是有其道理的。

为了"讲清道理"，各种机构的学者没少花时间和精力来研究该策略。

2012 年，Tobias J. Moskowitz 等人发表的文章《 Time series momentum 》，使用了最基本的"趋势跟踪"策略——买入最近上涨的资产，卖空最近下跌的资产。此策略自 1985 年以来，在几乎所有的股票指数期货、债券期货、商品期货以及远期货币上，平均来看，都是盈利的[1]。

当然，30 年的数据不算太长，为了能有更强的说服力，美国著名的对冲基金 AQR，发表了报告《 A Century of Evidence on Trend-Following Investing 》(《趋势投资策略：一个世纪的证据》)，报告中列举了 100 年的数据，证明了"趋势跟踪"策略是有效的，不仅长期来看取得了正收益，而且与各传统大类资产相关性很低，是一种非常好的分散风险的投资方法。

既然上文已从实证的角度说明了"趋势跟踪"策略的有效性，那么此类策略的现实逻辑基础究竟是什么呢？为了回答这个问题，我们可以反过来思考："趋势跟踪"策略无效的理论基础是什么？就是赫赫有名的"弱有效市场假说"。此假说指出，证券的历史价格已经反映了全部的市场信息。历史价格是公开的，所有投资者都可以基于此做出理性的判断，从而形成当前的有效价格。换句话说，当前资产是被完美定价的。

此假说明显不符合事实，投资界的"非理性狂热"和"羊群效应"是明显存在的。也正是这种"非理性"的部分，常常使得证券价格偏离了"实际价值"，也就是被错误定价。由于"非理性"的长期存在，"趋势跟踪"策略也能长期有效。

著名的《黑天鹅》作者，纳西姆·塔勒布其实也是类似策略的践行者。不过他实现的方式不一样，他的交易策略是买入那些远离实际价格的期权，平时亏小钱，希望在大波动来临的时候，一把挣足。实际情况就是，他开办的公司在最初几年，表现平平，略有亏损，结果在"911 事件"的时候，大发横财。这也符合了他的理念，"极端行情比我们想象的要多而且极端"。正是这一认知误差，使得市场长期低估了"大趋势"出现的可能性。这也是"趋势跟踪"策略长期有效的根本原因。

12.2　技术指标

国内的量化 CTA 大部分使用的都是技术指标构建策略。所谓技术指标，就是价格、成交量、持仓量的数学组合。大体上，技术指标可分为三种类型，具体说明如下。

（1）趋势型

顾名思义，趋势型指标可用于描述并捕捉趋势行情，适合趋势跟踪策略，比如，MACD、SAR 等。

（2）超买超卖型（也可以称作"反转型"）

股市价格的涨跌中，也会有反复和振荡，比如，KDJ、RSI 等。超买超卖型与趋势型刚好相反，此类指标可用于描述并捕捉趋势行情的终结，即反转状态，目标是为了识别震荡和短期的头部底部。

[1] 此处参考《Moskowitz, Ooi, and Pedersen》，2012。

（3）能量型

能量型的指标是指从成交量的角度考察价格变动的力量，常用于辅助判断信号的强度，比如 VOL、OBV 等。

12.3 主力合约的换月问题

期货合约是会到期的。若要进行较长历史的回测，使用的数据则是由多个合约拼接而成的，也就是所谓的主力连续合约。使用这种主力连续合约，往往会存在一个问题，就是换月时会产生“假跳空”的问题。由于不同合约经常会存在一个较大的价差，因此表现在连续合约上，就会产生一个大的跳空，这个跳空就是“假跳空”。这种“假跳空”，最大的影响就是技术指标的计算会失真。比如，实际行情明明没有突破，但由于存在“假跳空”的问题，从而出现了突破。举个例子，比如某期货品种，假设换月前两天的收盘价依次为 1020、1000，换月后的价格为 1200、1220。那么由于跳空的问题，就好像价格突然上涨了 200 一样，从而就出现了“假突破”问题，如果不进行复权处理，那么很可能会产生多头信号，然则这个信号其实是错误的。

在进行回测的时候，我们需要处理“假跳空”的问题。为了避免“假跳空”问题带来的误差，一般会采用如下三种方法。

- 使用期货的合成指数来进行回测。
- 对跳空进行复权处理。
- 不使用主力合约，而是使用单独月份的合约来进行分析。

这三种方法的实现成本依次递增，准确性也依次增强。在实际应用中，需要针对自己的具体需求来选择。下面针对这三种方法做一个详细介绍。

1. 使用合成指数进行回测

合成指数，是指对某个品种各个月份的价格，分配权重，计算出一个综合性指数，用于代表该品种的整体走势。计算指数的时候，算法一般都会保证其连续性，不会出现“假跳空”的问题。市面上很多第三方平台都会提供期货的合成指数。这样就可以直接使用指数进行回测，回测结果也就不会受到“假跳空”问题的影响。但这种方法也存在缺点：一是指数不是真实的价格数据，多少会存在一些误差；二是指数的计算公式往往不是透明的，而且各个平台很可能又是不一样的。使用“黑盒”的指数，总是感觉会有些不踏实，这种方法比较适合进行初步的测试。初步回测通过之后，就可以考虑使用更精确的方法来回测了。

2. 对主力连续合约进行复权处理，抹平跳空

复权算法共有好几种，一般包含两个维度。首先，复权可以分为加减复权和乘除复权；其次，可以分为前复权和后复权。这样两两组合，其实就有四种算法了。

为了更清楚地解释复权的概念，这里使用本节开始的例子来进行说明。假设有四天的数据，换月前两天的收盘价依次为 1020、1000，换月后的价格为 1200、1250，这样在换月时候就会有 200 的“假跳空”价差了。

先解释加减复权和乘除复权。所谓加减复权是指对跳空产生的价差进行加减平移。比如说，我们将换月后两天的数据，也就是 1200 和 1250，都减去 200，得到 1000 和 1050。处理后的数据序列就是：1020、1000，1000、1050。加减复权的好处是，直观易理解，价格序列比较“整洁”，不会出现小数点。缺点是收益率会出现偏差，比如处理之前的 1200 到 1250，涨幅是（1250 – 1200）/1200 = 0.042，处理之后涨幅是（1050 – 1000）/1000 = 0.05。为了保证收益率不出现偏差，就需要使用乘除复权了。顾名思义，乘除复权是指在价格的基础上乘上一个因子。比如这里，换月前后，1000 跳空到 1200，相当于是白白乘了 1.2 倍。为了复权，就需要将换月后的数据除以 1.2。这样得到的数据序列就是 1020 和 1000，1200/1.2 = 1000，1250/1.2 = 1041.66。这样就保证了每天收益率不会因为复权而产生偏差，缺点是复权之后的数据就没有那么“整洁”了，出现了小数点。在各大股票软件中，一般使用乘除复权。但其实这两种方法都有自己的用武之地。比如，在高频策略的研究中，由于价差变化非常小，因此加减复权带来的收益率偏差也很小，可以忽略不计，这个时候就可以使用加减复权，来保证数据的整洁性。

3. 不使用主力连续合约，使用单独的实际合约进行回测

这种方法的缺点是，由于大部分指标都需要针对一段时间内的历史数据进行计算，因此这段时间内，是不会有交易信号的，相当于损失了这段时间内的历史数据，所以这种方法比较适合于小周期策略的回测（比如 15 分钟策略），因为小周期策略损失的数据会很少，一般就是两三天，影响并不大。

12.4　用 Python 实现复权

12.3 节中介绍了处理合约换月的几种方法，本节就来介绍如何编写程序完成复权操作。复权方法共有两种：加减复权和乘除复权。下面将讲解这两种复权方法的实现。

12.4.1　加减复权

假设每次换月的时候，换月前的收盘价和换月后的开盘价就是换月导致的“伪跳空”价差。这个假设并不完全准确，但是这样假设比较简便，容易处理。

这样我们就可以得到相应的算法了，具体步骤如下。

1）初始化复权因子为 0。

2）每次换月后，将“伪跳空”累加到复权因子上，算出所有的复权因子。

3）统一将所有的价格都减去复权因子。

在 Pandas 里面，我们可以很方便地用向量化还有对应的函数来实现这个功能，甚至不需要编写循环语句就可以完成。以下是完成加减复权的函数，具体代码如下：

```
def adjust_price_sum(df):
```

```
    """ 加减复权

参数：
        df：原始的 OHLC 数据，列名依次为：date，trade_hiscode，open，high，low，close。
其中，trade_hiscode 代表了合约的代码，因为存在换月的问题，因此这个代码是会变动的

返回值：
        df：进行复权处理后的数据，OHLC 所有的价格数据都要进行复权，并返回对应的复权因子 adj_factor

    """
    # 生成前一天的收盘价，以便于向量化计算复权价格
    df['close_pre']=df.close.shift(1)

    # 判断是否换月
    df['roll_over']=(df.trade_hiscode!=df.trade_hiscode.shift(1)) & (~df.trade_
        hiscode.shift(1).isnull())

    # 初始化复权因子
    df['adj_factor']=0

    # 计算因换月问题导致的复权因子变化
    df.loc[df.roll_over,'adj_factor']=df.loc[df.roll_over,'close_pre']-df.loc[df.
        roll_over,'open']

    # 累积所有复权因子的变化，得到最终的复权因子
    df['adj_factor_cum']=df.adj_factor.cumsum()

    # 对 OHLC 的四个数据都进行复权
    df['open']=df.open + df.adj_factor_cum
    df['high']=df.high + df.adj_factor_cum
    df['low']=df.low + df.adj_factor_cum
    df['close']=df.close + df.adj_factor_cum

    # 删除中间数据
    del df['close_pre']
    del df['roll_over']
    del df['adj_factor']
    del df['adj_factor_cum']

    df=df.dropna()

    return df
```

在以上函数中，我们使用了 Pandas 的 shift 函数完成了今日和昨日的比较和运算，使用 cumsum() 函数完成了复权因子的累加。

12.4.2 乘除复权

乘除复权和加减复权在总体逻辑上是一致的，但是在算法的具体细节上却有所不同。乘除复权的具体算法步骤如下。

1）初始化复权因子为 1。

2）每次换月后，将“伪跳空”累乘到复权因子上，算出所有的复权因子。

3）统一将所有的价格都乘以复权因子。

乘除复权对应的函数代码具体如下：

```
def adjust_price_prod(df):
    """乘除复权

参数：
        df:原始的 OHLC 数据，列名依次为：date, trade_hiscode, open, high, low, close。
其中，trade_hiscode 代表了合约的代码，因为存在换月问题，因此这个代码是会变动的

返回值：
        df:进行复权处理后的数据，OHLC 所有的价格数据都要进行复权

    """

    # 生成前一天的收盘价，以便于向量化计算复权价格
    df['close_pre']=df.close.shift(1)

    # 判断是否换月
    df['roll_over']=(df.trade_hiscode!=df.trade_hiscode.shift(1)) & (~df.trade_
        hiscode.shift(1).isnull())

    # 初始化复权因子
    df['adj_factor']=1

    # 计算因换月问题导致的复权因子变化
    df.loc[df.roll_over,'adj_factor']=df.loc[df.roll_over,'close_pre']/df.loc
        [df.roll_over,'open']

    # 累积所有复权因子的变化，得到最终的复权因子
    df['adj_factor_cum']=df.adj_factor.cumprod()

    # 对 OHLC 的四个数据都进行复权
    df['open']=round(df.open*df.adj_factor_cum,2)
    df['high']=round(df.high*df.adj_factor_cum,2)
    df['low']=round(df.low*df.adj_factor_cum,2)
    df['close']=round(df.close*df.adj_factor_cum,2)

    # 删除中间数据
    del df['close_pre']
    del df['roll_over']
    del df['adj_factor']
    del df['adj_factor_cum']

    df=df.dropna()

    return df
```

处理好合约数据之后，我们就可以开始着手构建交易策略了。在“趋势跟踪”系统中，技术指标是必不可少的。好消息是，技术指标的计算不需要重新造轮子，因为已经有很成熟的库可供我们使用了，比如 ta-lib。ta-lib 本身是基于 C 语言的技术指标库，现在也提供开源的经 Python 包装后的库，那也是比较好用的。

技术指标是技术分析流派的核心组成部件，所以花费较大的篇幅来介绍 ta-lib 将是很值得的。

12.5　安装 ta-lib

Anaconda 预装是没有 ta-lib 的，我们需要手动进行安装。这里使用 conda 来安装，ta-lib 无法直接安装，需要借助 quantopian 来实现。

在文件夹 Anaconda\Scripts\ 下面有一个 conda.exe 文件。我们在这个文件夹下面打开命令行界面，打开方式是在文件夹中按 ctrl+shift+ 鼠标右键，选择“打开命令行窗口”。

运行以下命令：

```
.\conda install -c quantopian ta-lib=0.4.9
```

运行之后，显示结果如图 12-1 所示。然后输入 y，并回车。

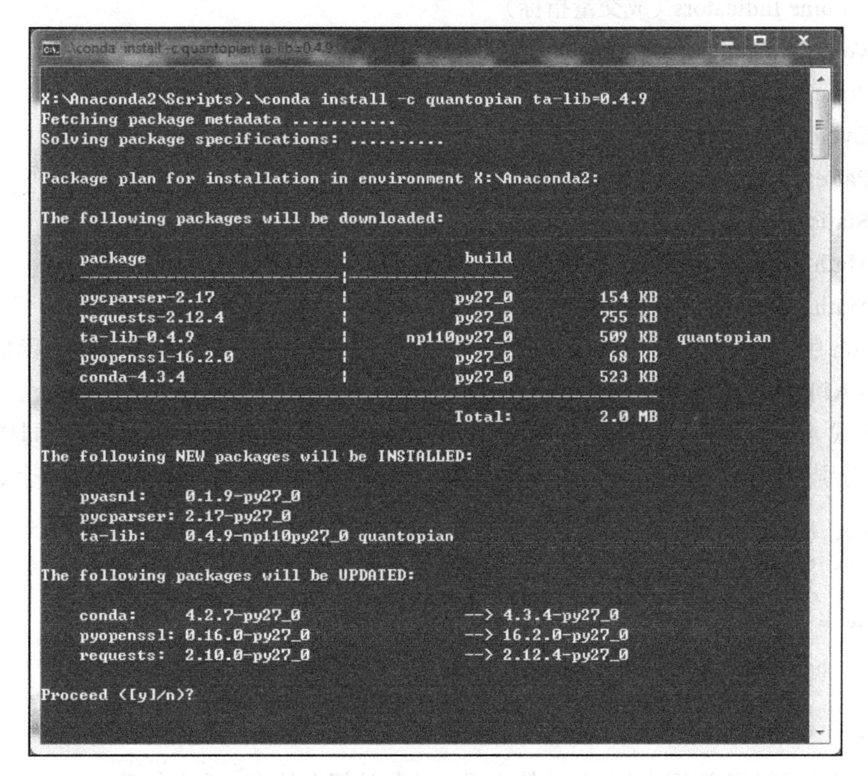

图　12-1

安装完成之后，运行以下测试代码：

```
import talib
import numpy
close = numpy.random.random(100)
output = talib.SMA(close)
```

运行没有问题，说明安装成功了。

12.6 ta-lib的指标和函数介绍

本节将会详细介绍ta-lib的用法和指标函数。

ta-lib本身是由C语言完成的，但ta-lib自己的官网文档却很少，反倒是Python封装项目文档比较详细，这也是我们主要的参考资料。不过，该文档是英文的，下面的指标名称主要以英文为主，同时也带有中文翻译。

ta-lib的函数主要分为10组，具体如下。

- Overlap Studies（可叠加指标）
- Momentum Indicators（动量指标）
- Volume Indicators（成交量指标）
- Volatility Indicators（波动率指标）
- Price Transform（价格变换）
- Cycle Indicators（周期指标）
- Pattern Recognition（模式识别）
- Statistic Functions（统计函数）
- Math Transform（数学变换）
- Math Operators（数学运算符）

Python版中ta-lib的使用语法是比较简单的，有两种方式来计算指标值。函数式API（Function API）和抽象API（Abastract API）。

函数式API提供了一种轻量级的调用方式。函数式API主要输入的是四个同样长度的ndarray，分别是open、high、low和close。比如，我们首先可以通过如下命令生成一个close：

```
import numpy
import talib

close = numpy.random.random(100)
```

然后，调用talib.SMA计算简单的移动平均，代码如下：

```
output = talib.SMA(close)
```

有时候也可以指定不同的均线计算方式，比如计算布林线，命令如下：

```
from talib import MA_Type

upper, middle, lower = talib.BBANDS(close, matype=MA_Type.T3)
```

下面使用参数 matype 来指定使用三重指数平滑均线计算布林线。

同时，也可以使用参数 timeperiods=5 来指定计算周期，示例代码如下：

```
output = talib.MOM(close, timeperiod=5)
```

在调用形态识别函数的时候，需要输入 open、high、low、close 四组数据，示例代码如下：

```
output=CDL2CROWS(open, high, low, close)
```

还有一种是抽象式 API，笔者也尝试过，但感觉不太习惯，就放弃使用了，笔者一直坚持使用函数式 API，因为该方式更清晰易懂。

ta-lib 总共包含了 7 组指标。下面将对比较重要的指标做一个简单的介绍。当然，限于篇幅，无法全部解释，读者可以自行查阅。

12.7 可叠加指标

可叠加指标的名称比较奇怪，笔者估计其所表达的意思是，指标计算出来之后，是可以叠加在 K 线图上观察的，因此称为 overlap，这里将其翻译为“可叠加指标”（Overlap Studies），比较能反映原意。Overlap 指标包含如下指标，其中有很多指标是大家耳熟能详的，比如，Bollinger Bands（布林线）、EMA（指数移动均线）等。

- BBANDS　Bollinger Bands（布林线）
- DEMA　Double Exponential Moving Average（双指数移动均线）
- EMA　Exponential Moving Average（指数移动均线）
- HT_TRENDLINE　Hilbert Transform-Instantaneous Trendline（希尔伯特变换瞬时趋势）
- KAMA　Kaufman Adaptive Moving Average（考夫曼自适应移动均线）
- MA　Moving average（均线）
- MAMA　MESA Adaptive Moving Average（自适应移动平均线）
- MAVP　Moving average with variable period（变周期移动平均线）
- MIDPOINT　MidPoint over period（周期中点）
- MIDPRICE　Midpoint Price over period（价格周期中点）
- SAR　Parabolic SAR（抛物线转向指标）
- SAREXT　Parabolic SAR-Extended（抛物线转向指标——衍生）
- SMA　Simple Moving Average（简单移动平均线）
- T3　Triple Exponential Moving Average（T3）(三重指数均线)

- TEMA　　Triple Exponential Moving Average（三重指数均线）
- TRIMA　　Triangular Moving Average（三角移动平均线）
- WMA　　Weighted Moving Average（移动加权均线）

12.7.1 MA、EMA

Moving Average 称为均线，是最常见的指标，没有之一。均线的计算原理很简单，就是计算从当日到前 *N* 天的平均值，是一种有效的平滑手段。

假设我们有某只股票最近 100 天的收盘价，现在要计算这只股票 20 天的移动平均线。MA 这条移动平均线上共有 81 个点，因为从第 20 天开始才能计算 20 天均值。我们能获得的，是包括今天在内的总共 81 天的 20 天均值。

在 ta-lib 中，这种均线称为 simple moving average（SMA），即简单移动平均线。意思就是计算最简单的平均值。

除了 SMA 之外，还有 EMA，即指数移动平均线。在之前的中心趋势度量中，我们已经介绍了 EMA 的计算公式，这里再做一次简单介绍。

EMA 是利用加权平均的思想，给较近的收盘价以较高的权重，EMA 的计算是一个递归的公式：

$$\mathrm{EMA}_{today} = a * \mathrm{CLOSE}_{today} + (1-a) * \mathrm{EMA}_{yesterday}$$

其中，a 为平滑指数，一般取作 $2/(N+1)$。

将这个公式展开之后，我们可以发现，过去的收盘价会随着时间的推移，其权重呈指数级减少。越靠近现在，其权重越大，这样就可以凸显近期收盘价的重要性。

利用 EMA，我们可以计算 MACD 指标。

MACD 全称为 Moving Average Convergence Divergence，即指数平滑异动均线。MACD 是《系统与预测》(System and Forecasts）的出版人杰拉尔德・阿佩尔发明的。

MACD 由三根线组成，分别是 DIFF 线、DEA 线和 MACD 线。其包含三个参数 SHORT、LONG、M，分别代表不同天数的 EMA，具体计算方法分为如下四步（假设使用标准的 12 天、26 天和 9 天）。

1）计算两根 EMA 线，分别是 EMA(12）和 EMA(26）。

2）计算离差值，算式如下：

$$\mathrm{DIF} = \mathrm{EMA}(12) - \mathrm{EMA}(26)$$

3）计算 DIF 的 9 日 EMA，即 DEA，算式如下：

$$\mathrm{DEA} = \mathrm{EMA}(\mathrm{DIF}, 9)$$

4）计算 MACD 柱状图，算式如下：

$$\mathrm{MACD} = (\mathrm{DIF} - \mathrm{DEA}) \times 2$$

MACD 的应用因人而异，没有一定之规。不过，一般来说有几个常见的应用，具体如下。

- MACD > 0，即柱状图为红的时候，代表涨势；MACD < 0，即柱状图为绿的时候，代表跌势。
- DIF 上穿 DEA，代表向上突破，是买入信号；DIF 下穿 DEA，代表向下突破，是卖出信号。
- 当 MACD 过高的时候，也就是柱状图是红色且很长的时候，代表可能涨太多了，也就是超买，这个时候可能需要卖出。当 MAC 过低的时候，也就是柱状图是绿色且很长的时候，代表可能跌太多了，也就是超卖，这个时候可能需要买入。
- 股价的高点比前一次的高点高，而 MACD 的高点却比前一次的高点低时，称为牛背离；牛背离时，暗示股份很快就会反转下跌。股价的低点比前一次的低点低，而 MACD 指标的低点比前一次的低点高时，称为熊背离；熊背离，暗示股价很快就会上涨。

可以看到，MACD 的计算还是略有些复杂的，如果直接引用 ta-lib 进行计算则会容易很多。

除了 MA、EMA、MACD 这些常见的指标之外，还会有其他比较奇怪的指标，比如 Double Exponential Moving Average（DEMA)，其计算公式如下：

$$DEMA = 2 \times EMA(close) - EMA(EMA(close))$$

在 EMA 的基础上又加了一层 EMA 计算。个人认为，这种过于复杂的公式其意义已经不大了。因为此类指标抓住的特征是一样的，都是价格平滑，发现趋势。过多的数学变换，未必真的会带来很好的效果。很多人做交易的时间久了，直接用均线即可做出判断。

有一点需要注意的是，talib 的 EMA 算法与国内的股票软件的算法是不一样的。大家使用 talib 计算出来的值与国内炒股软件是会有一些区别的。笔者曾研究过两种算法的区别，主要在于初始值不一样。举个例子，国内炒股软件是以第一个数据点为初始值，然后开始递归计算。talib 则以第一个时间窗口计算出来的平均值作为初始值，开始递归计算。所以 talib 计算出来的 EMA，前面会有一段空值。下面举个例子进行说明，示例代码如下：

```
import numpy
import talib
import pandas as pd
close = numpy.random.random(100)
ema = talib.EMA(close,5)
```

生成的数据如图 12-2 所示。

Index	close	ema
0	0.60	nan
1	0.31	nan
2	0.39	nan
3	0.07	nan
4	0.53	0.38
5	0.79	0.51
6	0.87	0.63
7	0.72	0.66
8	0.37	0.56
9	0.11	0.41
10	0.29	0.37
11	0.63	0.46
12	0.86	0.59

图　12-2

可以看到，前面四个值都是空值，第 5 个值，也就是 0.38 是前面 5 个值的平均值。

12.7.2　Bollinger Bands

Bollinger Bands，中文译为布林线，是由约翰 · 布林格先生发明的。其利用统计原理，求出股价的标准差及其信赖区间，从而确定股价的波动范围，其上下限范围不固定，随股价波动率的变化而变化，因此，布林线是自我调整的，波动率大的时候通道就宽，反之则窄。

布林线有三条线，分别是中轨线、上轨线、下轨线。计算公式为：

- 中轨线 = N 日的移动平均线
- 上轨线 = 中轨线 + K 倍的标准差
- 下轨线 = 中轨线 − K 倍的标准差

其中，N 和 K 为参数，可根据股票的特性来做相应的调整，默认为 $N = 20$，$K = 2$。

下面是对布林线的一些说明。

- 价格倾向于待在“通道”的上下限内波动。
- 变动减缓、价格通道收紧（变窄）后，可能会发生激烈的价格变动。
- 如果价格突破了价格通道，则意味着可能会形成一波趋势。
- 刚开始时，顶和底在价格通道内，随后，顶和底移动出了价格通道，意味着趋势要反转。

12.8 动量指标

12.8.1 动量指标简介

动量指标（Momentum Indicators）与“趋势跟踪”的意义是比较接近，都代表涨了之后还会涨，跌了之后还会跌的意思。我们知道，动量指标无论在学术上，还是在业界中，其实都是得到了认可的，所以应用非常广泛。从 ta-lib 中也可以看得出来，动量指标是最多的。

- ADX　Average Directional Movement Index（平均趋向指数）
- ADXR　Average Directional Movement Index Rating（平均趋向指数的趋向指数）
- APO　Absolute Price Oscillator（绝对价格振荡器）
- AROON　Aroon（阿隆指标）
- AROONOSC　Aroon Oscillator（阿隆振荡）
- BOP　Balance Of Power（均势指标）
- CCI　Commodity Channel Index（顺势指标）
- CMO　Chande Momentum Oscillator（钱德动量摆动指标）
- DX　Directional Movement Index（动向指标）
- MACD　Moving Average Convergence/Divergence（指数平滑异动均线）
- MACDEXT　MACD with controllable MA type（具有可控 MA 类型的 MACD）
- MACDFIX　Moving Average Convergence/Divergence Fix 12/26（移动平均收敛 / 发散修正）
- MFI　Money Flow Index（资金流量指标）

- ❑ MINUS_DI　Minus Directional Indicator（降低动向指标）
- ❑ MINUS_DM　Minus Directional Movement（降低动向值）
- ❑ MOM　Momentum（动量）
- ❑ PLUS_DI　Plus Directional Indicator（上升动向指标）
- ❑ PLUS_DM　Plus Directional Movement（上升动向值）
- ❑ PPO　Percentage Price Oscillator（价格震荡百分比指数）
- ❑ ROC　Rate of change :((price/prevPrice) – 1)*100（变动率指标）
- ❑ ROCP　Rate of change Percentage:(price-prevPrice)/prevPrice（变化率百分比）
- ❑ ROCR　Rate of change ratio:(price/prevPrice)(变化率比率）
- ❑ ROCR100　Rate of change ratio 100 scale:(price/prevPrice)*100（变化率 100 比例）
- ❑ RSI　Relative Strength Index（相对强弱指标）
- ❑ STOCH　Stochastic（随机指标）
- ❑ STOCHF　Stochastic Fast（随机快速指标）
- ❑ STOCHRSI　Stochastic Relative Strength Index（随机相对强弱指标）
- ❑ TRIX　1-day Rate-Of-Change(ROC) of a Triple Smooth EMA（三次平滑 EMA 的 1 天变化率）
- ❑ ULTOSC　Ultimate Oscillator（终极震荡指标）
- ❑ WILLR　Williams' %R（威廉指标）

我们可以看到，12.7.1 节提到的 MACD 指标被划入了动量指标这一板块，是因为计算出来的 MACD 值与价格数据不方便在同一个图上显示，也就是不能 overlap，所以被划分到了动量指标这一板块。由于在 12.7.1 节中已经介绍了 MACD 指标，所以这里不再介绍，下面选取其他的指标进行介绍。

12.8.2 相对强弱指标

相对强弱指标（RSI）是一个流行的摆动指标。它首次由威尔士·怀尔德（Welles Wilder）在《期货》杂志上介绍。怀尔德所著的《技术交易系统的新概念》对 RSI 的计算按步骤作了详细介绍与解释。

“相对强弱指标”并不是用于衡量多个证券相对的走势强弱的，而是衡量单个证券自身走势历史上的相对强弱。

RSI 的计算逻辑很简单，在一段时间内，上涨幅度代表多方力量，下跌幅度代表空方力量，RSI 就是 N 天内上涨幅度占总涨跌幅度的百分比。计算公式如下：

$$\text{RSI}=\frac{N\text{日内上涨幅度累计}}{N\text{日内上涨及下跌幅度累计}}\times 100$$

RSI 的波动范围在 0 ～ 100 之间，从 RSI 值的变动范围来看，其具有如下应用。

- ❑ 当 $0<\text{RSI}<20$ 时，极弱，超卖，买入。

- 当 20 < RSI < 50 时，弱势，卖出，持空头。
- 当 50 < RSI < 80 时，强势，买入，持多头。
- 当 80 < RSI < 100 时，极强，超买，卖出。
- 股价一波比一波低，而 RSI 却一波比一波高，股价很容易反转上涨。
- 股价一波比一波高，而 RSI 却一波比一波低，股价很容易反转下跌。

还有一种应用方式是计算两条不同时间窗口的 RSI 线，快速 RSI 和慢速 RSI。两种 RSI 线的应用规则具体如下。

- 快速 RSI 在 20 以下的水平由下往上交叉慢速 RSI，是买入信号。
- 快速 RSI 在 80 以上的水平由上往下交叉慢速 RSI，是卖出信号。

需要注意的是，这些规则都是一般性规则，实际应用中，不要生搬硬套，而是要根据实际情况具体选择或改进。

12.9　成交量指标

成交量指标具体如下。

- AD　　Chaikin A/D Line（累积 / 派发线）
- ADOSC　　Chaikin A/D Oscillator（累积 / 派发线震荡指标）
- OBV　　On Balance Volume（能量潮指标）

其中，OBV 一般译作能量潮指标。OBV 是将成交量与价格变化联系起来的动量指标。该指标是由乔·格兰维尔（Joe Granville）发明的。

OBV 认为上涨的成交量和下跌的成交量应该区分对待。

OBV 的计算方法具体如下。

- 当周期收盘价比前一周期的收盘价高时，其成交量记为正数。
- 当周期收盘价较前一周期的收盘价低时，其成交量记为负数。
- 累计每周期的正或负成交量，即可得 OBV 值。

OBV 分析的基本假设是，OBV 变化领先于价格变化。其理论是通过上升的 OBV 可以看到“聪明钱”流进了证券。一些常见的应用规则具体如下。

- OBV 线下降，股价上升，表示买盘无力，是卖出信号。
- OBV 线上升，股价下降，表示逢低买盘强，是买进信号。
- 投资者使用 OBV 时，注意力应集中在 OBV 的形态上，其具体数值意义不大。

12.10　波动率指标

波动率指标具体如下。

- ATR　　Average True Range（平均真实波幅）

- NATR　Normalized Average True Range（归一化平均真实波幅）
- TRANGE　True Range（真实波幅）

波动率（Volatility Indicators）是价格另一个维度的信息，值得我们重视。在计算布林线的时候，是使用标准差来计算波动率的。但在技术分析中，最常用的波动率指标不是标准差，而是 ATR，也就是平均真实波幅。

ATR 指标是由威尔士·怀尔德在他的《技术交易系统的新概念》一书中提出的，从此，它就成为许多指标和交易系统的组成成分。

一般来说，一段时期内的价格波动可以定义为这段时期内的最高价与最低价之间的差值，但该定义忽略了一个事实：一个时间段到下一个时间段之间价格可能会出现跳跃，从而使得一个时间段内的最低（高）价在前一个时间段的收盘价之上（下）。为了解决这个问题，ATR 定义波动为以下三个值的最大者：最高价减最低价、最高价减前收盘价、最低价减前收盘价。一般取 14 天的数据进行数据平滑操作。

ATR 的计算步骤具体如下。

1）先计算每天的真实波幅 TRANGE，TRANGE 为以下三个值的最大值。

- 今天最高价与今天最低价的差值。
- 昨天收盘价与今天最高价的差值。
- 昨天收盘价与今天最低价的差值。

2）将 TRANGE 求移动平均，得到 ATR 的值。

ta-lib 中同时提供了 TRANGE 和 ATR 的计算函数。

12.11 价格变换

我们知道，一般的股票数据都有开盘价、最高价、最低价和收盘价（open、high、low 和 close），但有时候，我们希望精简价格的信息。比如计算每天的收益率，这样每天就只需要一个价格数据即可，最简单的方法是选取收盘价作为代表，但这样做会丢失不少信息。另外一种方法就是将四种价格进行组合，形成一个新的价格。这就是 ta-lib 里面的价格变换（Price Transform）。

- AVGPRICE　Average Price（均价）

```
real = AVGPRICE(open, high, low, close)
```

这个函数用于对四个价格求平均值。

- MEDPRICE　Median Price（中位数价格）

```
real = MEDPRICE(high, low)
```

这个函数用于对最高价、最低价求平均值。

- TYPPRICE　Typical Price（代表性价格）

```
real = TYPPRICE(high, low, close)
```

这个函数用于对最高价、最低价和收盘价求均值。

❑ WCLPRICE　Weighted Close Price（加权收盘价）

```
real = WCLPRICE(high, low, close)
```

这个函数用于对收盘价给予更高的权重。公式如下：

$$real = \frac{(close \times 2) + high + low}{4}$$

可以看到，这些计算都比较简单，甚至不需要用 ta-lib 提供的函数，自己简单计算就可以得出结果。不过重点是要了解价格变换的思想。有时候，我们不一定非要使用收盘价来研究策略，也可以考虑使用开盘价或者变换后的价格，策略表现上有可能会取得更好的效果。

12.12 Pattern Recognition

形态识别，这一模板的函数功能主要是识别各种技术形态。由于官方文档太少，因此我们无法确切地知道形态的精确定义。

笔者在 investopedia（https://www.investopedia.com）上面查到了大部分形态的定义，但仍有少部分是查不到的。而且 investopedia 上的定义与 ta-lib 上的具体实现可能又不太一样。

比如 3outside 这个形态（如图 12-3 所示），investopedia 的定义如下。

❑ 市场处于下降的趋势中。

❑ 第一根是大阴线。

❑ 第二根是大阳线，而且实体部分将第一根 K 线完全包裹。

❑ 第三根 K 线是阳线，而且收盘价高于第二根 K 线的收盘价。

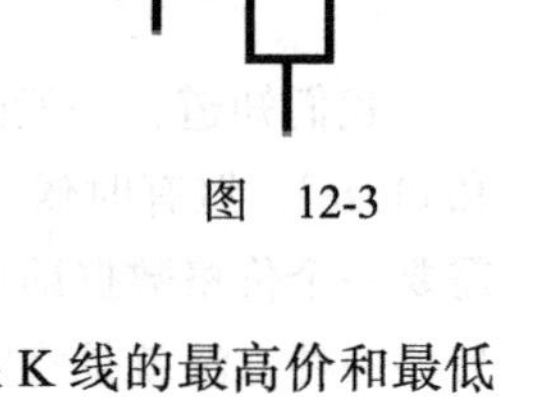

图　12-3

我们看第三点，实体部分将第一根 K 线完全包裹，意思是第一根 K 线的最高价和最低价都处于第二根 K 线的收盘价和开盘价内。但在 ta-lib 中，经观察可以发现实际情况并不是这样的，第二根 K 线只是包裹了第一根 K 线的实体部分，上下影线是不管的。

所以关于 ta-lib 的定义，我们还需要自己观察确认，需要根据绘制 K 线图和识别出来的形态来帮助确认。观察 K 线图和对应的形态标注，再参考网上搜索的定义，我们就能知道形态的确切含义了。

ta-lib 总共提供了 61 种价格形态，但这些形态不一定好用，有的价格形态出现得过于频繁，比如 spinningtop，出现频率非常高，以至于很难算作有效信号。有的价格形态出现的频率又太少，比如 3blackcrows，笔者测试过 30 个期货品种的历史信号，总共只出现过两次，这种形态基本上也就没有什么意义了。

另外，需要注意的是，不能单纯地使用价格形态标注来作为交易信号，因为不同的价格形态含义不一样。比如 spinningtop，按照 investopedia 的解释，该形态标注并没有多空倾向，只是代表了当前价格振荡概率较高。而且有的信号是需要结合具体情况来分析的，比如有的反转信号，前提条件是前面必须是下跌或者上升趋势，ta-lib 在标注形态的时候是不需要考虑之前的趋势情况的。

所以如果简单地拿价格形态来进行回测研究，那么一般是不会取得太好的结果的。我们需要更为细致的研究和观察。

ta-lib 提供的所有的形态标注如下列表所示。

- CDL2CROWS Two Crows（两只乌鸦）
- CDL3BLACKCROWS Three Black Crows Two Crows（三只乌鸦）
- CDL3INSIDE Three Inside Up/Down（三内部上涨 / 下跌）
- CDL3LINESTRIKE Three-Line Strike（三线打击）
- CDL3OUTSIDE Three Outside Up/Down（三外部上涨 / 下跌）
- CDL3STARSINSOUTH Three Stars In The South（南方三星）
- CDL3WHITESOLDIERS Three Advancing White Soldiers（三白兵）
- CDLABANDONEDBABY Abandoned Baby（弃婴）
- CDLADVANCEBLOCK Advance Block（大敌当前）
- CDLBELTHOLD Belt-hold（捉腰带线）
- CDLBREAKAWAY Breakaway（脱离）
- CDLCLOSINGMARUBOZU Closing Marubozu（收盘缺影线）
- CDLCONCEALBABYSWALL Concealing Baby Swallow（藏婴吞没）
- CDLCOUNTERATTACK Counterattack（反击线）
- CDLDARKCLOUDCOVER Dark Cloud Cover（乌云压顶）
- CDLDOJI Doji（十字）
- CDLDOJISTAR Doji Star（十字星）
- CDLDRAGONFLYDOJI Dragonfly Doji（蜻蜓十字）
- CDLENGULFING Engulfing Pattern（吞噬模式）
- CDLEVENINGDOJISTAR Evening Doji Star（十字暮星）
- CDLEVENINGSTAR Evening Star（暮星）
- CDLGAPSIDESIDEWHITE Up/Down-gap side-by-side white lines（向上 / 下跳空并列阳线）
- CDLGRAVESTONEDOJI Gravestone Doji（墓碑十字）
- CDLHAMMER Hammer（锤头）
- CDLHANGINGMAN Hanging Man（上吊线）
- CDLHARAMI Harami Pattern（母子线模式）

- ❑ CDLHARAMICROSS　Harami Cross Pattern（十字孕线模式）
- ❑ CDLHIGHWAVE　High-Wave Candle（风高浪大线）
- ❑ CDLHIKKAKE　Hikkake Pattern（陷阱模式）
- ❑ CDLHIKKAKEMOD　Modified Hikkake Pattern（修正陷阱模式）
- ❑ CDLHOMINGPIGEON　Homing Pigeon（家鸽）
- ❑ CDLIDENTICAL3CROWS　Identical Three Crows（三胞胎乌鸦）
- ❑ CDLINNECK　In-Neck Pattern（颈内线模式）
- ❑ CDLINVERTEDHAMMER　Inverted Hammer（倒锤头）
- ❑ CDLKICKING　Kicking（反冲形态）
- ❑ CDLKICKINGBYLENGTH　Kicking - bull/bear determined by the longer marubozu（由较长缺影线决定的反冲形态）
- ❑ CDLLADDERBOTTOM　Ladder Bottom（梯底）
- ❑ CDLLONGLEGGEDDOJI　Long Legged Doji（长脚十字）
- ❑ CDLLONGLINE　Long Line Candle（长蜡烛）
- ❑ CDLMARUBOZU　Marubozu（光头光脚）
- ❑ CDLMATCHINGLOW　Matching Low（相同低价）
- ❑ CDLMATHOLD　Mat Hold（铺势）
- ❑ CDLMORNINGDOJISTAR　Morning Doji Star（十字晨星）
- ❑ CDLMORNINGSTAR　Morning Star（晨星）
- ❑ CDLONNECK　On-Neck Pattern（颈上线模式）
- ❑ CDLPIERCING　Piercing Pattern（刺透形态模式）
- ❑ CDLRICKSHAWMAN　Rickshaw Man（黄包车夫）
- ❑ CDLRISEFALL3METHODS　Rising/Falling Three Methods（上升 / 下降三法）
- ❑ CDLSEPARATINGLINES　Separating Lines（分离线）
- ❑ CDLSHOOTINGSTAR　Shooting Star（射击之星）
- ❑ CDLSHORTLINE　Short Line Candle（短蜡烛）
- ❑ CDLSPINNINGTOP　Spinning Top（纺锤）
- ❑ CDLSTALLEDPATTERN　Stalled Pattern（停顿形态）
- ❑ CDLSTICKSANDWICH　Stick Sandwich（条形三明治）
- ❑ CDLTAKURI　Takuri（Dragonfly Doji with very long lower shadow）（探水竿）
- ❑ CDLTASUKIGAP　Tasuki Gap（跳空并列阴阳线）
- ❑ CDLTHRUSTING　Thrusting Pattern（插入模式）
- ❑ CDLTRISTAR　Tristar Pattern（三星模式）
- ❑ CDLUNIQUE3RIVER　Unique 3 River（奇特三河床）

- ❑ CDLUPSIDEGAP2CROWS　Upside Gap Two Crows（向上跳空的两只乌鸦）
- ❑ CDLXSIDEGAP3METHODS　Upside/Downside Gap Three Methods（上升 / 下降跳空三法）

另外，ta-lib 还提供了 Statistic Functions、Math Transform、Math Operators 等常用的统计函数，可以计算相关性、回归分析等，但不推荐使用。因为这些函数的功能直接使用成熟的 StatsModels 代替会更稳妥。

12.13 一个简单策略模式

本节将介绍一个简单的策略模式，实际应用中我们可以根据自己的偏好和习惯进行选择和组合。一个合理的 CTA 策略，一般是以“趋势跟踪”为主，以反转指标和能量指标为辅。

为了说明技术指标组合，下面分别选取趋势指标 T、反转指标 R、能量指标 E 进行说明。

我们假设趋势指标为 T，$T+$ 代表趋势指标出现多头信号，比如 5 日均线（MA(5)）上穿 20 日均线（MA(20)）；$T-$ 代表空头信号，比如 MA(5) 下穿 MA(20)。趋势指标是最重要的，一个策略可以没有反转指标、能量指标，但不能没有趋势指标。定义趋势可以有很多种方法，但各种方法其实都大同小异。以下两种方法最为常用。

1）突破。当前价格大于先前 N 期的价格，就视为突破。举个例子，将 N 定义为 10，如果当前价格大于前 10 天的最高价，则认为是向上突破。反之，当前价格小于前 10 天的最低价，则认为是向下突破。

2）移动平均线的穿越。移动平均线简称均线，是一种平滑价格的方法。计算前 N 期（包含当期）收盘价的平均值，就得到了当期的均线值 MA(N)。比如 MA(10)，就是今天与过去 9 天收盘价的平均值。均线可以筛除一些短期波动，突显较长期的趋势，但也因此会让均线的转折点落后于价格本身的转折点。当短期均线上穿长期均线，比如 MA(5) 上穿 MA(10) 时，可以视为一种突破。

假设反转指标为 R，$R+$ 代表反转指标出现多头信号，$R-$ 代表反转指标出现空头信号。反转指标 R 通常与趋势跟踪指标相反，价格越涨，我们越要害怕，怕涨太高会回调；或者跌太狠，会反抽。一个典型的反转指标是 RSI。比如，我们假设 RSI 达到 70 以上，说明出现了超买情况，属于空头信号。RSI 达到 30 以下，说明出现了超卖情况，属于多头信号。

假设能量指标为 E，能量指标通常与成交量结合计算，比如能量潮指标 OBV。OBV 指标的计算方法比较简单，主要是计算累积成交量。

下面以日为计算周期举例说明，其计算公式为：

$$当日\ OBV = 本日值 + 前一日的\ OBV\ 值$$

如果本日收盘价或指数高于前一日收盘价或指数，则本日值为正值；如果本日的收盘价或指数低于前一日的收盘价，则本日值为负值；如果本日值与前一日的收盘价或指数持平，则本日值不参与计算，然后计算累积成交量。E 大于某阈值 m 时，可以作为筛选条件。

综合趋势指标 T、反转指标 R、能量指标 E，我们就有了一个简单的策略套路，具体说明如下。

- 空仓时，若出现 $T+$，则开多仓；若出现 $T-$，则开空仓。
- 当前是多头时，若出现 $T-$，则平多反手开空；若出现 $R-$，则平多不开新仓。
- 当前是空头时，若出现 $T+$，则平空反手开多；若出现 $R+$，则平空不开新仓。
- 所有的信号均可以用能量 E 超过某阈值 m 来辅助，只有当 E 有效时，信号才有效。

这样就可以构建一个简单的策略。当然，在这个策略中，所有的参数，比如均线的周期数、RSI 的信号范围、E 的阈值 m，都可以作为可变的参数。我们也可以对这些参数进行优化，以达到最佳历史效果。

当然，这里只是列举了一个简单的例子，实际中，各种各样的组合非常多。都需要自己去尝试。这里只是提供一个思路和实现框架，供读者参考。

当我们处理好输入的合约数据，并且确定了策略逻辑，就需要对策略进行回测了，第 13 章将会讨论策略回测中的相关问题。

CHAPTER 13

第13章

策略回测

本章主要讨论回测相关的内容，包括两种不同的回测机制，即向量化回测和事件驱动回测；如何灵活使用开源工具来编写自己的回测程序；不同实现方式的优劣对比等。

在我们研究策略的时候，需要知道某个策略的历史表现，这种情况就需要编写回测程序来查看了。编写回测程序有两种模式，一种是向量化回测，一种是事件驱动回测。这两种模式都有其对应的优点和缺点。本章将对这两种模式进行讨论，包括如何自己编写回测程序，如何使用开源框架等。

13.1 回测系统是什么

最基本的回测系统是指，当我们有一组交易规则，需要根据历史数据来获取这组交易规则的业绩表现时，除了给出历史表现之外，有时候还需要优化参数。比如，交易规则设定了一些参数，我们需要知道哪组参数表现最好，这种情况就还需要一个优化系统。更精细一点的，有时候还需要对下单的冲击成本进行模拟，这种情况就还需要一个模拟撮合系统。

这些系统都是回测系统的一部分。可以看到，回测系统想要简单时可以非常简单，想要复杂时也可以非常复杂。具体如何选用、开发，还是要根据自己的需求来决定。

13.2 各种回测系统简介

策略回测是一个非常广泛的需求，市面上有很多商业的或者开源的系统。各种系统数量之多，如何选择也是一个问题。一般来说，开发回测程序有三种方式，具体如下。

- 使用现成的商业软件，这种商业软件提供的编程语言大体包含两类，一类是比较简单的Easy Language，比如Multicharts、Tradeblazer、文华财经等。另一类是稍微复杂的事件驱动型，比如优矿、OpenQuant、quantopian。
- 使用开源的框架进行二次开发，比如zipline、pyalgotrade等。
- 使用任何一门编程语言自行开发，比较流行的有Python、Java、C#、Matlab、R等。

（1）商业软件

使用商业软件，最大的好处是比较省时省力，而且由于有一个专业的公司在维护，系统出 Bug 的概率比较小。缺陷是缺乏灵活性，它们往往只适用于几类策略。对于更为灵活开放的策略往往是没有办法的。有时候，也会有保密性方面的担忧。

（2）开源框架二次开发

使用开源框架进行二次开发，可以兼顾省时省力和灵活性。由于已经有了开发好的大量模块，所以直接进行二次开发，比自己从头开发要容易很多。不过，这只是针对相对复杂的回测系统而言，比如，要实现 tick 级别的下单算法模拟。

（3）自己从头开发

完全自己开发，拥有完全的灵活性。更重要的是，很多策略回测往往并不需要复杂的回测系统，有时候很简单的脚本就能完成回测。

以上三种方法各有优劣，都有自己适合的场景。具体使用哪种方法，并没有一定之规。在实际应用中，这三种方法很可能是交叉应用的。即使在同一家公司之内，由于同事的工作习惯不同，在进行合作研究的时候，也不得不来回切换。

由于本书主要集中于 Python 相关的内容，所以本章主要介绍如何使用 Python 自主开发，以及如何使用开源框架进行二次开发。

13.3　什么是回测

回测是量化投资研究中的一个基本方法。简单定义，回测就是针对历史价格设定的一系列的交易规则，从而得到交易规则的历史业绩表现。

具体地说就是，针对一系列的资产，我们设定一个机制，用来选择，什么时间持有资产，什么时间清空资产。再加上资产本身的历史价格，我们就能计算出这个“交易策略”在历史业绩中的表现，比如，年化收益率、波动率、最大回撤等。

有句话用于描述回测非常合适，“所有的模型都是错的，但有一些是有用的”。我们并不能保证历史回测表现好的模型在将来就一定能赚钱。那么回测的目的又是什么呢？

简单地说就是，回测结果可以让我们过滤很多不好的模型。是否选择上线某个策略，我们需要参考很多信息，历史回测是其中一个非常重要的参考依据。如果历史回测都表现不好，那么我们很难相信这个策略在将来会表现得很好。

总之，回测好的策略不一定赚钱，但回测不好的策略基本上是不可能赚钱的。所以回测对于我们筛选策略，还是有相当大的重要性的。事实上，笔者就见过不少投资经理，在没有实际去回测某个指标的有效性的情况下，依然还是在凭感觉使用。笔者并不认为这是一种理性的方式。当然，这也是有客观原因的，比如，很多投资经理，使用的主观投资方法，完全不会编程，平时又很忙，让他们自行编写程序进行回测，似乎也不可能。这一点也是笔者认为国内基金行业可以提高的一个地方。投资行业中的竞争可以用惨烈来形容，高手间的博弈，你比别人好一点点，积累下来，结果可能就是天差地别。所以既然这块有可以提高的空间，那么为什么不去尝试做呢？

13.4 回测系统的种类

回测系统一般包含三种类型，“for 循环”系统、“向量化”系统、“事件驱动”系统。这三种系统的区别主要在于程序结构逻辑上。下面对这三种方式做一个简单的介绍。

13.4.1 “向量化”系统

“向量化”计算是一种特殊的计算方式，意思是用矩阵运算的方式来进行程序的编写。这种编写方式多见于 Matlab、Python、R 等带有科学计算性质的语言中，最大的好处是速度快。因为在科学计算中，矩阵运算由于频繁使用，所以其是经过专门优化的。比如，对于将两个数组中的元素一一对应相加的操作，使用向量化的方式，比使用迭代循环的方式，两者的速度差距很可能是十倍甚至百倍。

所以“向量化”系统最大的优势就是速度快，特别适合于需要大量优化参数的策略。实际上，最近正火热的“深度学习”，其本质就是各种矩阵运算，如何优化矩阵运算的速度，其实是一个框架需要考虑的非常重要的特性。

“向量化”系统的主要缺陷就是，对于一些复杂的逻辑是无法实现的。比如说，有一类逻辑具有“路径依赖性”，也就是说，当前值的计算需要依赖于前一个值的计算结果。由于向量化计算是同时计算出所有的值，所以这类“路径依赖”的问题是无法用向量化来计算的。对于这种情况，我们不得不使用迭代循环的方式来进行计算。

13.4.2 For 循环回测系统

For 循环回测系统是最直观的回测系统。For 循环系统比较简单直观，所以很多回测使用的都是 For 循环系统。

For 循环系统是指针对每一个数据点进行遍历。比如，对于日线数据，就是循环遍历每一个 OHLC（Open、High、Low、Close）数据。在遍历的时候同时进行计算，比如计算移动均线，然后在此过程中决定是买入还是卖出某资产。一般是以当天的收盘价或者第二天的开盘价作为买入或者卖出价。当然，有时候为了止损止盈，也需要使用不同的价格。

For 循环系统的优势具体总结如下。

- For 循环系统最符合人类交易的直觉，简单直观，易于实现。任何语言都可以用来快速地实现一个 For 循环系统，所以 For 循环系统非常常见。
- For 循环系统可以解决“路径依赖”的问题，因为我们是依次迭代每一个数据点，这样在计算当前数据点的时候，前面的结果都已经计算好了，可以直接使用。

For循环系统的劣势具体总结如下。

- 相对于向量化系统，速度比较慢。比如，在Python中使用Pandas进行迭代循环，就会比较慢。或者在Matlab中使用循环，也会非常的慢。如果数据量比较小，则速度慢是没关系的。但是很多回测数据量其实是比较大的，比如回测2000支股票数据，这种情况下，速度就非常重要了。
- 比较容易出现前视偏差。比如，我们在编写策略逻辑的时候，经常会使用索引值来调用不同的数据点，比如使用 $i-1$ 来调用前一个数据点。这个时候可能会出现失误，调用了 $i+1$ 的值。而这个值在回测中应该是未知的，这样就出现了前视偏差。
- For循环只能用于测试，而不能用于实盘，这样回测和实盘就分别拥有两套代码了。同时维护两套代码，可能会出现逻辑不一致的问题。

13.4.3　事件驱动系统

事件驱动系统会尽可能地模拟真实的交易机制，是一种结构更为复杂的系统。在事件驱动系统中，交易相关的所有行为都是由事件触发的。比如，当前K线结束了，我们需要做什么？发出委托之后，我们需要做什么？委托成交之后，我们需要做什么？事件驱动系统详尽地定义了交易中可能发生的每一个相关事件，并用函数的形式来指定发生对应事件后所应采取的行动。

事件驱动系统具有很多优势，具体如下。

- 避免“前视偏差”。因为在事件驱动系统中，所有的数据只有等事件发生之后（比如下一根K线开始了），才会看得到这个数据，并采取相应的行动。这样就完全避免了不小心使用未来函数。
- 代码复用。很多事件驱动系统其本身就带有实盘交易模块。这样，回测程序就可以直接用于实盘交易中了。回测和实盘交易使用的是同一套代码，非常便于维护。
- 可以最大程度地模拟真实交易，甚至包括下单的冲击成本都可以模拟。

事件驱动系统虽然具有很多优势，是非常完善的系统，但其也有如下缺点。

- 实现困难。事件驱动系统是一个比较复杂的系统，需要进行精心的设计和调试，也就是说，需要花费大量的精力在该系统上。对于一个IT开发人员来说，这个问题可能并不算困难。但对于很多策略研发者、投资经理来说，自己开发则几乎是不可能的任务。当然，好消息是现在有很多开源框架可以使用，但即使是开源框架，想要入手用起来也有一定的学习曲线。
- 实现策略逻辑复杂。事件驱动系统中，有大量的事件对应的行动需要自行定义，这会让编程变得比较复杂，对于很多简单的策略来讲，有点杀鸡用牛刀的感觉。
- 速度很慢。事件驱动的特点就决定了它的运行速度不会很快。在有大量参数需要优化的时候，事件驱动系统就会变得非常难用。

总的来说，并没有哪一种方法可以包打天下，都要具体问题具体分析。比如，策略逻辑很简单，但需要优化的参数很多，这种情况就适合使用向量化系统。若策略无法向量化实现，但又想快速进行验证，这种情况就比较适合采用For循环系统。策略参数已经确定，若想比较真实地进行模拟，这种情况就适合使用事件驱动系统。

所以理想情况下，这三种系统最好都要会使用。

13.5 回测的陷阱

在回测的时候，会遇到很多陷阱，让回测结果出现偏差。其实很多陷阱都是可以避免的。比较常见的陷阱一般包含以下几种情况。

- 样本内回测。如果我们使用同样的样本数据去训练模型（参数优化）并得到测试结果，那么这个测试结果一定是被夸大的。因为这里的训练是纯粹针对已知的数据进行训练，并没有对未知的数据进行测试。所以在实盘的时候，表现会差得很远。这是一种过度拟合的形式。
- 幸存者偏差。比如将市面上的对冲基金业绩表现做一个综合性指数，这个指数其实并不能代表对冲基金的真实业绩，因为业绩很差的那些基金都已经不存在了。在编制指数的时候，如果不对这种情况加以考虑，就会产生很大的偏差，因为最差的那一部分并没考虑进来。
- 前视偏差。在进行回测的时候，有时候我们会不小心使用未来的数据（又称为“未来函数”）。举个例子，假设我们使用线性回归，计算了某段时间内价格的斜率，如果在这段时间内，我们又用到了这个斜率，那么这就是使用了未来数据。有时候，如果历史回测表现得非常好，甚至是惊艳，那么就需要注意了，这很有可能是因为使用了未来数据。
- 交易成本。交易成本在回测中其实非常重要。假如我们将交易成本设为0，那么在训练模型的时候，筛选出来的模型往往都是交易频率非常高的模型。这些交易频率非常高的模型在0成本的时候表现非常好。但是一旦加入了交易成本，这些模型就会一落千丈。所以在回测的时候，一定要加入合理估计的交易成本。
- 市场结构转变。在进行长时间的回测的时候，经常会忽视这个问题。比如，国内的期货品种，有的品种有夜盘交易，夜盘交易的时间还变化过好几次。在进行回测的时候，如果不能对应地做出合理的调整，那么也会出现一定的问题。

13.6 回测中的其他考量

对于回测，其实还有很多细节和问题需要考虑，具体如下。

- 数据的准确性。获取数据有很多种来源。没有人能打包票，百分之百地确定数据一定是准确的。但是我们应该在一定的成本范围内，尽量保证数据的准确性。所以最开始的数据清洗工作就显得异常重要了。当然，会有很多供应商号称自己提供的数据是经过认真清洗的，但我们不能完全信任他们。毕竟承担投资决策结果的是投资者，而不是他们。

- 流动性限制。在回测的时候，我们很容易假设能买到所有的股票，但实际上，很多股票因为流动性的原因，其实是买不到的。或者即使买到了，冲击成本也远高于正常的成本。比如，有的股票一天的交易量就只有 100 手，那么肯定就没办法买到 200 手。再比如，有的股票一开盘就涨停，这种情况下我们也买不到。
- 选取合理的比较基准。
- 稳定性。对于一个策略，我们希望它的表现越稳定越好，这就是所谓的稳定性。稳定性有两个衡量维度，一是时间上的稳定性，二是参数上的稳定性。时间上的稳定性，是指策略对于一个特定的周期，在不同的时间段，表现相对稳定，不会出现某段时间大赚，另外一段时间大亏的情况。不稳定的策略，在实际中几乎不可能坚持应用。比如，一个策略在回测中，今年收益 50%，明年倒亏 30%，试想在实盘中，如果亏损了 30%，那么谁还敢坚持使用？而且，回测稳定的策略有助于我们判断策略是否失效，一个每个月都赚钱的策略，突然连续几个月不赚钱了，那很有可能就是失效了，这个时候就需要我们再次进行研究，是策略暂时性的失效，还是市场结构本身发生了变化而导致的失效。参数上的稳定性，是指策略的表现不会随着参数的微小变化而大起大落。一般来说，策略都会有与其对应的参数（无参数策略也有，但是比较少见），当我们针对历史优化出一套参数之后，我们希望这套参数是比较可靠的。一个评价标准就是这套参数邻近的参数表现都比较好。如果一个参数的微小变化就会导致策略表现大幅下降，则说明参数的稳定性不够，这套参数是不可靠的。比如，我们得到的最优参数是（2，6，20），如果参数（2，5，19）表现突然变差，那就说明（2，6，20）不是一组好参数。换句话说，我们实际上是要找到“一块”优秀的参数区域，然后再在其中挑选对应的参数。
- 心理因素。心理因素在回测的时候常常会被忽略。虽然量化交易是比较系统的交易方法，但也要把心理因素考虑进来。比如，能接受的胜率、最大回撤分别是多少？实盘中，胜率太低，或者回撤太大，都可能导致投资者自我怀疑，从而不得不放弃策略，甚至开始手动操作。
- 交叉验证。我们在进行回测的时候，为了确保策略的稳定性，需要进行交叉验证。交叉验证一般可以在两种维度上展开，一是在不同的品种上进行交叉验证，二是在不同的时间周期和时间段上进行交叉验证。

13.7 回测系统概览

本节将要讨论市面上现有的编程语言以及回测平台，包括商业系统和开源系统两个方面的。

如果想要自己开发回测系统，那么第一个问题就是，应选择什么样的编程语言？

最常用编程语言有 Python、Matlab、R、Java、C# 等。目前国内的情况是，使用 Matlab 的人数最多，但使用 Python 的人数增长最快。

如果在最大的开源平台 GitHub 上搜索 backtesting，那么搜索出来的项目中，Python 的数量将是最多的，并且远远超过第二名 R 的项目。

13.8　使用 Python 搭建回测系统

在前面的讨论中，我们知道编写回测系统有三种方式，分别是向量化系统、For 循环系统、事件驱动系统。使用 Python 语言，可以很方便地实现这三种系统。

其中，向量化系统和 For 循环系统，其实自己从头开始写，也是可以的，并不算很复杂，而且具有充分的灵活性。对于临时性的策略验证，笔者是比较推荐自己写脚本的。

而对于事件驱动系统，不建议自己从头开始写，因为这会涉及整体的系统架构设计问题，这个领域其实是比较专业的 IT 人士才能胜任的。如果只是投资经理或者研究员，那么花这个力气其实是没必要的。

这里我们将依次讨论如何搭建这三种回测系统，使用的是比较简单的双均线突破策略。策略的核心就是趋势跟踪，也就是说，当短期均线高于长期均线的时候，则认为是多头趋势，这个时候持多仓。当短期均线低于长期均线的时候，则认为是空头趋势，这个时候持空仓。

策略的具体逻辑如下所示。

- 计算两根移动均线 *ma*1、*ma*2，周期分别是 len1、*len*2，其中 $len1 < len2$。
- 当均线 *ma*1 上穿 *ma*2 的时候，平掉空头仓位（如果有），买入做多。
- 当均线 *ma*1 下穿 *ma*2 的时候，平掉多头仓位（如果有），卖出做空。

这是一个很简单的策略，不太可能真的赚钱。不过，这里只是为了演示如何编写回测程序，而不是试图介绍如何研究赚钱的策略，这是两码事。

13.8.1　Python 向量化回测

说是“系统”，倒不如说是脚本，因为能使用向量化计算的策略，逻辑一般都比较简单。这种策略使用的是向量化的计算，需要编写的代码并不多。

不过市面上仍然有向量化的回测框架，这些框架一般会提供很多其他的功能。本节将要讨论如何从头编写一个回测程序。同时，也会简单介绍一些开源的向量化回测项目。

首先，我们先用最容易理解的方式，即使用 Pandas 的 DataFrame 来实现这个双均线回测。

要计算策略的表现，最重要的是算出每天的持仓情况，根据持仓情况再计算每天的盈亏。从策略逻辑上，我们可以知道，只要 $ma1 > ma2$，那么就是持有多仓，只要 $ma1 <$

*ma*2，那么就是持有空仓。这样的话，程序的逻辑就会比较简单。我们可以直接使用向量化的计算方法得到仓位值。

假设我们有一个100天的OHLC数据df，保存在DataFram中。前五行的数据如图13-1所示。

```
df.head()
```

	date	open	high	low	close
0	2014-08-08	8.068	8.101	8.017	8.051
1	2014-08-11	8.076	8.211	8.076	8.186
2	2014-08-12	8.177	8.186	8.101	8.135
3	2014-08-13	8.135	8.169	8.042	8.110
4	2014-08-14	8.127	8.169	8.085	8.101

图　13-1

我们使用talib来计算移动均线，也就是SMA（Simple Moving Average），代码如下：

```
import talib as ta

# 两条均线的参数
L1=3
L2=7

# 使用talib计算移动均线
df['ma1']=ta.SMA(df.close.values,timeperiod=L1)
df['ma2']=ta.SMA(df.close.values,timeperiod=L2)
```

根据移动均线ma1、ma2来计算趋势值，用0代表没有趋势，1代表多头趋势，–1代表空头趋势，计算趋势代码如下：

```
# 计算趋势，0代表没有趋势，1代表多头趋势，-1代表空头趋势
df['trend']=0
df.loc[con_long,'trend']=1
df.loc[con_short,'trend']=-1
```

现在可以直接计算每天收盘后的仓位了。这里假设出信号后，第二天开盘再交易，因为出信号的时候，已经收盘了，这个时候是无法交易的，所以仓位要比趋势滞后一天。计算仓位代码如下：

```
# 假设出现信号后，第二天开盘进行交易，每次开仓1手（即100股）
df['pos']=100*df['trend'].shift(1)
```

现在可以通过仓位来计算每天的盈亏了。这里有一点需要注意的是，今天新开的仓位，与从昨天继承的旧仓位，盈亏是不一样的。因为今天的新仓位是以开盘价为起点，收盘价为终点，所以盈亏是当天的收盘价减开盘价。而从昨天继承的旧仓位，是以昨天的收盘价为起点，以今天的收盘价为终点，所以盈亏是今天的收盘价减去昨天的开盘价。所以这两种情况应分开来计算盈亏，计算盈亏代码如下：

```
# 计算旧仓位和新仓位
df['new_pos']=df['pos']-df['pos'].shift(1)
df['old_pos']=df['pos']-df['new_pos']
```

假设我们都能以开盘价成交，即开仓价就是开盘价open，代码如下：

```
# 把开盘价作为交易价格
df['entry_p']=df['open']
```

分别计算两种仓位的盈亏值，代码如下：

```
# 计算旧仓位的盈利和新仓位的盈利
df['p&l_new']=(df['close']-df['entry_p'])*df['new_pos']
df['p&l_old']=(df['close']-df['close'].shift(1))*df['old_pos']

# 每日盈亏由两部分组成
df['p&l']=df['p&l_new']+df['p&l_old']
```

将每日的盈亏累加在一起，再加上初始资本，就可以得到资本曲线（如图 13-2 所示），代码如下：

```
# 计算累计盈亏
df['p&l_cum']=df['p&l'].cumsum()

# 计算净值曲线，假设初始资金是1000
ini_cap=1000
df['capital']=df['p&l_cum']+ini_cap
df['net_value']=df['capital']/ini_cap

# 绘制净值曲线
df=df.set_index('date')
df.plot(figsize=(12,6),y=['net_value'])
```

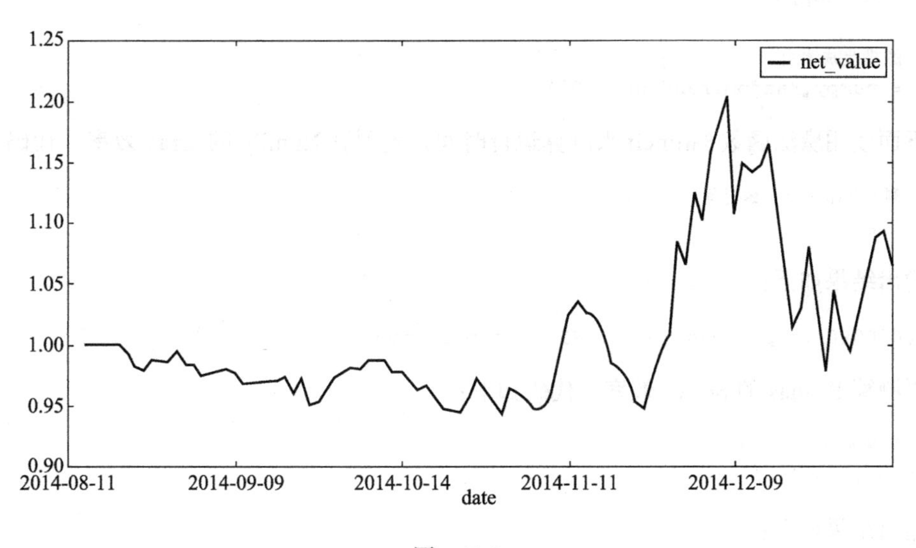

图 13-2

通过这个例子，我们可以看到，回测其实就是从策略逻辑开始，逐步求出策略的表现。策略表现有很多种形式，比如每日盈亏、累计盈亏、净值曲线等。在实际应用中，我们不一定需要求出每一个统计值，往往只需要求出最需要的那个统计值就可以了。比如，笔者就经常只求到每日盈亏，就直接计算夏普比率，这样不用考虑初始资金，可以充分简化问题。这也是自己写回测的最大好处，方便又灵活。

13.8.2 Python For 循环回测

诚然，如果能使用向量化的方法，就尽量使用向量化的方法，因为向量化的方法代码简洁，而且效率很高。不过，仍然有很多逻辑是向量化方法无法实现的。遇到这种情况，我们就不得不使用 For 循环的方法。不过值得注意的是，在 Pandas 中，For 循环的效率是比较低的，比如，对 DataFrame 或者 Series 进行循环操作，For 循环的效率都比较低。所以碰到循环的时候，最好先转化成 NumPy 里的数据结构，再进行循环。为了让大家对效率有一个直观的感受，这里我们做一个小实验，来测一下速度差异。

首先，生成两个同样大小的数组，一个是 NumPy 的 array，一个是 Pandas 里的 Series，代码如下：

```
import numpy as np
import pandas as pd

# 生成 ndarray
a = np.arange(100)

# 生成 Series
s = pd.Series(a)

# 随机生成索引
i = numpy.random.randint(0,99)
```

下面使用魔法函数 %timeit 来测算运行时间，先测算 NumPy 的 array 效率，代码如下：

```
# 测算 ndarray 的时间
%timeit a[i]
```

输出结果如下：

```
10000000 loops, best of 3: 92.7 ns per loop
```

再测算 Pandas 的 Series 效率，代码如下：

```
# 测算 Seried 的效率
%timeit s[i]
```

输出结果如下：

```
100000 loops, best of 3: 8.36 us per loop
```

可以看到，Series 所花的时间是 ndarray 的 100 倍左右，可以说差距是非常的大了。由于篇幅有限，这里不会对其中的原理进行分析，感兴趣的朋友可以自行搜索关于 Python 性能优化的内容。

总之，我们知道了 ndarray 在循环上具有非常大的效率优势，所以这里使用 ndarray 来编写 For 循环的策略。

获取测试数据，代码如下：

```
import tushare as ts

# 使用 tushare 获取数据
df_in=ts.get_k_data('600000')

df=df_in[['date','open','high','low','close']].copy()

df=df.iloc[0:100,:]

df.head()
```

测试数据如图 13-3 所示。

	date	open	high	low	close
0	2014-08-20	6.222	6.222	6.171	6.177
1	2014-08-21	6.177	6.183	6.043	6.087
2	2014-08-22	6.087	6.139	6.068	6.113
3	2014-08-25	6.100	6.107	6.036	6.049
4	2014-08-26	6.043	6.087	6.030	6.062

图 13-3

初始化相关的变量，在这里，我们对每一个变量，都使用一个单独的 ndarray，比如 pos 就代表了总的仓位，代码如下：

```
open = df.open.values
high = df.high.values
low = df.low.values
close = df.close.values

# 总的样本数量
n=len(close)

# 两条均线的参数
L1=3
L2=7

# 使用 talib 计算移动均线
ma1=ta.SMA(df.close.values,timeperiod=L1)
ma2=ta.SMA(df.close.values,timeperiod=L2)

# 计算趋势
con_long=ma1>ma2
con_short=ma1<ma2

trend=np.zeros(n)

trend[con_long]=1
trend[con_short]=-1

# 仓位变化，比如从 -1 到 1，变化为 2
sig=np.zeros(n)
```

```
# 当前总仓位
pos=np.zeros(n)

# 新仓位的开仓价
pce=np.zeros(n)

# 保存交易信息
trade_info=["" for i in range(n)]

# 每次开仓一手
new_pos=1
```

策略逻辑如下，在这里，我们首先定义了目标仓位，然后基于目标仓位计算了仓位变化（新的仓位），假设这里是使用开盘价作为交易价格，同时还记录了交易的 log 信息，以便于理解策略逻辑和进行调试。

```
for i in range(L2,n):

    # 正常情况下，仓位保持不变
    pos[i]=pos[i-1]

    # 昨天收盘，新出现多头趋势，开盘就开多头仓（如果有空头仓，则先平空头仓）
    if trend[i-1]>0 and pos[i-1]<=0:

        # 目标仓位
        pos[i]=new_pos

        # 计算仓位变化
        sig[i]=new_pos-pos[i-1]

        # 记录交易价格
        pce[i]=open[i]

        # 记录交易 log 信息
        trade_info[i]=u'long at %s' %(pce[i])

    # 昨天收盘，新出现空头趋势，开盘就开空头仓（如果有多头仓，则先平多头仓）
    elif trend[i-1]<0 and pos[i-1]>=0:

        # 目标仓位
        pos[i]=-new_pos

        # 计算仓位变化
        sig[i]=-new_pos-pos[i-1]

        # 记录交易价格
        pce[i]=open[i]

        # 记录交易 log 信息
        trade_info[i]=u'short at %s' %(pce[i])
```

当然，最终我们还是要将结果转化成DataFrame，以便于进行最后的处理和观察。

```
df=pd.DataFrame({
'open':open,'high':high,'low':low,'close':close,
        'ma1':ma1, 'ma2':ma2,'trend':trend,'sig':sig,
        'pce':pce,'pos':pos,'trade_info':trade_info
},
columns=['open','high','low','close','ma1','ma2',
         'trend','sig','pos','pce', 'trade_info'])


df['new_pos']=df['pos']-df['pos'].shift(1)
df['old_pos']=df['pos']-df['new_pos']

df['p&l_new']=(df['close']-df['pce'])*df['new_pos']
df['p&l_old']=(df['close']-df['close'].shift(1))*df['old_pos']

df['p&l']=df['p&l_new']+df['p&l_old']

del df['new_pos']
del df['old_pos']
del df['p&l_new']
del df['p&l_old']

df=df.dropna()
```

下面我们来看一下df的值，如图13-4所示。

```
df.head()
```

	open	high	low	close	ma1	ma2	trend	sig	pos	pce	trade_info	p&l
6	6.055	6.055	5.998	5.998	6.038333	6.077286	-1.0	0.0	0.0	0.000		0.000
7	6.023	6.075	5.998	6.068	6.040333	6.061714	-1.0	-1.0	-1.0	6.023	short at 6.023	-0.045
8	6.081	6.100	6.049	6.081	6.049000	6.060857	-1.0	0.0	-1.0	0.000		-0.013
9	6.094	6.171	6.062	6.151	6.100000	6.066286	1.0	0.0	-1.0	0.000		-0.070
10	6.171	6.241	6.164	6.203	6.145000	6.088286	1.0	2.0	1.0	6.171	long at 6.171	0.012

图 13-4

13.8.3 PyAlgoTrade简介

本节将简单介绍一下开源的事件驱动系统PyAlgoTrade的使用。这里使用的是PyAlgoTrade 0.18版本。Anaconda并没有自带PyAlgoTrade，所以读者需要自行下载安装，这里不再介绍。需要特别注意的是，PyAlgoTrade注明了使用的是Python2.7的版本，所以需要使用Python2.7版本来运行PyAlgoTrade。

首先是数据问题，PyAlgoTrade是将数据封装在其提供的feed类中，读取数据的方式是读取 csv 文件，支持多种格式，比如从 Yahoo Finance、Google Finance、Quandl、Ninja 等网站下载下来的 csv 数据。

可以看到 PyAlgoTrade 支持的都是国外的网站，不是很符合国内的使用习惯。所以我们需要将数据转化一下，转化成 PyAlgoTrade 能够读取的数据格式。下面这段代码就是将 TuShare 上的数据转化为 Yahoo 的数据格式。其中，我们假设 Adj Close，即调整后的 Close 数据，就是当前的 Close 数据，不再进行调整。

```
def get_data_tushare(code):
    """ 基于tushare获取股票数据
        参数:
            code: 股票代码
    """

    df=ts.get_k_data(code)

    df=df[['date','open','high','low','close','volume']]

    df['Adj Close']=df['close']

    df.columns=['Date','Open','High','Low','Close','Volume','Adj Close']

    df.to_csv(code+'.csv',index=False)
```

这里我们用一个最简单的例子来说明如何使用 PyAlgoTrade 编写一个回测程序。策略的逻辑是计算 *N* 天的移动平均线，如果收盘价上穿移动平均线，就开多仓，如果收盘价下穿移动平均线就平仓。

首先，导入需要使用的模块，这些模块在后续都会使用到，代码如下：

```
import tushare as ts
from pyalgotrade import strategy
from pyalgotrade.barfeed import yahoofeed
from pyalgotrade.technical import ma
from pyalgotrade.technical import cross
from pyalgotrade import plotter
from pyalgotrade.tools import yahoofinance
from pyalgotrade.stratanalyzer import sharpe
```

一个回测策略就是一个类。以下是回测类的代码：

```
class MACross(strategy.BacktestingStrategy):
    def __init__(self, feed, instrument, length):
        super(MACross, self).__init__(feed)
        self.__instrument = instrument
        self.__position = None

        # 使用复权后的数据作为价格输入
        self.setUseAdjustedValues(True)
```

```
        self.__prices = feed[instrument].getPriceDataSeries()
        self.__sma = ma.SMA(self.__prices, length)

    def getSMA(self):

        return self.__sma

    def onEnterOk(self, position):
        execInfo = position.getEntryOrder().getExecutionInfo()
        self.info("BUY at $%.2f" % (execInfo.getPrice()))

    def onEnterCanceled(self, position):
        self.__position = None

    def onExitOk(self, position):

        execInfo = position.getExitOrder().getExecutionInfo()
        self.info("SELL at $%.2f" % (execInfo.getPrice()))
        self.__position = None

    def onBars(self, bars):

        bar = bars[self.__instrument]

        # 当前没有仓位，检查是否要开仓
        if self.__position is None:
            if cross.cross_above(self.__prices, self.__sma) > 0:

                shares = int(self.getBroker().getCash() * 0.9 / bar.getPrice())

                self.__position = self.enterLong(self.__instrument, shares, True)

        # 检查是否要平仓
        elif not self.__position.exitActive() and cross.cross_below(self.__prices,
            self.__sma) > 0:
            self.__position.exitMarket()
```

PyAlgoTrade 是事件驱动的回测系统。初始化函数 __init__ 计算了需要使用的移动平均线 __sma。每一根 K 线都会调用一次 onBars() 函数，每次都会判断 close 价是否上穿移动平均线，如果上穿，则开多仓。onEnterOk 函数在开仓成功之后调用，onExitOk 在平仓成功之后调用。这里我们在这两个函数中输出开平仓信息，就可以看到每次开平仓的具体信息。

策略类写好之后，还需要生成，运行策略，并查看结果。下面我们在主函数中完成这一步，具体代码如下：

```
def main(plot):

    code='600000'

    get_data_tushare(code)
```

```
feed = yahoofeed.Feed()
feed.addBarsFromCSV(code, "600000.csv")

strat = MACross(feed, code, 20)
sharpeRatioAnalyzer = sharpe.SharpeRatio()
strat.attachAnalyzer(sharpeRatioAnalyzer)


if plot:
    plt = plotter.StrategyPlotter(strat, True, False, True)
    plt.getInstrumentSubplot(code).addDataSeries("sma", strat.getSMA())

strat.run()
print "Sharpe ratio: %.2f" % sharpeRatioAnalyzer.getSharpeRatio(0.05)
print "Final portfolio value: %.2f" % strat.getBroker().getEquity()

if plot:
    plt.plot()
```

在这里主要完成如下三步，使用 TuShare 生成需要的 csv 数据，使用 csv 数据生成 feed 对象作为数据流输入，生成策略对象 strat。运行策略，输出结果（如图 13-5 所示），同时也绘制了策略相关的图（如图 13-6 所示）。

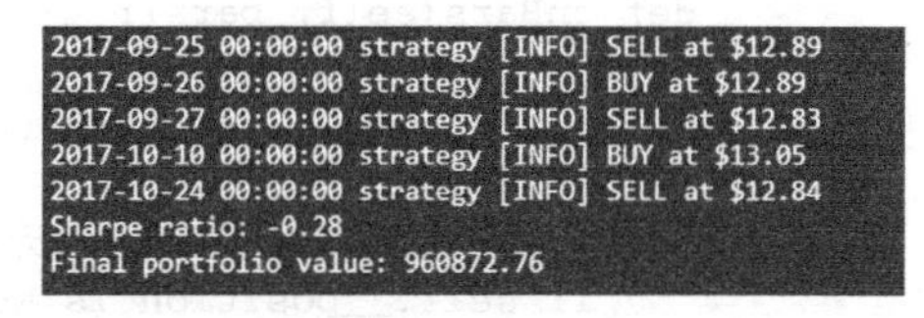

图 13-5

绘制的图，包括了收盘价、移动均线以及资产曲线。

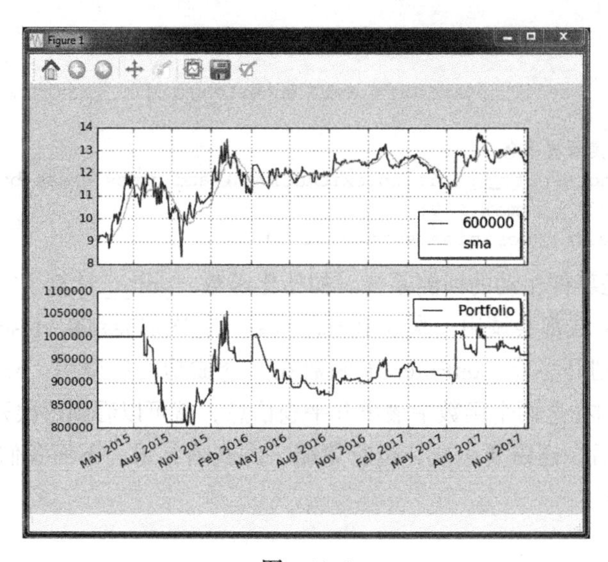

图 13-6

PyAlgoTrade 还提供了并行优化参数的功能。具体操作请参考官方文档。

CHAPTER 14

第 14 章

多因子风险模型

自从股票市场产生以来，大量的学者、业界人员都在研究股票的价格波动究竟是由什么决定的。一个明显的事实是，股票的价格波动一定是由多种因素决定的，比如大盘因素、市值因素和行业因素。对于大盘因素，股票的波动是会受大盘影响的。对于市值因素，不同市值的股票，波动率也会有较大的区别。对于行业因素，不同行业的股票，波动率往往也会有较大区别。

所谓多因子策略，就是要发掘诸如此类的因素（因子），确定这些因子对股价波动确实有影响，然后以一种合理的方式组合起来，形成模型，用于支持投资操作。

股价波动对应着股票的风险，所以多因子模型中的因子，往往又被称作风险因子，即这些因子共同解释了股票的风险。

本章将从最简单的风险定义开始，逐步展开介绍多因子风险模型。

14.1 风险定义

根据前面介绍的金融基本概念可知，风险可以简单定义为收益的标准差。我们可以通过计算历史收益率的标准差来获得股票的风险估计。假设一个投资组合的收益率为 R_p，那么投资组合的风险 $\sigma_P = \text{Std}(R_p)$。

按照这个定义，我们可以证明，假设投资组合中有 N 支股票，而且这些股票是完全不相关的，每支股票本身的风险都是 σ，那么投资组合的风险为：

$$\sigma_P = \frac{\sigma}{\sqrt{N}}$$

由此可见，在投资组合中引入不相关的股票，可以降低投资组合的风险。当然实际情况中，股票不太可能完全不相关。所以我们将模型推广一下，假设所有股票的相关性都为 ρ，那么可以证明，投资组合的风险为：

$$\sigma_P = \sigma\sqrt{\frac{1+\rho(N-1)}{N}}$$

这种计算风险的方法是由马科维茨提出的。在该模型下，分散投资是可以降低风险的。然而，有些风险，无论怎么分散，都没有办法消除，因为所有股票都倾向于随着大盘的涨跌而涨跌。这种市场性的风险称为系统性风险。在马科维茨的模型中，这种系统性风险并没有体现出来。

14.2 资本资产定价模型

为了体现系统性风险，夏普等学者提出了资本资产定价模型（Capital Asset Pricing Model），简称 CAPM。CAPM 体现了预期收益和市场风险之间的关系。公式如下：

$$E(r_i)=r_f+\beta_i E(r_m-r_f)$$

其中各项参数说明如下。

- $E(r_i)$ 是资产 i 的预期收益率。
- r_f 是无风险利率。
- r_m 是整体市场的预期收益率。
- β_i 是 Beta 系数，即资产 i 的系统性风险，$\beta_i=\dfrac{\mathrm{Cov}[r_i,r_m]}{\mathrm{Var}[r_m]}$。

CAPM 的核心思想是，投资者只有承担了市场风险，才能获得对应比例的超额回报。

CAPM 中最核心的参数就是股票的 Beta 系数。Beta 系数衡量了某种证券或者投资组合对于整体市场波动性的敏感程度。直观地理解就是，假设某支股票的 Beta 系数是 1，那么市场上涨 10%，股票也会对应上涨 10%。如果 Beta 系数是 2，那么市场上涨 10%，股票将会对应上涨 20%，如果市场下跌 10%，股票也会对应下跌 20%。

计算 Beta 系数也是 CAPM 中最重要的一环。一种简单的方式是选取一段历史样本，使用公式 $\beta_i=\dfrac{\mathrm{Cov}[r_i,r_m]}{\mathrm{Var}[r_m]}$ 进行计算。同时，也要注意到，Beta 系数不一定是稳定的，而且不同的历史样本，算出来的 Beta 系数肯定是不一样的。所以如何更准确地估计 Beta 系数，并不是一个简单的问题。这里不再赘述，只使用 Python 来做一个简单的计算演示。

CAPM 提供了一个新的视角来看待投资组合的风险。然而，CAPM 离真实市场还是有较大的距离的。后来，美国学者斯蒂芬 · 罗斯（Stephen A. Ross）给出了一个以无套利定价为基础的多因素资产定价模型，也称套利定价理论（Arbitrage Pricing Theory）模型。

14.3 套利定价理论

1970 年，投资界发现有类似特征的股票倾向于有类似的收益率表现（比如相同行业的、市值大小相近的，等等）。基于此发现，斯蒂芬 · 罗斯提出了套利定价理论（Arbitrage Pricing Theory），简称 APT。

APT 的核心思想是，证券或者投资组合的预期收益率与一组未知的系统性因素相关，同时也满足一价定律，即风险 - 收益性质相同的资产，价格也必须相同。否则会出现套利行为。模型推导出的资产收益率取决于一系列影响资产收益的因素，而不完全依赖于市场资产的组合，而套利活动则保证了市场均衡的实现。

实际上，CAPM 是 APT 模型的一种特殊形式。如果假设只有市场收益率这一个因子会影响证券的收益率，那么 APT 模型实际上就是 CAPM。所以 APT 模型可以算是 CAPM 的一种推广，将单一的市场因子推广到多种因子。APT 模型的计算公式具体如下：

$$r_i = \alpha_i + \sum_{k=1}^{K} b_{ik} f_k + \varepsilon_i$$

其中，各项参数说明如下。

- f_k 是影响资产收益的因素，反映了资产所包含的由 K 个风险因子所描述的风险，同时，这些因素对所有资产而言都是共同的，也称为风险因子。
- b_{ik} 系统描述的是资产 i 对因素 k 的敏感度，称为资产 i 对因素 k 的因素载荷系数。
- ε_i 是残差项，描述的是与因子风险无关的剩余风险。反映了资产本身特殊的风险。

APT 的因子模型更符合人对证券投资的直觉，所以更贴合于市场。不过，虽然 APT 模型提出了一个很好的框架，但该理论并没有告诉我们，因子是什么，如何计算一只股票对因子的风险头寸，所以 APT 还需要进行进一步的完善和研究，才能真正用于实际投资。

对于这个问题，BARRA 公司进行了大量的研究，并提出了 BARRA 多因子模型（Multi-factor Model）。

14.4　多因子模型

多因子模型（Multi-Factor Model，MFM）是建立在这样的概念基础之上的，即一只股票的收益可以由一系列公共因子加上一个股票自身特殊的因子来解释。通俗地说，类似的股票应该有类似的收益率。所谓的“类似”，主要是通过股票的各个特征来表现的，包括股票价量数据、财务报表中的基本面数据等。

MFM 可用于识别股票之间共同的因子，并且计算股票收益率对于这些因子的敏感度。最终的风险模型将所有股票的收益率表达为因子收益和特殊收益的加权之和。当我们得到模型之后，任何的因子变化都将能够很快反应在模型之中。

14.5　多因子模型的优势

使用多因子模型有很多种优势，具体如下。

- 可以减小问题规模。假设有 3000 只股票，如果使用收益率来计算协方差，那么我们将会有 3000 × (3000 − 1)/2 = 4 498 500 个协方差。但是如果我们将股票表示为 20

个因子，那么我们更多地就只需要研究这20个因子之间的关系。问题的规模就小得多了。

- 多因子模型对风险进行了比较全面的分解和分析。其在进行风险暴露分析的时候比诸如CAPM的模型能分析得更为全面。
- 在选择因子的时候，由于引入了经济逻辑，所以多因子模型的分析不会局限于纯历史数据的挖掘。

14.6 建立多因子模型的一般流程

14.6.1 风险因子的种类

建立多因子模型，第一步就是要选择合适的因子。一般来说，因子可以分成三大类：反映外部影响的因子、代表资产特点的截面比较因子、纯内部因子或者统计因子。

14.6.2 反映外部影响的因子

很明显，外部经济力量与股票市场间应该存在明确的联系。相关的因子便试图抓住这种联系。这些因子包括但不限于通货膨胀系数、石油价格变动、汇率变化、工业生产量变化等。这些因子通常又被称为宏观因子。宏观因子有时非常有效，但其也有如下三方面的缺陷。

第一个缺陷是，必须通过回归分析或者类似的方法来估计资产收益对这些因素的反应系数。如果我们需要估计3000只股票，那么每个月都需要进行3000次时间序列回归。这将会产生估计误差。

第二个缺陷是，我们的估计通常是建立在对历史数据的估计基础之上的，比如说5年。这些估计虽然可能能够比较精确地描述历史情形，但未必能够精确描述当前或者未来的情况。也就是说，这些反应系数是不稳定的。

第三个缺陷是，一些宏观经济数据的质量较差，收集过程可能会存在错误和延迟。而且有的数据可能因为频率较低而没有太大的使用价值。

14.6.3 资产截面因子

资产截面因子用于比较股票自身的特征，与宏观经济无关。截面因子通常也可以分为两类：基本面特征和市场特征。基本面特征包括诸如派息比例、每股收益、股票市值等。市场特征则包括过去一段时期的收益率、波动率、成交量、换手率等。

14.6.4 统计因子

统计因子是一类因子，这些因子有可能与股票收益率相关，虽然其中并不存在明显的金融经济学逻辑，但是从统计上可以得到很好的解释效果。一般来说，我们要回避统计因子，因为统计估计往往会得出一些虚假相关性，而且统计因子往往还非常难以解释。

一般来说，我们需要挑选具有经济意义，可解释，而且具有统计意义的因子。典型的因子包含两类：行业因子和风险因子。行业因子用于衡量不同行业股票的不同行为，风险因子用于衡量其他的非行业尺度上不同股票的不同行为。

14.7　行业因子

股票所属行业是一项非常重要的特征。不过有的公司涉及多种行业，所以对股票进行行业分类需要一个标准。A 股票的行业的分类标准有很多种，比如申万行业分类、证监会行业分类等。

其中，申万行业在业内使用得较多。股票分类又分为一级行业分类、二级行业分类等。所谓一级行业分类就是比较粗的分类，二级行业分类相当于一级行业分类的子分类。

申万的一级行业分类如表 14-1 所示，原始数据来自申万指数的网站（http://www.swsindex.com/idx0120.aspx?columnid=8832#）。

表 14-1　行业分类

农林牧渔	商业贸易	食品饮料	计算机
采掘	休闲服务	纺织服装	传媒
化工	综合	轻工制造	通信
钢铁	建筑材料	医药生物	银行
有色金属	建筑装饰	公用事业	非银金融
电子	电气设备	交通运输	汽车
家用电器	国防军工	房地产	机械设备

二级行业分类众多，这里就不列举了。

在进行回归分析的时候，行业的头寸一般设为 0 或 1 的哑变量，主要目的是检测因子的表现是否有明显的行业倾向。

14.8　风险因子

下面来了解一下风险因子的分类和投资组合风险。

14.8.1　风险因子分类

行业并不是产生股票风险的唯一来源，风险因子也是一大类的风险来源。一般来说，风险因子可以分为如下几个大类。

- 波动率（volatility）：根据波动率的不同来区分股票。波动率的概念在前面的章节中曾提到过，是股份一项十分重要的特征。

- 动量（momentum）：根据股票当前的绩效来进行区分。学术中曾有实证研究，动量效应确实是存在的，即处于涨势的股票总是会倾向于上涨得更多，处于跌势中的股票也倾向于跌得更多。
- 规模（size）：股票的规模一般会使用市值来表示。著名的 Fama-French 三因子模型中就有市值的因子。
- 流动性（liquidity）：流动性也是股票一项非常重要的指标，一般使用股票的交易量来表示。
- 成长性（growth）：根据过去的和预期的收益成长性来进行区分。
- 价值（value）：根据股票的一些基本面数据来区分股票。比如股息、现金流、账面价值等。
- 财务杠杆（financial leverage）：根据净资产负债率和利率风险来进行区分。

每一个大类通常都会包含几个特定的度量尺度，这些特定的度量尺度称为描述符（descriptors）。例如，波动率包括近期每日收益率波动率、期权隐含的波动率、近期价格范围等。尽管同一类别中的各个描述符通常都是相关的，但是每一个描述符都描述了风险因子的某一个方面。我们也可以在某大类因子的不同描述符中分配头寸权重。

14.8.2 投资组合风险分析

多因子风险模型可用于分析当期投资组合风险。它既能衡量整体风险，也能利用多种途径来分散风险。风险的分散可以鉴别出资产组合中重要的风险来源。

风险分析对于消极管理和积极管理都很重要。消极管理通常可以理解为指数基金，指数基金一般与一个特定的基准组合相匹配。然而，即使有了基准组合，管理者的投资也不一定包括基准组合中的所有股票。比如，对于一个包含几百上千只股票的基准组合，管理者不太可能持有所有的股票。当前的投资组合的风险分析就可以告诉消极管理者其投资组合相对于基准组合的风险水平。这就是跟踪误差。这是投资组合与基准组合之间收益差异的波动率来源，消极的管理者的目标是最小化跟踪误差。

当然，更多的投资者所关注的可能是积极型管理。积极型管理者的目标不是尽可能地接近基准组合，而是要尽可能地超越基准组合。同样的，风险分析对于积极型管理关注积极型策略也十分重要。积极型管理者只承担他们获得超额收益所面临的风险。

通过恰当地分解当前投资组合的风险，积极型管理者可以更好地理解他们投资组合的资产配置。风险分析不仅可以告诉积极型管理者他们的积极型风险是什么，还可以告诉他们为什么以及如何才能改变它。

14.9 基准组合

在实际情况中，积极型资产管理者通常被要求其管理的基金绩效要高于基准组合。所谓基准组合，在实际中，其实并不是真正的“市场组合”。比如沪深 300 或者上证指数，并不是真正的“整体市场”的表现，毕竟 A 股有 3000 只股票，而这些指数只是包括了其中一部分的股票。另外，当我们在投资债券或者商品期货的时候，沪深 300 明显也不是一个合适的基准组合。所以在实际中，我们很少真正地去对“整体市场”进行比较和分析，取而代之的是人为选择出来的“基准组合”。

那么之前提到的 β 值，就不再是相对于整体市场的，而是相对于基准组合的了。

14.10 因子选择和测试

备选因子有两个来源。一个来源是市场信息，比如成交量、价格等，这种信息每天都有。第二个来源是公司的基本面数据，比如利润、净资产、负债等。这些信息一般会体现在季报和年报中。也有些因子是市场信息和基本面信息的组合，比如市盈率（PE)。因子的选择并不是一个简单的过程，需要进行大量严谨的量化研究。

最开始是因子的初步筛选。首先，好的因子，即使单独来看，也应该具有比较明显的意义。换句话说，好的因子应该是被广泛接受的，易于理解的资产相关的特征。其次，好的因子应该能将市场中的股票较好地进行分类，能够较明显地说明投资组合的风险特征。

选中的因子应当是基于经常发布的、准确的数据，而且应当具有预测风险的效用。当将一个因子加到模型里面的时候，对模型的预测作用应该会有所提升，否则的话就不应该加入进来。

为了能将不同的因子结合到一个模型中，我们需要对其进行归一化操作。所谓归一化，就是将不同范围的数据调整到同样的量级，这样做可便于比较。因为不同因子的数值范围差别很大，如果不进行归一化，就会极大地影响模型的有效性。归一化的公式是：

$$[\text{normalized value}] = \frac{[\text{raw value}] - [\text{mean}]}{[\text{standard deviation}]}$$

因子归一化之后，我们将资产收益和行业、因子进行回归。每次只对一个因子进行回归，这样就可以对每个因子测试其统计显著性。之后再基于计算的结果选择相应的因子纳入模型中。实际上这是一个迭代的过程，当将最显著的因子纳入模型之后，后面的因子需要接受更为严格的检验才能纳入，只有当它们能够增加模型的解释能力的时候才考虑将其纳入。

14.11 Fama-French 三因子模型

Fama-French 三因子模型考虑的因子包括 CAPM 里的市场风险溢价因子，小市值股票回报率减去大市值股票回报因子（SMB)，以及低 PE 股票回报率减去高 PE 股票回报率因子（HML)。由于 Eugene Fama 当时研究的对象为美国的股市，而且时代相差太过久远，因此当时有效的模型可能现在在A股中的使用已不是那么有效了，但为了遵从原本的三因子模型，我们还是尽可能原汁原味地遵照原本模型的构建方式。我们相信，数据本身在模型的学习阶段并不重要，能够掌握模型背后的思想才是更为重要的。

在A股当中还原三因子模型时，我们将资产池暂时设定为上证380相关成分股中历史数据较多的股票。其收益率我们以周收益率为准，并且假定每个因子对每只股票都是有效的，代码如下：

```
import numpy as np
import pandas as pd

sz380 = pd.read_excel("sz380.xlsx")
sh = pd.read_excel('000001sh.xlsx')[2:]
sh.columns = ['date','sh_index']
sh = sh.set_index(['date'])
sh = sh.pct_change()
```

假定无风险年化收益率为0.02，代码如下：

```
sh['sh_index'] = sh['sh_index']-0.02/52 #将周收益率计算出来
sz380.rename(columns = {"Unnamed: 0":'date'},inplace = True)
sz380 = sz380.set_index(['date'])
```

将整个数据集拆分为三个DataFrame，分别对应于不同的指标，也可以用MultiIndex的形式进行数据整理，代码如下：

```
sz380close = sz380.iloc[:,:380].iloc[2:,:]
sz380mc = sz380.iloc[:,380:760].iloc[2:,:]
sz380pe = sz380.iloc[:,760:].iloc[2:,:]

sz380mc.columns = sz380close.columns
sz380pe.columns = sz380close.columns
```

转化数据格式，将字符串转化为浮点数进行计算。为了准确计算，可以用Python的定点数对象进行计算，代码如下：

```
def to_float(df):
    for c in df.columns:
        df[c] = df[c].map(float)
to_float(sz380close)
to_float(sz380mc)
to_float(sz380pe)
```

我们对每只股票的数据量进行排序，选取其中一部分历史数据量较大的进行计算，可以设置为全局变量以便于调控（按照数据量排序的前两百名股票的历史数据）。由于三种数据都是行情相关的，因此对于每一只股票而言，三种数据的量都是一样的，代码如下：

```
top = 200
```

```
def get_data_amount_count(df,top):
    count = []
    for c in df.columns:
        count.append([c,len(df[c].dropna())])

    count = sorted(count,key = lambda x:x[1], reverse = True)

    valid_ids = []#获得数据量足够的股票代码
    for i in range(0,top):
        valid_ids.append(count[i][0])
    return valid_ids,count[top][1]
valid_ids,amount_of_data = get_data_amount_count(sz380close,top)


sz380close = sz380close[valid_ids].iloc[len(sz380)-amount_of_data:,:].fillna
    (method = 'ffill')
sz380return = sz380close.pct_change().dropna()
sz380mc = sz380mc[valid_ids].iloc[len(sz380)-amount_of_data:,:].fillna(method =
    'ffill').dropna()
sz380pe = sz380pe[valid_ids].iloc[len(sz380)-amount_of_data:,:].fillna(method =
    'ffill').dropna()
```

下面就来正式构建因子。我们先构建SMB因子。SMB因子是由做多市值排名相对较小，而做空市值排名相对较大的股票获得的因子。针对数据内的每一个交易日，我们根据市值来进行选股，代码如下：

```
sz380mc_dict = sz380mc.to_dict(orient = 'index')
factor_track = []
for date, data in sz380mc_dict.items():
    #我们分别取市值排名前10%和后10%
    data = list(data.items())
    data = sorted(data,key = lambda x:x[1])

    small_cap = data[:int(0.1*len(data))]
    large_cap = data[int(0.9*len(data)):]

    #将每一个交易日的SMB因子构建出来
    #我们先将投资轨迹建立起来
    factor_track.append([date,[x[0] for x in small_cap],[x[0] for x in large_cap]])

#再依据投资轨迹建立相应的因子收益轨迹
factor = []
for track in factor_track:
    #做多小市值，做空大市值
    #各个组合假定为等权重
    try:
        trading_day_small_cap_return = np.mean(sz380return.loc[pd.Timestamp
            (track[0]),track[1]])
        trading_day_large_cap_return = np.mean(sz380return.loc[pd.Timestamp
            (track[0]),track[2]])
```

```
        factor.append([track[0],trading_day_small_cap_return-trading_day_large_
            cap_return])
    except KeyError:
        continue
```

这样我们就建立了一个因子，如法炮制，还可以建立HML因子，即做空高PE股票，做多低PE股票，代码如下：

```
smb = pd.DataFrame(factor,columns = ['date','smb'])
sz380pe_dict = sz380pe.to_dict(orient = 'index')


factor_track = []
for date, data in sz380pe_dict.items():
    # 我们分别取PE排名前10%和后10%
    data = list(data.items())
    data = sorted(data,key = lambda x:x[1])

    low_pe = data[:int(0.1*len(data))]
    high_pe = data[int(0.9*len(data)):]

    # 投资轨迹建立起来
    factor_track.append([date,[x[0] for x in low_pe],[x[0] for x in high_pe]])

# 再依据投资轨迹建立相应的因子收益轨迹
factor = []
for track in factor_track:
    # 做多低PE，做空高PE
    # 假定各个组合为等权重
    try:
        trading_day_low_pe_return = np.mean(sz380return.loc[pd.Timestamp(track[0]),
            track[1]])
        trading_day_high_pe_return = np.mean(sz380return.loc[pd.Timestamp(track[0]),
            track[2]])
        factor.append([track[0],trading_day_low_pe_return-trading_day_high_
            pe_return])
    except KeyError:
        continue

hml = pd.DataFrame(factor,columns=['date','hml'])
```

至此，三因子模型需要的数据算是建立起来了，下面将所有的数据整合到一起，代码如下：

```
factors = smb.merge(hml,on = ['date'],how = 'inner',copy = False)
factors = factors.set_index(['date'])

# 将市值因子整合到一起
factors['capm'] = sh
factors['const'] = 1
```

```
# 对每一只股票进行回归，得出资产池内的单个资产的暴露情况
# 假设所有的因子都是统计显著的
from sklearn.linear_model import LinearRegression

factor_loading = []
for stock_id in sz380return.columns:
    regression_data = factors.copy()
    regression_data[stock_id] = sz380return[stock_id]

    print(stock_id)
    model = LinearRegression(fit_intercept = True).fit(regression_data[['capm',
        'smb','hml']],regression_data[stock_id])
    factor_loading.append([stock_id]+[model.intercept_]+list(model.coef_))

# 最后整理为 DataFrame
factor_loading = pd.DataFrame(factor_loading,columns= ['stock_id','alpha','capm',
    'smb','hml'])
```

假如我们需要构建一个 SML 因子暴露为 0.5、CAPM 因子暴露为 1.2、HML 因子暴露为 0.3 的投资组合，实质就是解方程组。

```
np.dot(Idiosyncratic_exposure.T,weight) = target_exposure
```

读者肯定发现了，这个方程组大概率会有无穷多个解，所用的方式一般是求矩阵的广义逆。在实操过程当中，会有很多限定条件来进一步缩小投资组合的范围，代码如下：

```
factor_loading_array = factor_loading[['capm','smb','hml']].values.T
weight = list(np.dot(np.linalg.pinv(factor_loading_array),np.array([1.2,0.5,0.3]).T))
```

14.12　因子发掘与论证

一般意义上来讲，所有的因子模型采用的都是如下一个通用流程。

- 从各种维度统计论证某个指标的时间序列选股的有效性。包括因子收益是否统计显著为正，其背后的因果关系是怎么样的，在未来是否还会复现，成本收益比如何，是否已经被市场的套利团队填平了收益等。
- 利用该指标的历史时间序列构建资产池序列，并跟踪其收益。
- 将收益序列作为一个回归项对现有的资产池所有管辖资产进行回归，得出各个资产因子的显著暴露。
- 根据基金经理的投资风格、投资目标、风险收益比权衡等因素，确定投资组合的目标因子暴露。
- 计算出权重，进行资金分配。

可以发现，其实这里最重要的一个步骤就是发现有效因子。一个因子是否有效，通常意义上必须要满足两个条件。

1）在统计意义上是显著的。

2）其因果关系是可以论证的。前者其实非常容易实现，而后者则相对要难很多。发现因子的过程其传统的做法是通过经济学论证或者是基金经理长期多年在股票市场上挖掘出来的因子。而这些方法发掘因子的效率极其低下。近年来，发现因子的方法出现了一些新的模式。通过各种数据的排列组合，以及模型的不断尝试，挖掘出在统计意义上有效的因子，之后再交给资深的基金经理进行论证和判断，选取能够在因果逻辑上行得通的因子推动投资组合建立。目前市面上已经有团队在用类似的方法进行尝试。可以想见的是，传统的技术分析带来的收益回报将会被这些团队全部攫取，市场将会变得更加有效。

14.13 单因子有效性分析 alphalens

alphalens 是一个用于进行单因子分析的开源项目，是由国外的在线量化平台 quantopian 开发的。使用 alphalens，我们可以对单因子的有效性进行全面的分析。

使用 alphalens，用户只需要做两件事情。一是数据的预处理，要将数据处理成 alphalens 需要的数据格式；二是读懂 alphalens 的计算结果和相应表图。

14.13.1 数据预处理

我们先来进行数据预处理操作。数据预处理的核心函数如下：

```
alphalens.utils.get_clean_factor_and_forward_returns(factor, prices, groupby=
    None, by_group=False, quantiles=5, bins=None, periods=(1, 5, 10), filter_
    zscore=20, groupby_labels=None)
```

这个函数会将输入的数据整合成 alphalens 需要的形式。用户需要做的就是将参数的数据准备好，作为输入。

其中，比较常用的有 factor、prices（必须要是用户定义的）、groupby、groupby_labels（用于对股票的分类进行分析），一般是用行业来进行分类，类别可以自行定义。periods 定义了分析因子和未来多少天的收益率的关系。默认是 1、5、10，也就是会分析因子和未来 1 天、5 天、10 天的收益率的关系。

数据来源，我们使用的是开源的数据接口 TuShare。

首先，我们需要获取股票列表。TuShare 提供了接口，用于获取沪深 A 股的股票代码和相应的行业分类，代码如下：

```
import tushare as ts
df_code=ts.get_industry_classified()
```

为了简化问题，我们只选取其中 100 只股票进行分析，代码如下：

```
df_code=df_code[:100]
```

在数据整合函数中，不仅要用到行业名称，还需要为每个行业生成相应的 ID 号，在这里我们自己生成行业的 ID 号，代码如下：

```
# 根据行业名称生成行业对应的 ID 号
df_code['sector_name']=df_code['c_name']
sector_name=df_code.sector_name.unique()
sector_id=range(0,len(sector_name))

# 在 df_code 里添加一列行业对应的 ID
sec_names=dict(zip(sector_id, sector_name))
sec_names_rev=dict(zip(sector_name, sector_id))
df_code['sector_id']=df_code['sector_name'].map(sec_names_rev)

# 生成 code 和与行业代码对应的字典
code_sec=dict(zip(df_code.code,df_code.sector_id))
```

接下来，我们获取每只股票的行情数据。使用 TuShare 获取数据的时候，股票如果停牌，那么相应日期的数据就不会存在。为了对齐交易日期，下面我们使用沪深 300 指数的交易日期作为所有股票的索引基准，代码如下：

```
# 由于有的股票在某些交易日不交易，导致要提取的数据提取不到
# 所以这里使用沪深 300 的数据作为交易日的标准
code='399300'
start_date='2013-01-01'
end_date='2016-12-31'
df=ts.get_k_data(code,start=start_date,end=end_date)
df=df.set_index('date')
df[code]=df.open
df=df[[code]]

# 获取所有股票的数据，并与沪深 300 数据的日期进行对齐
for code in df_code.code:
    df_t=ts.get_k_data(code,start=start_date,end=end_date)
    df_t=df_t.set_index('date')
    df[code]=df_t.open

# 将 index 转换为 datetime 格式（从 TuShare 导出的数据 date 是字符串格式）
df.index=pd.to_datetime(df.index)

# 删掉沪深 300 指数的数据
del df['399300']
```

这里为了进行说明，我们使用未来 5 天的收益率作为因子进行分析。未来 5 天的收益率用于预测未来 5 天的收益率，当然是百分之百的准确，而且未来 5 天的收益率会与第 1 天、第 10 天的收益率有很强的相关性。所以在表现上，这会是一个很强的因子（当然现实中，我们不可能知道未来 5 天的收益率，这里只是举例说明，并没有实际的意义），代码如下：

```
# 为了更有效地演示，这里我们使用未来 5 天的收益率作为预测因子
# 这个因子由于加入了未来函数，所以会有很强的预测效果
lookahead_bias_days=5
predictive_factor = df.pct_change(lookahead_bias_days)
```

```
predictive_factor = predictive_factor.shift(-lookahead_bias_days)
predictive_factor = predictive_factor.stack()
predictive_factor.index = predictive_factor.index.set_names(['date', 'asset'])
```

观察一下输入数据的数据格式。pricing 数据是一个 DataFrame。索引是日期，列是每个资产的代码，数据是资产每日的价格（这里使用的是 open 价），代码如下：

```
pricing = df
pricing.head()
```

输出结果如图 14-1 所示。

date	600176	600184	600293	600529	600552	600586	600629	600819	600876	601636	...	600780
2013-01-04	3.574	9.709	4.693	8.431	5.706	3.47	7.18	5.623	5.37	2.504	...	NaN
2013-01-07	3.564	9.335	4.567	8.215	5.466	3.50	7.07	5.760	5.56	2.552	...	NaN
2013-01-08	3.553	9.814	4.686	8.309	5.484	3.60	7.32	5.711	5.50	2.523	...	NaN
2013-01-09	3.472	10.127	4.673	8.412	5.517	3.61	7.36	5.799	5.46	2.515	...	NaN
2013-01-10	3.455	10.461	4.700	8.318	5.486	3.54	7.25	5.740	5.46	2.497	...	NaN

图　14-1

predictive_factor 是双索引的 Series 类型。两个索引分别是日期和对应的资产代码，对应的数值是 factor 值，代码如下：

```
predictive_factor.head()
```

输出结果如下：

```
date            asset
2013-01-04      600176     -0.024622
                600184      0.078999
                600293      0.077562
                600529      0.001067
                600552     -0.051525
dtype:float64
```

code_sec 是字典，键值是资产代码，对应的值是行业 ID，代码如下：

```
code_sec
```

输出结果如下：

```
{'000012': 0,
 '000156': 2,
 '000504': 2,
 '000607': 2,
```

```
'000665': 2,
'000719': 2,
'000793': 2,
```

sec_names 也是字典，键值是行业 ID，对应的值是行业名称，代码如下：

```
sec_names
```

输出结果如下：

```
{0: '玻璃行业',1: '船舶制造',2: '传媒娱乐',3: '电力行业'}
```

输入的数据准备好了。现在就可以调用整合函数进行整理了，代码如下：

```
# 将数据整合为 alphalens 所需要的格式
factor_data = alphalens.utils.get_clean_factor_and_forward_returns(predictive_factor,
                                                                   pricing,
                                                                   quantiles=5,
                                                                   bins=None,
                                                                   groupby=code_sec,

groupby_labels=sec_names)
factor_data.head()
```

输出结果如图 14-2 所示。

		1	5	10	factor	group	factor_quantile
date	asset						
2013-01-04	600176	-0.002798	-0.024622	-0.066872	-0.024622	玻璃行业	1
	600184	-0.038521	0.078999	0.172417	0.078999	玻璃行业	5
	600293	-0.026848	0.077562	0.062007	0.077562	玻璃行业	5
	600529	-0.025620	0.001067	0.002254	0.001067	玻璃行业	2
	600552	-0.042061	-0.051525	0.010691	-0.051525	玻璃行业	1

图 14-2

这是数据整合后的格式，是 DataFrame 类型，日期和资产代码作为双重索引。列 1、5、10 分别代表未来 1、5、10 天的收益率，factor 是因子值，group 是分类，factor_quantile 是将因子从小到大划分区间进行的分类，这里由于参数 quantiles=5，所以是分为 5 类。1 代表因子是处于最小的那一部分因子中，5 代表因子处理最大的那一类，其余的类似。

完成了数据整合之后，数据准备工作就完成了。剩下的代码很简单，直接调用相应的函数就可以进行分析了。

14.13.2 收益率分析

最基础的分析就是查看不同大小（不同分位数）的因子和未来收益率的相关性，代码如下：

```
mean_return_by_q, std_err_by_q = alphalens.performance.mean_return_by_quantile
    (factor_data, by_group=False)
mean_return_by_q.head()
```

输出结果如图 14-3 所示。

factor_quantile	1	5	10
1	-0.014818	-0.061319	-0.061675
2	-0.005251	-0.026797	-0.025998
3	-0.000389	-0.007789	-0.006619
4	0.004419	0.015110	0.014748
5	0.016204	0.081137	0.079929

图 14-3

这里计算出了每个分位数的因子所对应的收益率（平均值），代码如下：

```
alphalens.plotting.plot_quantile_returns_bar(mean_return_by_q)
```

换成图会更直观，每个分位的因子所对应的收益率如图 14-4 所示。

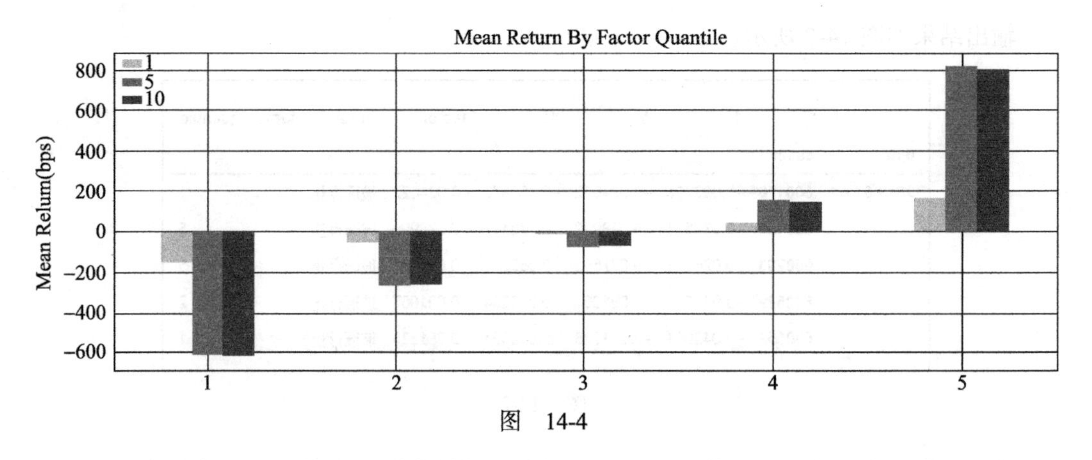

图 14-4

可以看到的是，随着因子的增大，未来的收益率也会增加，说明因子和收益率具有很强的相关性，可能是一个不错的因子。

alphalens 的强大之处在于可以多方位审视一个因子的有效性。除了上面提到的最基础的因子分位数和收益率的关系之外，还提供了其他的方法来进行检测。

比如，绘制每个调仓期最高因子和最低因子收益率的差值，代码如下：

```
mean_return_by_q_daily, std_err = alphalens.performance.mean_return_by_quantile
    (factor_data, by_date=True)

quant_return_spread, std_err_spread = alphalens.performance.compute_mean_returns_
    spread(mean_return_by_q_daily,
```

```
    upper_quant=5,
    lower_quant=1,
    std_err=std_err)
alphalens.plotting.plot_mean_quantile_returns_spread_time_series(quant_return_
    spread, std_err_spread)
```

如图 14-5 所示的是绘制出来的其中一幅图。

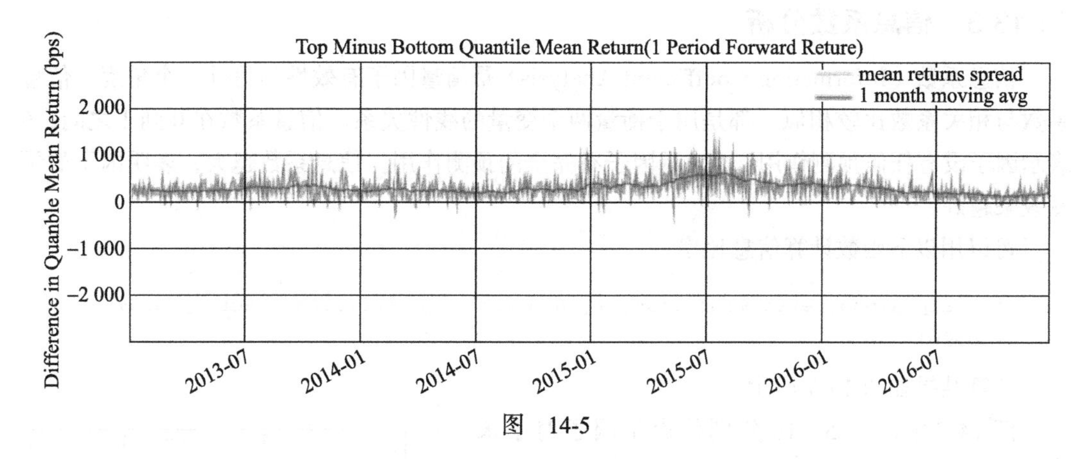

图 14-5

图 14-5 所示的是针对未来 1 天的收益率，绿色的线（上下波动的密集波线）代表最高的因子收益率和最低因子收益率的差值。如果一个因子是有效的，那么我们应当期望这个差值会一直稳定地大于 0（当然，对于反向因子，这个差值应该一直稳定地小于 0）。总之，这个差值应该是比较稳定的，而不是时而大于 0，时而小于 0。通过图 14-5 我们可以看到，大部分时间绿色的线都在 0 以上，说明因子在时间维度上是比较稳定的。橙色的线（中间比较平缓的曲线）是绿色线的移动平均线，移动平均线是为了便于观察因子有效性的趋势。

下面求取不同分位数因子的累计净值，绘制结果如图 14-6 所示。

```
alphalens.plotting.plot_cumulative_returns_by_quantile(mean_return_by_q_daily)
```

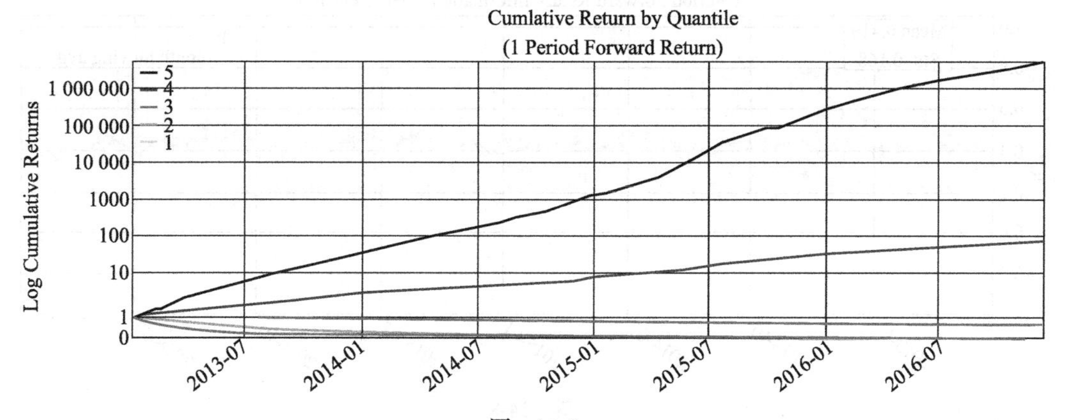

图 14-6

图 14-6 绘制了不同分位数因子的累计净值。一个好的因子，在累计收益率上，应该出现较大的分化。在图 14-6 中，不同分位数因子的累计净值确实出现了很大的分化。

实际应用调用一个函数，就能给出以上所有的收益率分析的结果报表，代码如下：

```
alphalens.tears.create_returns_tear_sheet(factor_data)
```

14.13.3　信息系数分析

信息系数（Information Coefficient Analysis）是衡量因子有效性的另外一个角度。信息系数与相关系数比较相似，都是用于衡量两个变量的线性关系。信息系数在 0 到 1 之间，0 表示因子没有任何预测作用，1 表示因子有完全的预测作用。信息系数越大，表明因子的预测效果越好。

可以用以下函数计算信息比率：

```
ic = alphalens.performance.factor_information_coefficient(factor_data)
ic.head()
```

计算结果如图 14-7 所示。

图 14-7 中，1、5、10 分别代表了因子对于未来 1、5、10 天收益率的信息系数。可以看到，5 天的收益率信息系数是 1，因为我们本来就是用 5 的未来收益率作为因子，所以能够完美预测。同时，对于 1 天，10 天的效果也很明显。

date	1	5	10
2013-01-04	0.253328	1.0	0.708981
2013-01-07	0.441091	1.0	0.802873
2013-01-08	0.501847	1.0	0.760817
2013-01-09	0.482400	1.0	0.727086
2013-01-10	0.530768	1.0	0.680909

图　14-7

也可以绘制信息系数的图，代码如下：

```
alphalens.plotting.plot_ic_ts(ic)
```

绘制的图形分别如图 14-8 到图 14-10 所示。

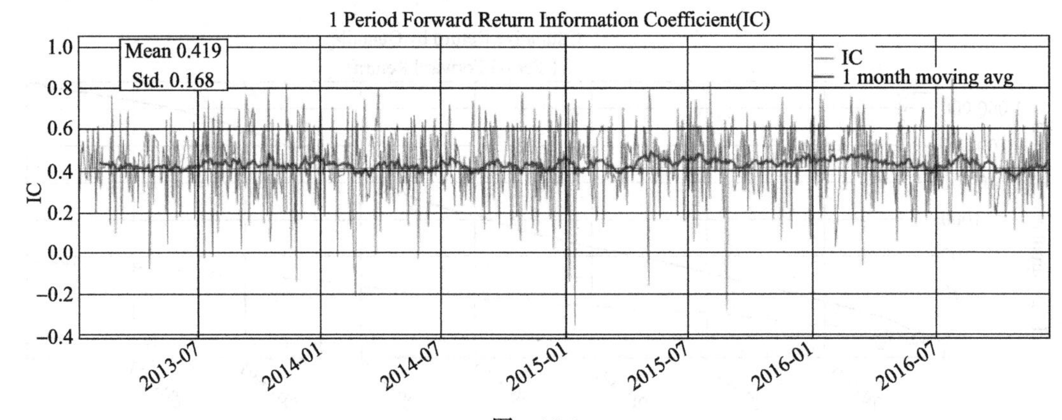

图　14-8

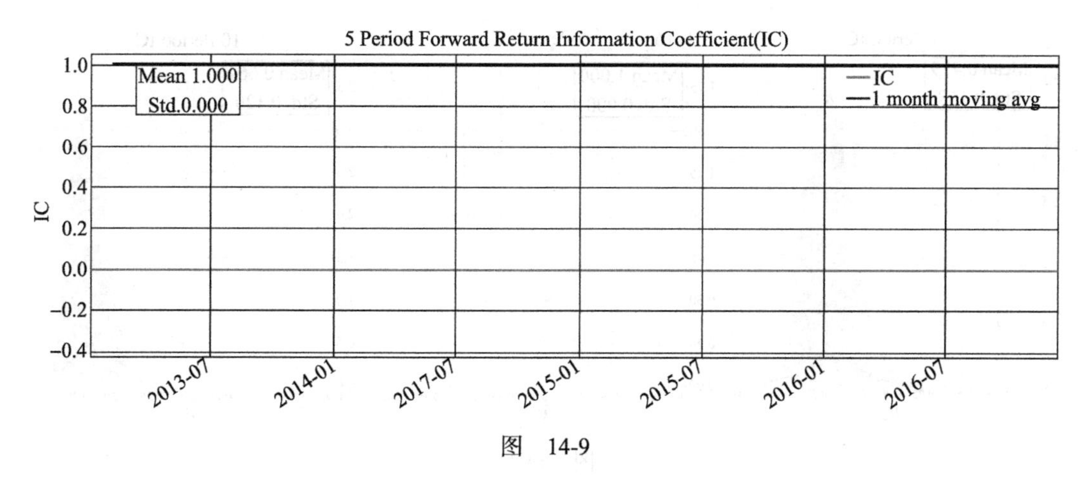

图 14-9

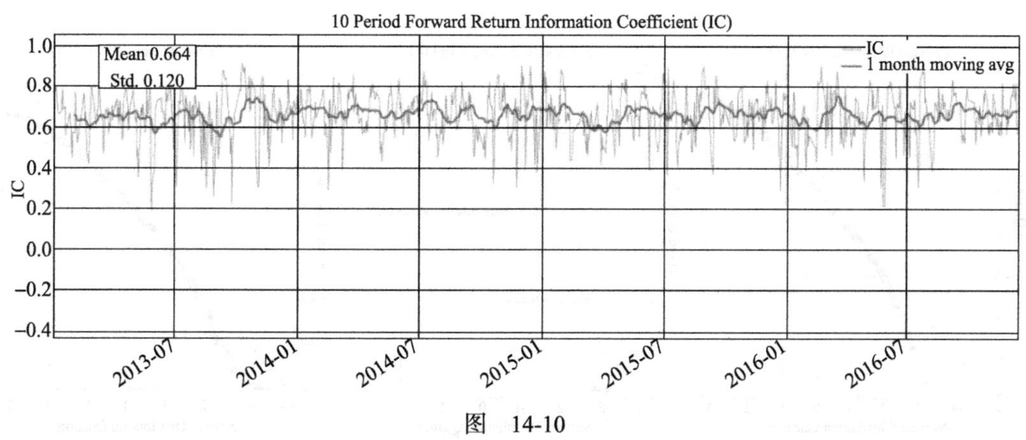

图 14-10

通过上面的图（图 14-8 到图 14-10），我们可以看到信息系数随时间变化的表现。对于一个好的因子，信息系数应该比较高，而且波动应该比较小。这就说明这个因子是有效且长期的。

也可以观察信息系数的分布，代码如下：

```
alphalens.plotting.plot_ic_hist(ic)
```

绘制的信息系数分布图如图 14-11 所示。

从图 14-11 中我们可以看到，10 天的信息系数比 1 天的高而且稳定。

只看均值有时候也会带来误解。比如，如果有一个极端大的值，那么它很可能就会拉高整体的平均值。这个时候就需要用 Q-Q 图（quantile-quantile plot）来排除这个可能性。Q-Q 图主要是比较信息系数的分布和正态分布的区别。绘制 Q-Q 图的代码如下：

```
alphalens.plotting.plot_ic_qq(ic);
```

绘制结果如图 14-12 所示。

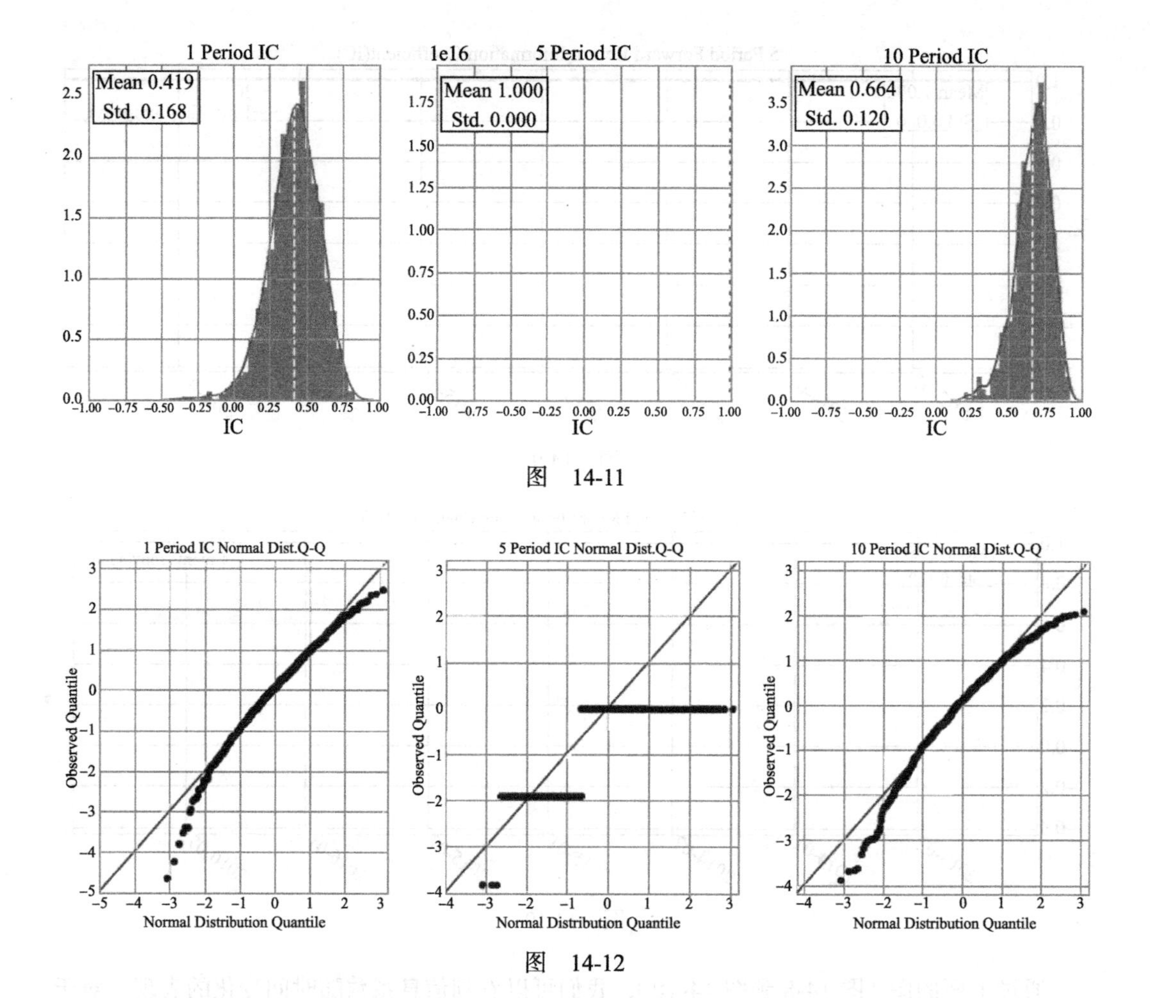

图　14-11

图　14-12

可以看到，1 和 10 的 Q-Q 图和红线比较接近，说明分布是类似于正太分布的，说明信息系数平均值好，并不是由于几个极端的值造成的。

我们也可以按月份来观察信息系数，代码如下：

```
mean_monthly_ic = alphalens.performance.mean_information_coefficient(factor_data,
    by_time='M')
mean_monthly_ic.head()
```

输出结果如图 14-13 所示。

绘制每个月的信息系数表现图，代码如下：

```
alphalens.plotting.plot_monthly_ic_heatmap(mean_monthly_ic);
```

信息系数表现图如图 14-14 所示。

date	1	5	10
2013-01-31	0.421910	1.0	0.666101
2013-02-28	0.395674	1.0	0.609444
2013-03-31	0.413383	1.0	0.664482
2013-04-30	0.408362	1.0	0.676966
2013-05-31	0.408178	1.0	0.592139

图 14-13

从图 14-14 中，我们可以看到每个月的信息系数的表现。

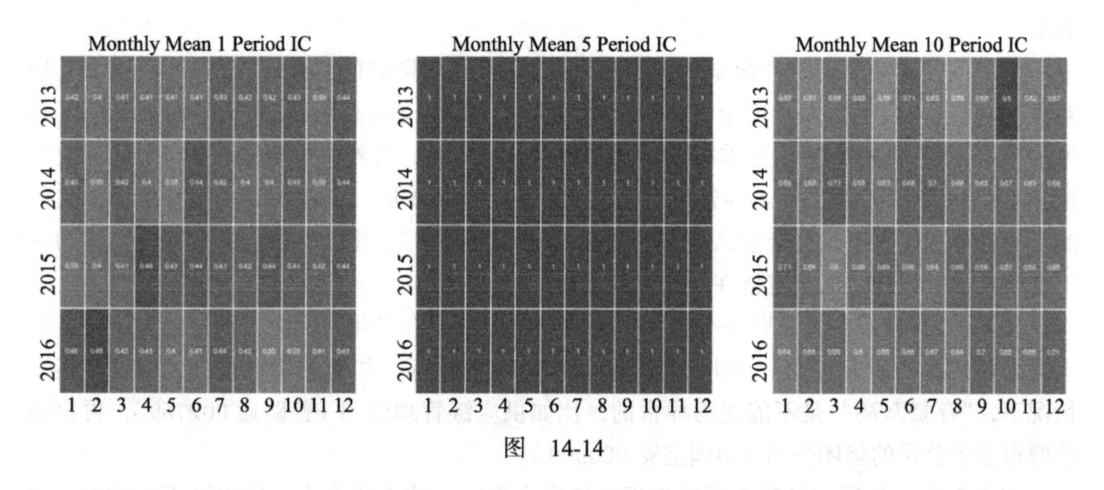

图 14-14

当然 alphalens 也提供了所有信息系数分析的报表函数，代码如下：

```
alphalens.tears.create_information_tear_sheet(factor_data)
```

除了收益率和信息系数分析，alphalens 还提供了换手率和按行业分类的分析。这里不再过多介绍，感兴趣的读者请自行查阅官方文档。

14.14 财务因子为什么不好用

股票量化模型，最流行的就是多因子模型。多因子模型是从 Fama-French 三因子模型衍生而来的，基本框架从未变过。

因子有很多种，比如动量因子、估值因子、盈利因子、行业因子，等等。最大的好处是，可以用统一的框架解释所有的事情。缺点也很明显，实际研究发现，真有效的可能就那么几个，比如动量、市值、账面市值比之类的因子。

大部分财务因子，要么就是效果不好（统计显著性不明显），要么就是因为共线性被删掉了。研究多了会发现，忽略财务指标，深挖技术指标，实际产出可能会更高。

比如World Quant的101 Alpha因子，全是技术因子。再比如，Two Sigma两年前在Kaggle上举办过一项挑战，放出了积累了十几年的上百个因子，主要有44个技术指标因子和63个基本面因子。结果一通操作下来，发现最显著的还是技术因子。

局面就很诡异了。量化界研究下来，技术因子比基本面因子有效。传统投资界又看不起技术分析。无论是写研报还是做投资，大家都只关心财务数据。

笔者之前也想不通，按理说，财务数据的信息量应该远大于技术指标，为什么就是不好用呢？后来想明白了，原因很简单：量化主要依据统计信息，无论什么指标，都要先进行回归和检验。

然而，财务指标领域的知识极多，样本又少，还呈现各种非线性，完全是统计模型的克星。

举个例子，某药业事件很早就有预兆，一直有人在质疑它的“存贷双高”。所谓“存贷双高”，就是一边手握大量现金，一边又借很多钱（需要支付高额利息）。下面来看一下具体的数据，该药业2018年三季报中，货币资金377.9亿。另外，短期借款124.5亿+应付债券147.7亿=272.2亿元。要知道，其总资产也才746.3亿。拿着300多亿的现金，欠的200多亿却一直不还，这个怎么解释？然后在2018年的年报中，300亿货币资金突然的一下就消失了。该药业也被定格在了跌停板上。

其实，“存贷双高”是财务分析中常见的异常点。但在量化研究中，随便翻翻研报，基本没人做相关的研究。退一步讲，就算计算出相关的指标，如何使用也是一大问题。很多情况下，“存贷双高”是不能视为异常的，比如供应链管理公司（普路通002769），再比如控股很多子公司的集团公司（中国宝安000009）。

细究下来，就很容易陷入领域知识的汪洋大海中。放着这么大一块宝藏不去挖掘，实在是很可惜。如果想要挖深，似乎就只有一条路：很细节地搞清楚领域知识，基于规则和统计逐步完善系统。领域知识是一定要有的，纯靠统计是很难有实际价值的。

基于这个思路，笔者和同事们开发了一套基于财务领域知识的风险控制系统：鹰眼风控系统。扫描如图14-15所示的二维码，或者在微信中搜索“鹰眼分析系统”即可获得。该程序最大的优势是，将财务专业知识与量化深度结合起来，所有的模型都有深刻的财务原理。比如“存贷双高”“高商誉”“高质押”分析等。这些分析在传统的多因子分析里面是看不到的。

图　14-15

CHAPTER 15

第 15 章

资金分配

在量化投资团队中，往往会有多个策略，反之，同一个策略也会应用在多个品种上面。我们需要针对不同的策略进行资金分配。在进行资金分配的时候，往往存在多种方法。有的是投资经理根据自己的经验或者对策略的认识来进行资金分配，有的是借助一些量化模型。本章将重点介绍资金分配的基础模型和实现。当然，这里介绍的模型是最基础的模型，现实实践中并不能直接使用。投资者在进行尝试的时候需要自己进行修改和完善。

15.1 现代 / 均值 – 方差资产组合理论

现代资产组合理论（Modern Portfolio Theory，MPT）是金融理论的重要基础。这一理论是由马克威茨（Harry Markowitz）首先提出的，因为这一理论，马克威茨荣获了 1990 年的诺贝尔经济学奖。

尽管这种方法早在 20 世纪 50 年代就已提出，但时至今日仍然是应用广泛。大量的投资组合理论都衍生于这个基本原理。均值 – 方差理论的核心思想是同时考察资产组合的预期收益和风险。研究当我们有一系列可选资产的时候，应如何对其配置资金权重，从而可以得到最好的收益风险比？本节将简单介绍均值 – 方差的基本理论以及 Python 的具体实现。

15.1.1 MPT 理论简介

要实现 MPT 理论，我们需要做如下几个基本假设。

- 假设资产的收益率符合正态分布。
- 假设资产的预期收益率可以用历史收益率进行估计。
- 假设资产的风险可以用资产收益率的方差（标准差）进行估计。

假设有 n 种资产，资产 i 的资金分配权重为 w_i，我们知道，所有资金的权重和为 1，也就是：

$$\sum_{i}^{n} w_i = 1 \tag{15-1}$$

假设资产 i 的收益率为 r_i，那么组合的预期收益为：

$$\mu_p = E\left(\sum_{N} w_i r_i\right) = \sum_{I} w_i \mu_i = \boldsymbol{w}^{\mathrm{T}} \mu \tag{15-2}$$

为了得到组合的预期风险（方差），我们需要先计算协方差矩阵：

$$\boldsymbol{\Sigma} = \begin{pmatrix} \begin{pmatrix} \sigma_1^2 & \sigma_{12} \\ \sigma_{21} & \sigma_2^2 \end{pmatrix} & \cdots & \begin{matrix} \sigma_{1n} \\ \sigma_{2n} \end{matrix} \\ \vdots & \ddots & \vdots \\ \sigma_{n1} \quad \sigma_{n1} & \cdots & \sigma_n^2 \end{pmatrix} \tag{15-3}$$

利用投资组合协方差矩阵，我们可以得到投资组合的方差公式：

$$\sigma_p^2 = E((r-\mu)^2) = \boldsymbol{w}^{\mathrm{T}} \boldsymbol{\Sigma} w \tag{15-4}$$

为了简单起见，我们假定无风险利率，即 $r_f = 0$。现在我们可以得到整个组合的夏普比率：

$$SR = \frac{\mu_p - r_f}{\sigma_p} = \frac{\mu_p}{\sigma_p} \tag{15-5}$$

现在我们的目标就是优化权重 w，获得尽可能大的夏普比率，即 SR 最大。

15.1.2　随机权重的夏普比率

在实际交易中，我们分配资金的对象往往是策略，而不是单纯地持有某种资产。这里先随机生成五个收益率数据，作为我们的模拟策略。

先导入常见的模块，代码如下：

```
import pandas as pd
import numpy as np
%matplotlib inline
import matplotlib.pyplot as plt
plt.style.use('ggplot')
```

下面使用 NumPy 的 random.normal 函数，生成服从于正态分布的随机收益率数据，代码如下：

```
dates=pd.date_range(start='2010/1/1',end='2010/12/31')

df_rtn=pd.DataFrame(index=dates)

df_rtn['s1']=np.random.normal(0.1, 0.05, len(dates))
df_rtn['s2']=np.random.normal(0.2, 0.10, len(dates))
df_rtn['s3']=np.random.normal(0.3, 0.15, len(dates))
```

```
df_rtn['s4']=np.random.normal(0.4, 0.2, len(dates))
df_rtn['s5']=np.random.normal(-0.2, 0.10, len(dates))
```

上面的代码使用 NumPy 的随机数据生成器，生成了五组收益率。这五组收益率的期望和方差都不一样。下面绘制收益率数据观察一下：

```
df_rtn.plot(figsize=(10,6))
```

随机生成的策略收益率如图 15-1 所示。

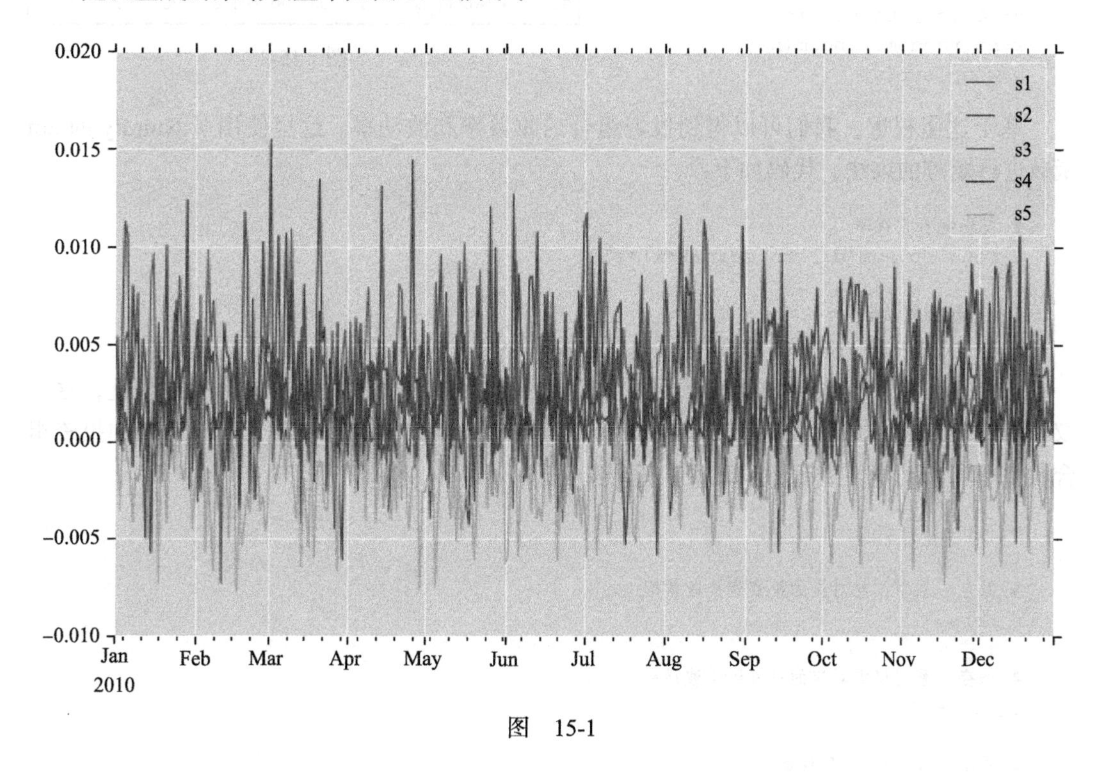

图 15-1

计算策略的年化收益率。这里假设每年有 252 个交易日，从每日收益得到年化收益代码如下：

```
df_rtn.mean()*252
```

输出结果如下：

```
s1    0.236932
s2    0.445376
s3    0.787276
s4    0.908561
s5   -0.517226
```

计算策略协方差矩阵，这里使用 Pandas 的内建方法：

```
df_rtn.cov()*252
```

计算结果如图15-2所示。

	s1	s2	s3	s4	s5
s1	0.000258	-0.000033	-0.000011	0.000047	-0.000021
s2	-0.000033	0.001029	0.000166	0.000163	-0.000023
s3	-0.000011	0.000166	0.001945	0.000024	0.000076
s4	0.000047	0.000163	0.000024	0.004066	-0.000013
s5	-0.000021	-0.000023	0.000076	-0.000013	0.001087

图　15-2

下面再随机生成一组资金分配权重，代码如下：

```
n=len(df_rtn.columns)
w=np.random.random(n)
w=w/np.sum(w)
```

基于这组权重，我们可以得到投资组合的收益率和波动率。这里使用了NumPy的dot函数进行矩阵的乘法，代码如下：

```
# 投资组合收益率
p_ret= np.sum(df_rtn.mean()*w)*252

#投资组合波动率
p_vol=np.sqrt(np.dot(w.T,np.dot(df_rtn.cov()*252,w)))
```

以上是针对一组资金权重 w 得到的收益率和波动率。现在我们要找出一组权重，这组权重对应着最佳的收益风险比。首先，我们需要随机生成大量的权重，计算对应的投资组合收益率和波动率，进行初步观察，代码如下：

```
n=len(df_rtn.columns)

# 保存一系列权重对应的投资组合收益率
p_rets=[]

# 保存一系列权重对应的投资组合波动率
p_vols=[]

# 随机生成10000组权重
for i in range(10000):
    w=np.random.random(n)
    w/=np.sum(w)

    # # 投资组合收益率
    p_ret= np.sum(df_rtn.mean()*w)*252

    #投资组合波动率(需要注意的是，使用np生成的一维数据，实际上是N*1矩阵，而不是1*N矩阵)
    p_vol=np.sqrt(np.dot(w.T,np.dot(df_rtn.cov()*252,w)))

    p_rets.append(p_ret)
    p_vols.append(p_vol)

p_rets=np.array(p_rets)
p_vols=np.array(p_vols)
```

在以上的代码中，我们得到了 10000 个随机权重对应的收益率和波动率，现在将其绘制成图，代码如下：

```
plt.figure(figsize=(10,6))
plt.scatter(p_vols, p_rets, c=p_rets/p_vols,marker='o')
plt.grid(True)

plt.xlabel('volatility')
plt.ylabel('return')

plt.colorbar(label='Sharpe ratio')
```

不同权重对应的收益率和波动率（夏普比率）如图 15-3 所示。

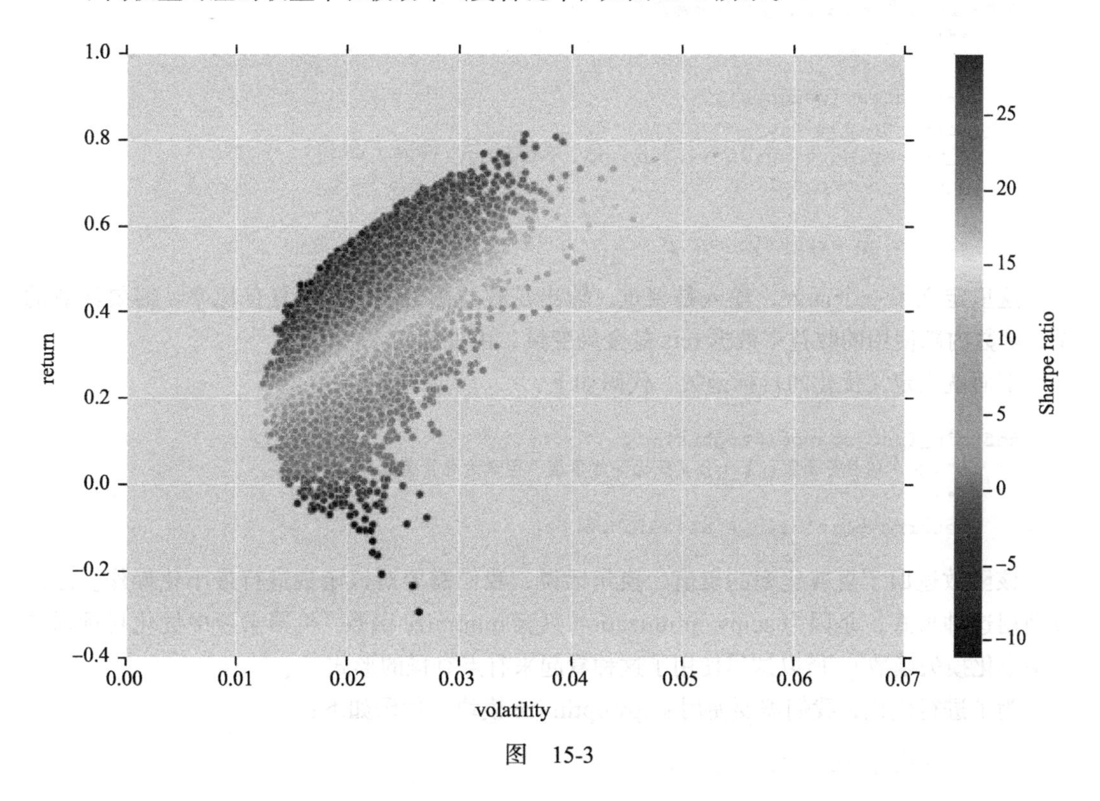

图　15-3

在图 15-3 中，x 轴对应着波动率，y 轴对应着收益率。我们可以观察到，并不是所有的权重都能有良好的表现。对于固定的风险水平（比如 0.02），不同的组合有着不同的收益，同时存在着一个权重，可以有最好的收益（大概是 0.58）。作为投资者，最关心的是固定风险水平下收益率的最大化，或者是固定收益率下风险的最小化，也就是所谓的有效边界。

15.1.3　最大化夏普比率

现在我们要找出使投资组合拥有最大夏普比率的资金权重。这是一个包含约束的最优化问题。首先建立一个函数，计算投资组合的夏普比率，代码如下：

```
def portfolio_stat(weights):
    """获取投资组合的各种统计值

参数：
        weights：分配的资金权重

返回值：
        p_ret：投资组合的收益率
        p_vol：投资组合的波动率
        p_sr：投资组合的夏普比率

注意：rets是全局变量，在函数外部定义
    """

    w=np.array(weights)
    p_ret=np.sum(rets.mean()*w)*252
    p_vol=np.sqrt(np.dot(w.T,np.dot(rets.cov()*252,w)))
    p_sr=p_ret/p_vol

    return np.array([p_ret,p_vol,p_sr])
```

这里定义了一个函数，输入是权重，输出是收益率、波动率和夏普比率。需要注意的是，函数内部使用的收益率数据rets是全局变量，由外部定义。

下面就来定义优化的目标函数，代码如下：

```
def min_func_sharpe(weights):
    """优化的目标函数，最小化夏普比率的负值，即最大化夏普比率
    """
    return -portfolio_stat(weights)[2]
```

该函数返回了夏普比率的负值，换句话说，我们需要对该函数进行最小化操作。之所以使用这种形式，是因为scipy.optimization只有minimize函数（机器学习中优化目标通常是最小化损失函数），所以这里使用了这种看起来有点奇怪的形式。

为了进行优化，我们需要使用scipy.optimize模块，代码如下：

```
import scipy.optimize as sco

# 有n个变量
rets=df_rtn

n=len(rets.columns)

# 优化的约束条件：资金的权重和为1
cons=({'type':'eq','fun':lambda x:np.sum(x)-1})
bnds=tuple((0,1) for x in range(n))

# 生成初始权重
```

```
w_initial=n*[1./n,]

opts_sharpe=sco.minimize(min_func_sharpe,w_initial,method='SLSQP',\
bounds=bnds,constraints=cons)
```

最后的 opts_sharpe 就是我们优化的结果。

```
opts_sharpe
```

输出结果如下：

```
     fun: -32.63579993888073
     jac: array([ -2.69889832e-04,   2.50339508e-04,   6.66618347e-04,
        -3.47614288e-04,   2.66511412e+01,   0.00000000e+00])
 message: 'Optimization terminated successfully.'
    nfev: 84
     nit: 11
    njev: 11
  status: 0
 success: True
       x: array([  4.77721724e-01,   2.16492148e-01,   1.79424871e-01,
         1.26361257e-01,   1.43724718e-12])
```

查看 message 我们知道已成功优化。fun 对应着优化后的函数值，也就是说，夏普比率为 32.6（有点惊人），对应的权重就是 x 的值。示例代码如下：

```
opts_sharpe['x'].round(2)
```

输出结果如下：

```
array([ 0.48,  0.22,  0.18,  0.13,  0.  ])
```

可以看到，最后一个策略的权重为 0。这很明显，因为最后的策略的预期收益率是负值，权重置为 0 当然是最好的选择。

15.2 Black-Litterman 资金分配模型

15.2.1 MPT 的优化矩阵算法

前面讲述了最大化夏普比率的具体操作流程，但仍有几个问题尚待解决。

为什么最大化夏普比率所带来的投资组合就是最优资金分配，最优的含义是什么？

即使最大化夏普比率所得到的组合的确是最优的，那么在生成的有效边界（efficient frontier）上是否还存在其他的投资组合收益，使得其风险收益比优于最大化夏普比率所带来的投资组合？

另外，投资者的效用函数是异质性的，那么最大化夏普比率对投资者的效用函数是否具有异质性表现。

第一个问题的实质是，我们优化的目标函数在经济学意义上究竟是指什么？第二个问题的实质是我们所解的目标函数针对资产权重的函数凹凸性？前两个问题通过代数代换即可理解，第三个问题的实质则相对比较复杂。

我们先来看第一个问题。先给出一个发现，具体如下。

对于任意一个“风险”资金分配组合，其市场“期望收益率”（expected rate of return）最大化的权重分配，等同于解决如下夏普率最大化问题：

$$\max_w \frac{E(R_P)-R_F}{\sigma_P}$$
$$s.t. \boldsymbol{w}'1=1$$

证明：对于任意的资金分配组合，我们可以将其拆分为风险子投资组合和无风险子投资组合。其期望的收益率为：

$$E(R_P)=wE(r_a)+(1-w)E(r_f)$$

其风险仅与其中的风险子投资组合有关：

$$\sigma_p = w\sigma_a$$

通过代数整理，可以得到：

$$E(R_P)=r_f+\frac{\sigma_p}{\sigma_a}E(r_a-r_f)$$

可以发现的是，实质上任意资金分配组合的期望收益率与构成其组合的风险子组合是呈线性相关的，我们可以将该曲线画出，如图15-4所示。

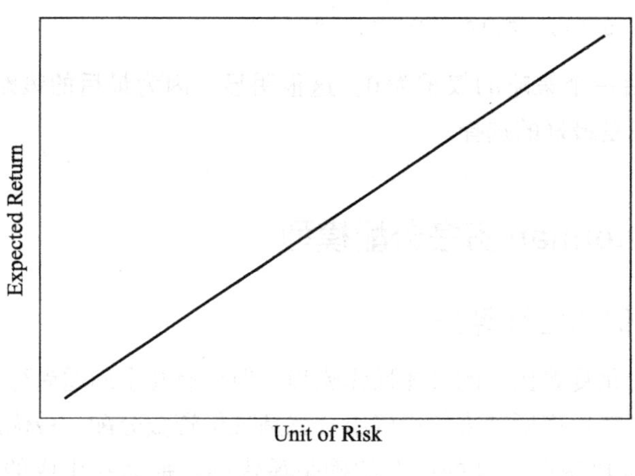

图　15-4

所画的曲线称为（资金分配线，Capital Allocation Line），其代表的含义是对于每一单位的投资组合风险，其期望收益所需要的补偿为夏普率单位的期望收益。我们可以发现，随着夏普率的升高，CAL的斜率升高，投资组合单位风险得到的期望收益也就越高。至此，第一个问题可以得到解答。最大化风险资产组合的夏普比率（即每一个组成资产的夏普比率，因为夏普比率是一个线性函数。）能够提高整体资金分配的单位风险回报率，因而需要最大化夏普比率。

再来看第二个问题，我们可以证明，有效边界（efficient frontier）实际上是一个全局凹函数（concave function）。其凹性使得我们的资金分配线能够切于有效边界产生一个最优的夏普比率市场投资组合，这根切线即称为资本市场线（capital market line）。

第三个问题，有了前面的铺垫，我们现在可以画出如图 15-5 所示的图像。

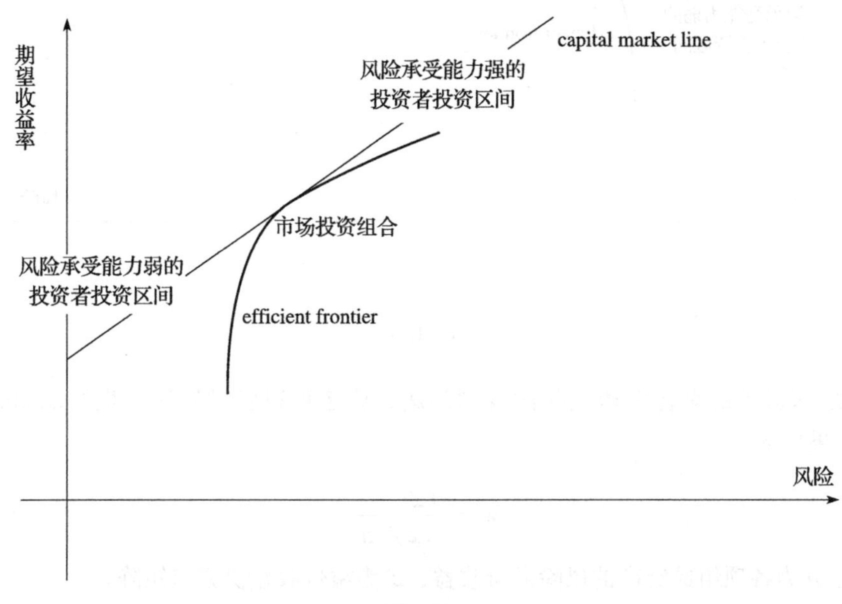

图 15-5

可以看到，在 CML 上面，投资者通过添加或减少无风险资金成本的杠杆，可以获得相对于有效边界上，风险 – 收益权衡更优的投资组合（如图 15-6 所示）。而风险承受能力的大小，或者说在资本充裕的情况下，投资者的风险厌恶程度，决定了其投资组合的无风险资产占比，而风险资产的各项组成中资产的比重是恒定不变的。然而，前提是假设市场上“所有的”投资者均为风险厌恶类型，即资产收益率的上下波动会给投资者带来负效用。显然，假设风险厌恶型会带来数学上的很多便利；另外，MPT 还有一个更为重要的假设，所有的投资者不但全是风险厌恶型，而且所拥有的信息也是完全同质化的，即所有的投资者拥有相同的信息库，资本操作的空间也是完全一样的，买进卖空都受同样的限制，没有私有信息。在真实世界的情况中，投资者的属性往往要复杂得多，这也使得该模型仅在理论上非常有洞察力，但实际表现却不尽如人意。

了解了 MPT 背后的数学、经济学逻辑之后，我们就可以着手用矩阵运算的方式来更高效地解决资金分配的问题了，同时，也可以对该模型做出一定的修正。

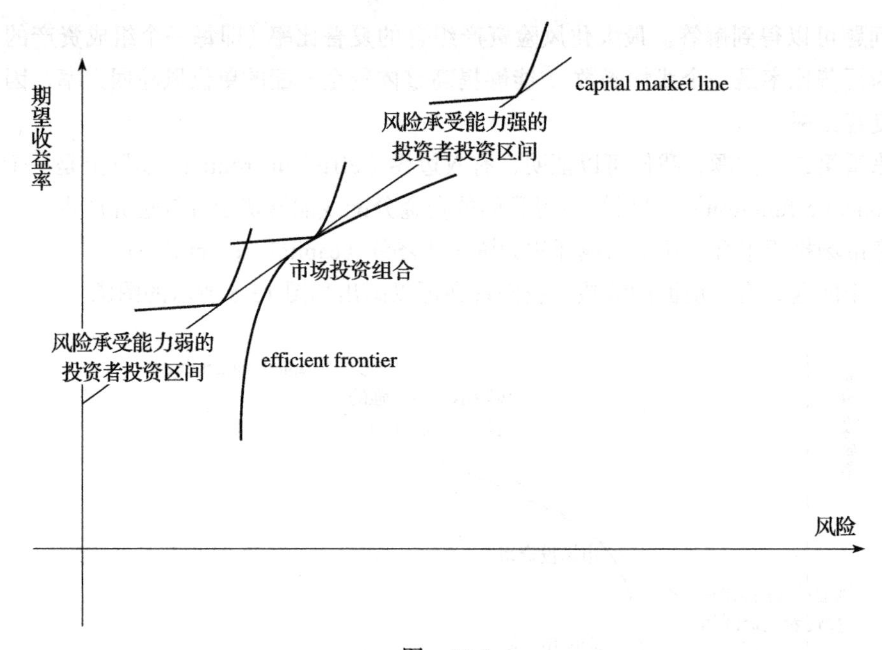

图 15-6

对于之前提到的夏普率最大化的规划问题，读者可以尝试解决。最终的 closed form solution 结果如下：

$$w^* = \frac{(\Sigma)^{-1}\mu}{1'(\Sigma)^{-1}\mu}$$

其中，μ 为各项组成资产的风险溢价收益，Σ 为溢价收益协方差矩阵。

实现代码具体如下：

```
import pandas as pd
import numpy as np
from numpy.linalg import inv

# 读取数据
risky = pd.read_excel("hs300close.xlsx") # 风险资产

# 读取无风险收益
rf = pd.read_excel("shibor.xls")
rf.columns= ['date','ot','1w','2w','1m','3m','6m','9m','1y']
rf.head(5)

# 清洗数据
# 去掉前两行无用的数据，并且将日期作为 index
risky = risky[2:]
risky.rename(columns = {"Unnamed: 0":'date'},inplace = True)
risky=risky.set_index(['date'])
```

```
# 统一 index
rf['date'] = [pd.Timestamp(x) for x in rf['date'].tolist()]
rf = rf.set_index('date')

# 全部转化为浮点数运算
for c in risky.columns.tolist():
    risky[c] = risky[c].map(float)
for c in rf.columns.tolist():
    rf[c] = rf[c].map(float)/100

# 筛掉数据量太小的股票(数据量太小对协方差矩阵的估计会造成很大的影响)
def filter_stocks(df,top):
    out = pd.DataFrame()

    data_amount_order = {}
    for stock in df.columns.tolist():

        lenc = len(df[stock].dropna())

        data_amount_order[stock] = lenc
    data_amount_order = sorted(data_amount_order.items(), key = lambda x:x[1],
        reverse = True)

    data_to_use = data_amount_order[:top]
    for stock in data_to_use:
        out[stock[0]] = df[stock[0]]
    out = out[(len(df)-data_amount_order[top][1]):]
    return out

top = 100
risky = filter_stocks(risky,top)
# 可以指定不同的计算频率
freq = '1m'
class CapitalAllocator():
    def __init__(self,rf,risky,freq):
        self.rf = rf
        self.freq = freq
        self.risky = risky
    def freq_coef(self):
        if 'm' in self.freq:
            time_coef = 30
        elif 'y' in self.freq:
            time_coef = 365
        elif 'w' in self.freq:
            time_coef = 7
        else:
            time_coef = 1

        if 'o' in self.freq:
```

```
            return 1
        else:
            return int(freq[0])*time_coef

    def get_expected_excessive_return(self):
        risky = self.risky.copy()
        risky = risky.resample(self.freq,convention = 'end').fillna("nearest")
        risky_return = risky.pct_change()


        portfolio = risky_return.copy()
        portfolio['risk_free'] = self.rf[self.freq]*(self.freq_coef()/365)

        portfolio.dropna(inplace = True)

        excessive_return = pd.DataFrame()
        for c in risky.columns.tolist():
            excessive_return[c] = portfolio[c] - portfolio['risk_free']
        return excessive_return*(365/self.freq_coef()) #取年化收益率

    def get_varcov(self):
        excessive_return = self.get_expected_excessive_return()
        varcov = excessive_return.cov()

        return varcov
    def general_markowitz(self):
        excessive_return = self.get_expected_excessive_return()
        varcov = self.get_varcov()
        expected_excessive_return = excessive_return.mean()*(self.freq_coef()/365)

#利用矩阵公式直接计算权重
        weight = np.matmul(inv(varcov.values),np.array(expected_excessive_return.
            tolist()))/np.matmul(np.matmul(np.ones([1,top]),inv(varcov.values)),
            np.array(expected_excessive_return.tolist()))
        return dict(zip(excessive_return.columns.tolist(),weight)),weight,np.
            matmul(weight,expected_excessive_return),varcov

allocator = CapitalAllocator(rf,risky,freq)

#获得资金分配权重
allocation,weight,er,varcov = allocator.general_markowitz()
```

最终得到的部分结果如图 15-7 所示。

读者肯定已经发现，这个投资组和的权重十分疯狂，在 A 股市场下是完全不可能实现的，卖空限制以及杠杆限制使得整体的资金分配变得不可能。虽然我们可以加一些限制来使得整体的投资组合权重满足监管要求，但这样一来就有可能导致 closed form solution 不能计算出来。而且，更为重要的是，MPT 框架下的资产权重分配是一个很不稳定的系统——只要构成资产组合的某些资产有些许变动，都会对整体的资金分配造成很大的影响，这一点从 closed form solution 里的协方差矩阵便可看出端倪。

还有一个现实的问题，股票数据本身的噪音比较大，再加上这些股票的市场敏感度较高，其收益相关性会非常高，这就会造成协方差估计矩阵的逆会变得非常不稳定。这个问题实际上很难得到解决，一个妥协的方案是仅选取其中交易历史较长的股票，期望在大规模数据的情况下能够将这种“多重线性相关性”的影响降低。但其始终只是一个妥协产物，有兴趣的读者可以试试看，利用全部的沪深 300 只股票做出来的投资组合权重是什么样的。

	0
0	1.4497
1	-0.382425
2	-3.05387
3	2.6236
4	3.61716
5	-1.86713
6	2.95528
7	2.98222
8	0.992718
9	-0.452932
10	-2.01578
11	-1.22295
12	1.4319

图 15-7

15.2.2 Black-Litterman 模型

前面关于 MPT 的实践中，我们提到 MPT 模型的假设非常理想化，现实世界的复杂性难以被完全表现出来。所有投资者拥有相同的信息这个假设只是在数学上能够提供便利，但实际上并没有任何作用。特别是对于主动投资型选手而言，这一资金分配理论完全与其哲学背道而驰。另外，MPT 计算出来的权重非常的疯狂，并且容易受个别资产的收益浮动而使得整个系统不稳定。为了解决这些问题，Black-Litterman 基于贝叶斯框架得出了另外一套解决方案。

BL 模型的基本思想是：假定我们从交易所指数公布公告里获取的市场指数权重已经是最优的了，在这一假设情况下，我们会得出一个先验权重，即市场投资组合权重。在先验权重的前提下，如果有异质化信息，即通过公开信息分析所得出的有别于其他投资者的信息，并且符合投资者个人的风险偏好，那么将这一信息整合进资产风险溢价内，可以得到一个后验权重。

数学上的表述如下。

假定先验市场权重由如下规划问题得出：

$$\text{argmax}_w\, w'\Pi - \frac{\lambda}{2} w'\Sigma w$$

投资者基于先验权重，以及本身的异质化信息：

$$P'\mu = Q + \varepsilon$$

获得资产风险溢价收益的后验分布：

$$E(R_{posterior}) \sim N(\hat{\mu}, \hat{\Sigma})$$

投资者求解后验权重规划：

$$\text{argmax}_w\, w'\hat{\mu} - \frac{\lambda}{2} w'\hat{\Sigma} w$$

感兴趣的读者可以参考原始文献的推导流程，该推导流程非常冗长，这里直接给出解：

$$\hat{\mu} = [(\tau\boldsymbol{\Sigma})^{-1} + \mathrm{P}'\Omega^{-1}\mathrm{P}]^{-1}[(\tau\boldsymbol{\Sigma})^{-1}\rho\Pi + \mathrm{P}'^{\Omega^{-1}}\mathrm{Q}]$$

$$\hat{\mathrm{M}}^{-1} = [(\tau\boldsymbol{\Sigma})^{-1} + \mathrm{P}'\Omega^{-1}\mathrm{P}]^{-1}$$

$$\hat{\boldsymbol{\Sigma}} = \boldsymbol{\Sigma} + \hat{\mathrm{M}}^{-1}$$

$$w_{\text{posterior}} = \frac{1}{\lambda}\hat{\boldsymbol{\Sigma}}^{-1}\hat{\mu}$$

假定我们的异质化信息为 000001.SZ，收益率比 000002.SZ 收益率高 2%。

下面就用代码来实现上述推导，实现代码具体如下：

```
#Black-Litterman Model
# 交易所公布的指数权重
market_equilibrium = pd.read_excel("hs300weight.xlsx")[['代码','权重(%)']]
market_equilibrium.columns = ['stock_id','weight']

# 筛选历史区间相对较长的股票池
market_equilibrium = market_equilibrium[market_equilibrium['stock_id'].isin(risky.
    columns.tolist())]
market_equilibrium['weight'] = [x/sum(market_equilibrium['weight']) for x in
    market_equilibrium['weight']]

market_equilibrium_weight = (market_equilibrium.set_index(['stock_id'])).T
# 风险厌恶程度
risk_aversion = 1

varcov = allocator.get_varcov() # 获取年化风险收益的协方差矩阵
equilibrium_excess_return = risk_aversion*np.dot(varcov,market_equilibrium_
    weight.T)

# 个人观点的不确定性，我们假定其与风险收益协方差成正比
tao = 0.05

# 定义观点数据结构
class View():
    def __init__(self,outperform):

        self.outperform = outperform

# 绝对观点：某个子投资组合的收益预期为 x%
class AbsoluteView(View):
    def __init__(self,portfolio,outperform):

        super(View, self).__init__()
        self.outperform = outperform
        self.portfolio = portfolio

# 相对观点：A 子投资组合的收益比 B 投资组合收益高（低）x%
```

```
class RelativeView(View):
    def __init__(self,better_portfolio,worse_portfolio,outperform):
        super(View, self).__init__()
        self.outperform = outperform
        self.better_portfolio = better_portfolio
        self.worse_portfolio = worse_portfolio
def generate_view_vector(view,assets_horizon):
    #view是上述流程定义的类
    #assets_horizon是当前投资者的资产空间
    if isinstance(view,AbsoluteView):
        view_vector = view.portfolio.copy()
        for asset_code in assets_horizon:
            if asset_code not in view.portfolio.keys():
                view_vector[asset_code] = 0
        return view_vector
    elif isinstance(view,RelativeView):
        view_vector = {}
        for asset_code in assets_horizon:
            if asset_code in view.better_portfolio.keys():
                view_vector[asset_code] = view.better_portfolio[asset_code]
            elif asset_code in view.worse_portfolio.keys():
                view_vector[asset_code] = -view.worse_portfolio[asset_code]
            else:
                view_vector[asset_code] = 0
        return view_vector


def generate_view_matrix(views,assets_horizon):
    view_records = []
    outperformance = []
    for view in views:
        view_records.append(generate_view_vector(view,assets_horizon))
        outperformance.append(view.outperform)
    view_matrix = pd.DataFrame.from_records(view_records)
    outperformance=np.array(outperformance)
    outperformance.shape = (len(views),1)
    return view_matrix,outperformance


b_view = RelativeView({"000002.SZ":1},{'000001.SZ':1},0.02)
view_matrix,outperformance=generate_view_matrix([b_view],market_equilibrium_
    weight.columns.tolist())


def diagonalize(matrix):
    eigen = np.linalg.eig(matrix)
    accompany = eigen[1]
    diag=np.dot(np.dot(inv(accompany),matrix),accompany)
    return diag
```

```
omega = diagonalize(np.dot(np.dot(view_matrix,tao*varcov),view_matrix.T))
interimM = inv(inv(tao*varcov) + np.dot(np.dot(view_matrix.T,inv(omega)),view_matrix))
right_part = np.dot(inv(tao*varcov),equilibrium_excess_return)+ np.dot(np.dot(view_matrix.T,inv(omega)),outperformance)

#通过公式计算
posterior_expected_excess_return = np.dot(interimM,right_part)
posterior_varcov = varcov + interimM
posterior_weight = 1/risk_aversion*np.dot(inv(posterior_varcov),posterior_expected_excess_return)

posterior_portfolio_excess_return = np.dot(posterior_expected_excess_return.T,posterior_weight)
```

最后的权重如图 15-8 所示。

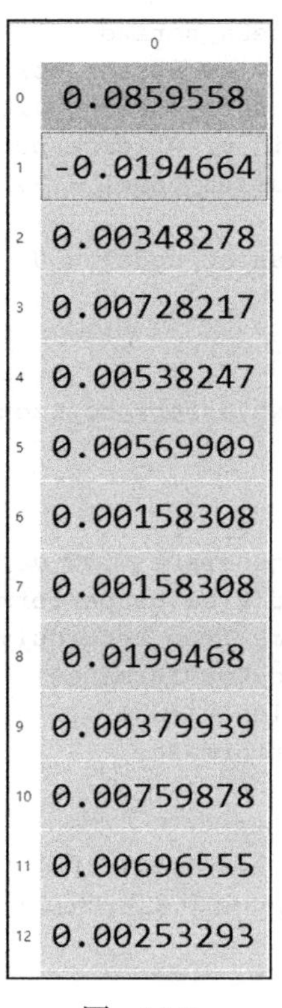

	0
0	0.0859558
1	-0.0194664
2	0.00348278
3	0.00728217
4	0.00538247
5	0.00569909
6	0.00158308
7	0.00158308
8	0.0199468
9	0.00379939
10	0.00759878
11	0.00696555
12	0.00253293

图　15-8

由图 15-8 可以看到，我们对 000001.SZ 进行了重仓，对 000002.SZ 进行了减持，且权重在 A 股市场上相对来说还是比较合理的。可以看到，Black-Litterman 弥补了 MPT 框架下的许多不足之处。

CHAPTER 16

第 16 章

实盘交易和 vn.py 框架

当我们完成了策略的研发工作之后，就需要进行实盘交易了。对于日线级别的策略来说，手动下单其实也是可行的。手动下单对于品种不是很多，频率不是很高的策略来说，当然是一种简便易行的方式。但是在量化策略中，品种往往很多，交易频率有时也很高，手动下单几乎不可能（除非招募很多交易员）。这时我们就需要利用计算机自动下单。

要实现自动交易有两种方式，一种是使用现成的第三方交易平台。一般来说，第三方平台语法简单、文档丰富、客服支持好，比较适合新手或者对定制化要求不高的投资者使用。另一种方式是使用 API 自行开发交易平台和策略。这种方法技术门槛相对较高，需要由有一定编程能力的人来完成。

16.1 交易平台简介

在前面的回测章节中已经简单介绍过一些第三方平台。比如 Multicharts、TradeBlazer、文华财经、金字塔等。还有一些刚兴起的，基于 Web 和 Python 的类 QuantOpian 平台，比如优矿、聚宽等。当然有的券商或者期货公司也会有自己开发的平台。这些平台不仅支持回测功能，同时还支持实盘交易功能。

不同平台对交易接口的支持是不一样的，而且还会不断发生变化。因为接口和平台众多，它们特点也各不相同，所以找到一个合适的自动交易平台是很不容易的，是需要花费大量时间去研究和测试的。笔者经常收到朋友的消息，希望能帮忙选择一个合适的交易平台。但是，由于每个人的情况和偏好不一样，所以答案也不一样，只能针对具体情况具体分析。当然，由于本书是以 Python 为主题的，所以不会对无关的平台进行过多讨论。

16.2 交易框架 vn.py

除了使用第三方平台之外，我们还可以使用 API 自行开发。现有的 API 中，底层大多是基于 C++、C# 等语言开发的，开发起来比较烦琐。这里笔者推荐一个经过 Python 包装过的，相对比较简单的交易框架 vn.py[1]，该框架是开源而且免费的。托管在 GitHub 上，地址是 https://github.com/vnpy/vnpy。

这个框架将市面上大量的接口包装成了统一的 Python 语言接口。所以基于 vn.py 开发的效率要高很多。截至目前，vn.py 已经包含了如下接口：

- CTP（ctp）
- 飞马（femas）
- LTS（lts）
- 中信证券期权（cshshlp）
- 金仕达黄金（ksgold）
- 金仕达期权（ksotp）
- 飞鼠（sgit）
- 飞创（xspeed）
- QDP（qdp）
- 上海直达期货（shzd）
- Interactive Brokers（ib）
- OANDA（oanda）
- OKCOIN（okcoin）
- 链行（lhang）

可以看到，支持期货的接口占了大多数，支持证券（股票）的接口很少。这与国内的市场环境是有关系的。期货的交易接口开放程度更高，也更成熟，股票的交易接口相对来说并没有那么成熟。

需要注意的是，并不是所有的交易接口都对大众开放。很多接口会有一些政策方面的规定。具体情况需要咨询相应的经纪商。由于 vn.py 一直在不断更新，因此本章内容只能作为参考，建议读者以官方网站介绍为准。

16.3　vn.py 的安装和配置

vn.py 的安装方法可能会随着版本的更新而有所不同。具体请参考官方网站。这里用于安装说明的是 vn.py 2.0.6 版本，本节内容摘自官方微信号，仅作为参考。

16.3.1　安装 VN Studio

运行 vn.py，第一步需要准备 Python 环境。再也不用像 1.0 时代那样需要折腾半天安装

[1] 注：因为 vn.py 代码一直在更新，本书无法与 vn.py 保持同步，故建议大家以官网为主，本书的思路仅作参考即可，不可作为实际生产环境使用。

Anaconda、三方模块、MongoDB 数据库，等等，vn.py 2.0 只有一个步骤，安装由 vn.py 核心团队针对量化交易开发的 Python 发行版——VN Studio 即可。

打开官网 www.vnpy.com，正中央左边的金色按钮就是最新版本 VN Studio 的下载链接，写作本书的时候，VN Studio 的最新版本是 2.0.6（如图 16-1 所示），后续随着版本的更新可能会变为 2.0.7、2.0.8，等等，总之认准金色按钮就行。

下载完成后双击运行，会看到一个很常见的软件安装界面，如图 16-2 所示，安装目录推荐选择默认的 C:\vnstudio，后续我们的教程都会以该目录作为 VN Studio 的安装路径，当然也可以根据自己的需求将其安装到其他目录，然后一路点击“下一步”按钮完成傻瓜式安装即可。

图　16-1

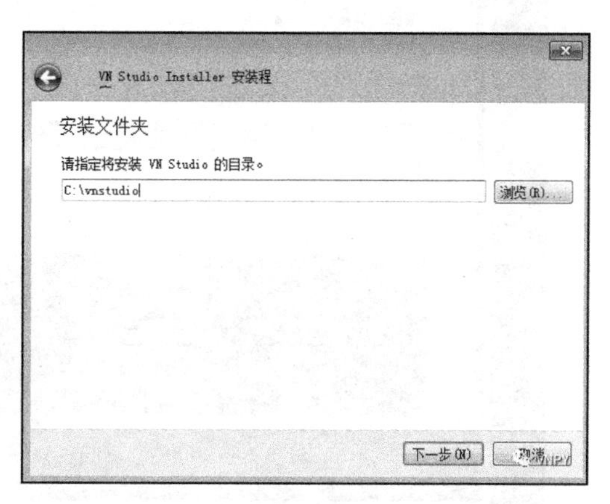

图　16-2

16.3.2　运行 VN Station

安装完成后，回到桌面上就能看到 VN Station 的快捷方式了，如图 16-3 所示。

双击启动后，将会看到 VN Station 的登录框，如图 16-4 所示。对于首次使用的用户，请点击微信登录后，扫描二维码注册账号，请牢记用户名和密码（同样该用户名和密码也可用于登录社区论坛 www.vnpy.com/forum），后续使用可以直接输入用户名和密码登录，勾上“保存”勾选框自动登录更加方便。

图　16-3

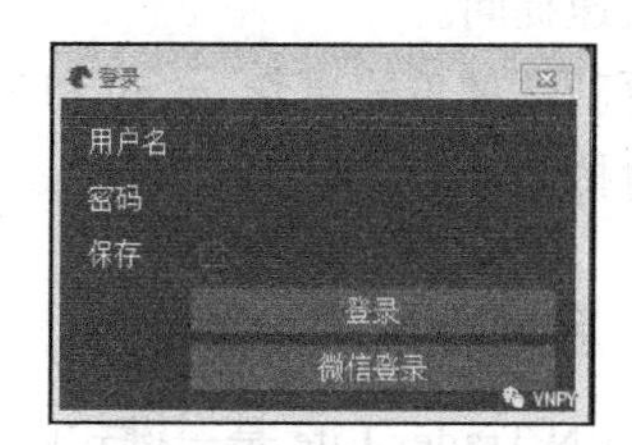

图　16-4

登录后看到的就是 VN Station 主界面了，如图 16-5 所示，上方区域显示的是目前社区论坛最新的置顶精华主题（目前注册人数刚破 4500 人，每日精华做不到，每周两三篇还是有的），下方的五个按钮则是 VN Station 提供的量化相关功能按钮，具体说明如下。

图　16-5

- VN Trader Lite：一键启动针对国内期货 CTA 策略的轻量版 VN Trader。
- VN Trader Pro：支持灵活配置加载交易接口和策略模块的专业版 VN Trader。
- Jupyter Notebook：启动 Jupyter Notebook 交互式研究环境。
- 提问求助：打开浏览器访问社区论坛的“提问求助”板块，如果遇到问题就在此处快速提问。
- 更新：傻瓜式更新 vn.py 和 VN Station，没有更新时按钮是点不了的，只在有更新时按钮才会亮起 。

16.3.3　启动 VN Trader

由于 VN Trader Lite 是一键式启动，无须配置，因此这里就只讲解 VN Trader Pro。

点击按钮后弹出的第一个对话框，是选择 VN Trader 运行时目录（如图 16-6 所示），这里默认是当前操作系统的用户目录（User Path），比如笔者的路径就是 C:\Users\Administrator。

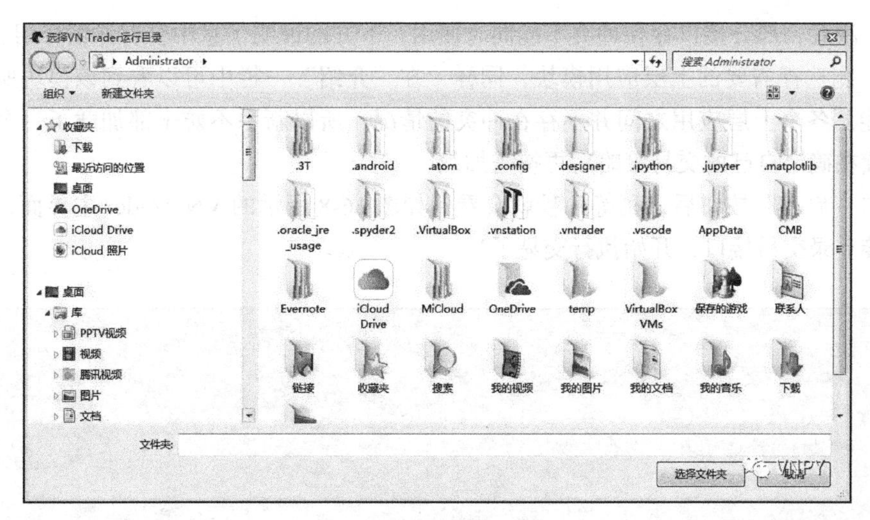

图　16-6

vn:py 2.0 对 Python 源代码和运行时文件进行了分离，VN Trader 运行过程中产生的所有配置文件、临时文件、数据文件（使用 SQLite 数据库），都会放置在运行时目录下的 .vntrader 文件夹中。

VN Trader 启动时，会检查当前目录是否存在 .vntrader 文件夹，若有就直接使用当前目录作为运行时目录，若找不到则会使用默认的用户目录（并在其中创建 .vntrader 文件夹）。

大多数情况下，使用操作系统默认的用户目录就是最便捷的方案，在上述窗口中直接点击右下角的“选择文件夹”按钮，开始配置 VN Trader，如图 16-7 所示。

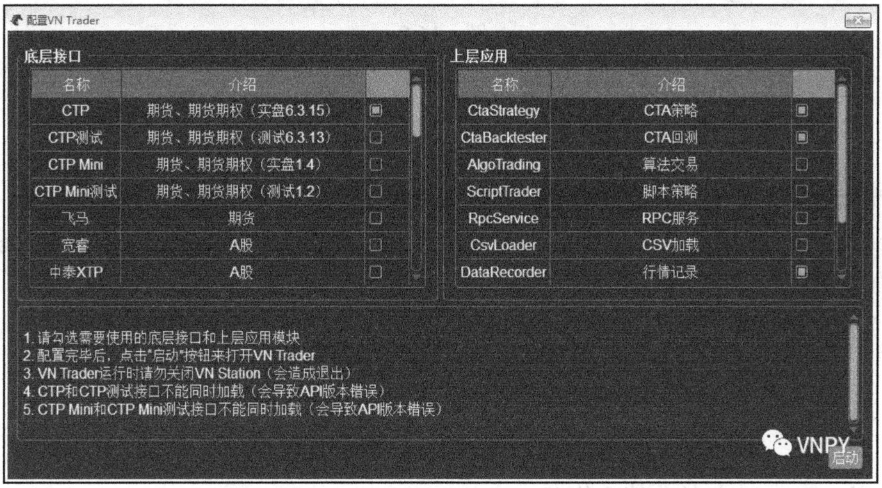

配置VN Trader

底层接口

名称	介绍	
CTP	期货、期货期权（实盘6.3.15）	■
CTP测试	期货、期货期权（测试6.3.13）	□
CTP Mini	期货、期货期权（实盘1.4）	□
CTP Mini测试	期货、期货期权（测试1.2）	□
飞马	期货	□
宽睿	A股	□
中泰XTP	A股	□

上层应用

名称	介绍	
CtaStrategy	CTA策略	■
CtaBacktester	CTA回测	■
AlgoTrading	算法交易	□
ScriptTrader	脚本策略	□
RpcService	RPC服务	□
CsvLoader	CSV加载	□
DataRecorder	行情记录	■

1. 请勾选需要使用的底层接口和上层应用模块
2. 配置完毕后，点击"启动"按钮来打开VN Trader
3. VN Trader运行时请勿关闭VN Station（会造成退出）
4. CTP和CTP测试接口不能同时加载（会导致API版本错误）
5. CTP Mini和CTP Mini测试接口不能同时加载（会导致API版本错误）

启动

图　16-7

在左侧选择所需要的底层交易接口，“介绍”一栏中我们可以看到每个接口所支持的交易品种。注意，部分接口存在冲突不能同时使用，下方的说明信息中会有详细介绍。

在右侧选择需要的上层应用模块，同样，在“介绍”一栏中可以看到该模块所提供的具体功能。各个上层应用之间并不存在冲突的情况，所以新手不妨全部加载了一个个地查看，后续在确定自己的交易策略后再按需加载。

点击“启动”按钮后，稍等几秒就会看到如图 16-8 所示的 VN Trader 主界面，下面就可以连接登录交易接口，开始执行交易了！

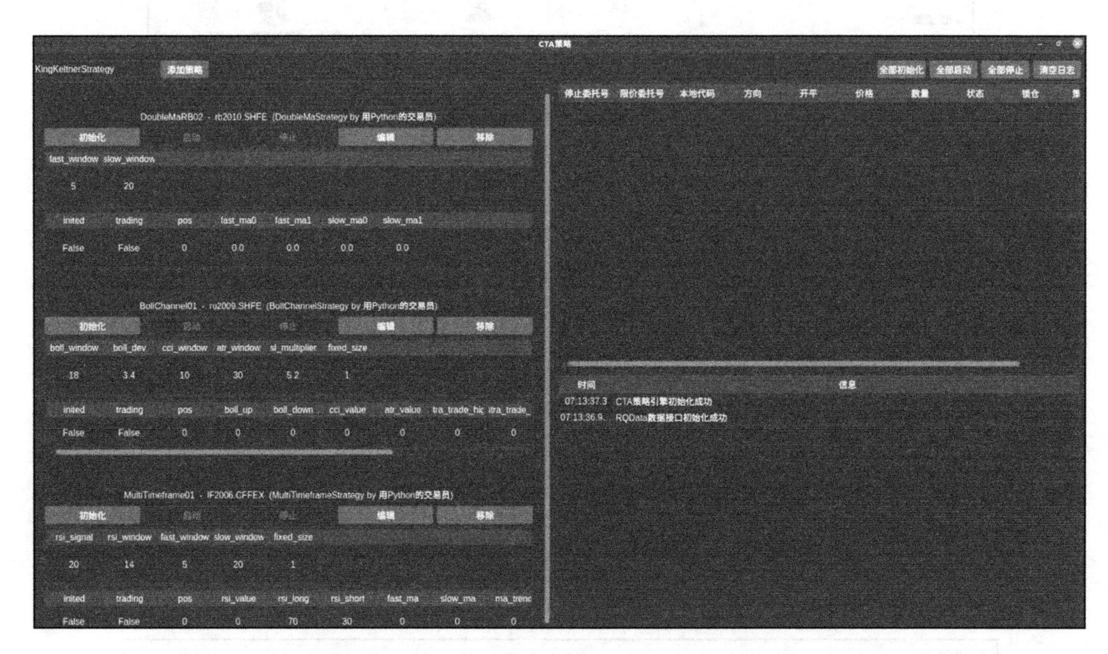

图　16-8

16.4　CTA 策略模块分析

本节就来看一下 CTA 策略模块里面的具体代码。

CtaTemplate 是最基础的模板，CTA 策略全部继承了 CtaTemplate，其中公开提供给用户使用的函数包含以下几种。

（1）构造函数

- __init__ 函数：参数包括引擎对象（回测 or 实盘）和参数配置字典。

（2）回调函数

- on_init：策略初始化时被调用，通常是在这里加载历史数据回放（调用 on_tick 或者 onBar）来初始化策略状态。
- on_start：策略启动时被调用。
- on_stop：策略停止时被调用，通常会撤销掉全部活动委托。

- on_tick：收到 Tick 推送时调用，对于非 Tick 级策略，会在这里合成 K 线后调用 onBar。
- on_bar：回测收到新的 K 线时调用，实盘由 on_tick 调用，通常是在这里编写策略主逻辑。
- on_order：收到委托回报时调用，用户可以缓存委托状态数据以便于后续使用。
- on_stop_order：收到本地停止单状态变化时调用。
- on_trade：收到成交时调用。

（3）交易函数

- buy：买入开仓，返回委托号 vtOrderID。
- sell：卖出平仓。
- short：卖出开仓。
- cover：买入平仓。
- cancel_order：撤销委托，传入的参数是需要撤销的委托号 vtOrderID。

现在我们基于示例策略 strategyDualThrust.py 来分析对应函数的使用方法。

16.5 第一个入门策略

16.5.1 创建策略文件

首先要接触的一个概念是用户目录，即任何操作系统默认用来存放当前登录的用户运行程序时缓存文件的目录，假设登录的用户名为 client，那么目录的路径分别如下。

- Windows 下：C:\Users\client\。
- Linux 或 Mac 下：/home/client/。

上述即为最常用的用户目录路径，注意这只是常用情况，如果你的系统进行了特殊的配置修改，则路径可能会有所不同。

VN Trader 默认的运行时目录即为操作系统用户目录，启动后会在用户目录下创建 .vntrader 文件夹，用于保存配置和临时文件（有时可能会遇到奇怪的 Bug，删除该文件夹后重启就能解决）。

同时 CTA 策略模块（CtaStrategyApp）在启动后，也会扫描位于 VN Trader 运行时目录下的 strategies 文件夹来加载用户自定义的策略文件，以 Windows 为例，Strategies 的路径为：C:\Users\client\strategies。注意，strategies 文件夹默认是不存在的，需要用户自行创建。

进入 strategies 目录后，新建我们的第一个策略文件 demo_strategy.py，然后用 VS Code 打开。

16.5.2 定义策略类

新建的策略文件打开之后，内部空空如也，此时我们开始向其中添加代码，遵循行业传统，这里同样也是选择使用傻瓜的双均线策略作为演示策略，代码如下：

```
from vnpy.app.cta_strategy import (
    CtaTemplate,
    StopOrder,
    TickData,
    BarData,
    TradeData,
    OrderData,
    BarGenerator,
    ArrayManager,
)

class DemoStrategy(CtaTemplate):
    """ 演示用的简单双均线策略 """

    # 策略作者
    author = "Smart Trader"

    # 定义参数
    fast_window = 10
    slow_window = 20

    # 定义变量
    fast_ma0 = 0.0
    fast_ma1 = 0.0
    slow_ma0 = 0.0
    slow_ma1 = 0.0

    # 添加参数和变量名到对应的列表
    parameters = ["fast_window", "slow_window"]
    variables = ["fast_ma0", "fast_ma1", "slow_ma0", "slow_ma1"]

    def __init__(self, cta_engine, strategy_name, vt_symbol, setting):
        """"""
        super().__init__(cta_engine, strategy_name, vt_symbol, setting)

        # K 线合成器：用于从 Tick 合成分钟 K 线
        self.bg = BarGenerator(self.on_bar)

        # 时间序列容器：用于计算技术指标
        self.am = ArrayManager()

    def on_init(self):
        """
        当策略被初始化时调用该函数
        """
        # 输出日志，下同
        self.write_log(" 策略初始化 ")

        # 加载 10 天的历史数据用于初始化回放
```

```
        self.load_bar(10)

    def on_start(self):
        """
        当策略被启动时调用该函数
        """
        self.write_log("策略启动")

        # 通知图形界面更新(策略的最新状态)
        # 若不调用该函数则界面不会发生变化
        self.put_event()

    def on_stop(self):
        """
        当策略被停止时调用该函数
        """
        self.write_log("策略停止")

        self.put_event()

    def on_tick(self, tick: TickData):
        """
        通过该函数收到 Tick 推送
        """
        self.bg.update_tick(tick)

    def on_bar(self, bar: BarData):
        """
        通过该函数收到新的 1 分钟 K 线推送
        """
        am = self.am

        # 更新 K 线到时间序列容器中
        am.update_bar(bar)

        # 若缓存的 K 线数量尚不够计算技术指标，则直接返回
        if not am.inited:
            return

        # 计算快速均线
        fast_ma = am.sma(self.fast_window, array=True)
        self.fast_ma0 = fast_ma[-1]      # T 时刻数值
        self.fast_ma1 = fast_ma[-2]      # T-1 时刻数值

        # 计算慢速均线
        slow_ma = am.sma(self.slow_window, array=True)
        self.slow_ma0 = slow_ma[-1]
        self.slow_ma1 = slow_ma[-2]

        # 判断是否金叉
        cross_over = (self.fast_ma0 > self.slow_ma0 and
```

```
                    self.fast_ma1 < self.slow_ma1)

        # 判断是否死叉
        cross_below = (self.fast_ma0 < self.slow_ma0 and
                       self.fast_ma1 > self.slow_ma1)

        # 如果发生了金叉
        if cross_over:
            # 那么为了保证成交，在K线收盘价上加5发出限价单
            price = bar.close_price + 5

            # 若当前无仓位，则直接开多
            if self.pos == 0:
                self.buy(price, 1)
            # 若当前持有空头仓位，则先平空，再开多
            elif self.pos < 0:
                self.cover(price, 1)
                self.buy(price, 1)

        # 如果发生了死叉
        elif cross_below:
            price = bar.close_price - 5

            # 若当前无仓位，则直接开空
            if self.pos == 0:
                self.short(price, 1)
            # 若当前持有空头仓位，则先平多，再开空
            elif self.pos > 0:
                self.sell(price, 1)
                self.short(price, 1)

        self.put_event()

    def on_order(self, order: OrderData):
        """
        通过该函数收到委托状态更新推送
        """
        pass

    def on_trade(self, trade: TradeData):
        """
        通过该函数收到成交推送
        """
        # 成交后若策略逻辑仓位发生变化，则需要通知界面更新
        self.put_event()

    def on_stop_order(self, stop_order: StopOrder):
        """
        通过该函数收到本地停止单推送
        """
        pass
```

在文件头部的一系列 import 中，最重要的就是 CtaTemplate，这是我们开发 CTA 策略所用的策略模板基类，策略模板提供了一系列以 on_ 开头的回调函数，用于接收事件推送，以及其他主动函数用于执行操作（委托、撤单、记录日志等）。

所有开发的策略类，都必须继承 CtaTemplate 基类，然后在需要的回调函数中实现策略逻辑，即当某件事情发生时，我们需要执行的对应操作：比如，当收到 1 分钟 K 线推送时，我们需要计算均线指标，然后判断是否要执行交易。

16.5.3　设置参数变量

所有的量化交易策略必然都会涉及参数和变量这两个与数值有关的概念。

参数是策略内部的逻辑算法中用来控制结果输出的一些数值，在策略类中需要定义出这些参数的默认数值，代码如下：

```
# 定义参数
fast_window = 10
slow_window = 20
```

定义完后，还需要将参数的名称（字符串）添加到 parameters 列表中，代码如下：

```
parameters = ["fast_window", "slow_window"]
```

这一步操作是为了让系统内的策略引擎，得以知道该策略包含哪些参数，并在初始化策略时弹出相应的对话框让用户填写，或者在命令行模式下直接将配置字典中对应的 key 的 value 赋值到策略变量上。

变量则是策略内部的逻辑算法在执行过程中用来缓存中间状态的一些数值，在策略类中同样需要定义出这些变量的默认数值，代码如下：

```
# 定义变量
fast_ma0 = 0.0
fast_ma1 = 0.0
slow_ma0 = 0.0
slow_ma1 = 0.0
```

定义完之后，还需要将变量的名称（字符串）添加到 variables 列表中，代码如下：

```
variables = ["fast_ma0", "fast_ma1", "slow_ma0", "slow_ma1"]
```

与参数类似，这一步操作是为了让系统内的策略引擎，得以知道该策略包含哪些变量，并在 GUI（图形界面）上更新策略状态时将这些变量的最新数值显示出来，同时在将策略运行状态保存到缓存文件中时将这些变量写进去（实盘中每天关闭策略时会自动缓存）。

需要注意的事项具体如下。

- 无论是变量还是参数，都必须定义在策略类中，而非策略类的 __init__ 函数中。
- 参数和变量，均只支持 Python 中的四种基础数据类型，即 str、int、float、bool，若使用其他类型则会导致各种出错（尤其需要注意的是不要用 list、dict 等容器）；

- 如果在策略逻辑中，确实需要使用 list、dict 之类的容器来进行数据缓存，那么请在 __init__ 函数中创建这些容器。

16.5.4 交易逻辑实现

前文已经提到过，在 vn.py 的 CTA 策略模块中，所有的策略逻辑都是由事件来驱动的。下面列举一些事件进行说明。

- 策略在执行初始化操作时，会收到 on_init 函数的调用，此时可以加载历史数据，来进行技术指标的初始化运算。
- 一根新的 1 分钟 K 线走完时，会收到 on_bar 函数的调用，参数为这根 K 线对象的 BarData。
- 策略发出的委托，状态发生变化时，会收到 on_order 函数的调用，参数为该委托的最新状态 OrderData。

对于最简单的双均线策略的 DemoStrategy 来说，我们不用关注委托状态变化和成交推送之类的细节，只需要在收到 K 线推送时（on_bar 函数中）执行交易相关的逻辑判断即可。

每次一根新的 K 线走完时，策略会通过 on_bar 函数收到这根 K 线的数据推送。注意，此时收到的数据只有该 K 线，但大部分技术指标在计算时都会需要过去 N 个周期的历史数据。

所以为了计算均线技术指标，我们需要使用一个称为时间序列容器 ArrayManager 的对象，用于实现 K 线历史的缓存和技术指标的计算，在策略的 __init__ 函数中创建该对象，代码如下：

```
# 时间序列容器：计算技术指标用
self.am = ArrayManager()
```

在 on_bar 函数的逻辑中，第一步需要将 K 线对象推送到该时间序列容器中，代码如下：

```
# 纯粹是为了后续可以少写一些 self
am = self.am

# 将 K 线更新到时间序列容器中
am.update_bar(bar)

# 若缓存的 K 线数量尚不够计算技术指标，则直接返回
if not am.inited:
    return
```

为了满足技术指标计算的需求，我们通常最少需要 N 根 K 线的缓存（N 默认为 100），在推送进 ArrayManager 对象的数据不足 N 之前，是无法计算出所需要的技术指标的，对于缓存的数据是否已经足够的判断，通过 am.inited 变量可以很方便地进行判断，在 inited 变为 True 之前，都应该只是缓存数据而不进行任何其他操作。

当缓存的数据量满足需求之后，我们可以很方便地通过 am.sma 函数来计算均线指标的

数值，代码如下：

```
# 计算快速均线
fast_ma = am.sma(self.fast_window, array=True)
self.fast_ma0 = fast_ma[-1]      # T 时刻数值
self.fast_ma1 = fast_ma[-2]      # T-1 时刻数值

# 计算慢速均线
slow_ma = am.sma(self.slow_window, array=True)
self.slow_ma0 = slow_ma[-1]
self.slow_ma1 = slow_ma[-2]
```

注意，这里我们传入了可选参数 array=True，因此返回的 fast_ma 为最新移动平均线的数组，其中最新一个周期（T 时刻）的移动均线 ma 数值可以通过 –1 下标来获取，上一个周期（T-1 时刻）的 ma 数值可以通过 –2 下标来获取。

有了快慢两根均线在 T 时刻和 T-1 时刻的数值之后，我们就可以进行双均线策略的核心逻辑判断了，即判断是否发生了均线金叉或者死叉，代码如下：

```
# 判断是否金叉
cross_over = (self.fast_ma0 > self.slow_ma0 and
              self.fast_ma1 < self.slow_ma1)

# 判断是否死叉
cross_below = (self.fast_ma0 < self.slow_ma0 and
               self.fast_ma1 > self.slow_ma1)
```

所谓的均线金叉，是指 T-1 时刻的快速均线 fast_ma1 低于慢速均线 slow_ma1，而 T 时刻时快速均线 fast_ma0 大于或等于慢速均线 slow_ma1，实现了上穿的行为（即金叉）。均线死叉则是相反的情形。

若发生了金叉或者死叉，则需要执行相应的交易操作，代码如下：

```
# 如果发生了金叉
if cross_over:
    # 为了保证成交，在 K 线收盘价上加 5 发出限价单
    price = bar.close_price + 5

    # 若当前无仓位，则直接开多
    if self.pos == 0:
        self.buy(price, 1)
    # 若当前持有空头仓位，则先平空，再开多
    elif self.pos < 0:
        self.cover(price, 1)
        self.buy(price, 1)

# 如果发生了死叉
elif cross_below:
    price = bar.close_price - 5
```

```
# 若当前无仓位，则直接开空
if self.pos == 0:
    self.short(price, 1)
# 若当前持有空头仓位，则先平多，再开空
elif self.pos > 0:
    self.sell(price, 1)
    self.short(price, 1)
```

对于简单双均线策略来说，若处于持仓的状态中，则金叉后拿多仓，死叉后拿空仓。

所以当金叉发生时，我们需要检查当前持仓的情况。如果没有持仓（self.pos == 0），说明此时策略刚开始进行交易，则应该直接执行多头开仓操作（buy）。如果此时已经持有空头仓位（self.pos < 0），则应该先执行空头平仓操作（cover），然后同时立即执行多头开仓操作（buy）。为了保证成交（简化策略），我们在下单时选择加价的方式来实现（多头 +5，空头 –5）。

注意，尽管这里我们选择使用双均线策略来做演示，但在实践经验中，简单均线类的策略效果往往非常差，千万不要拿来进行实盘操作，也不建议在此基础上进行扩展开发。

16.5.5　实盘 K 线合成

DemoStrategy 的双均线交易逻辑，可以通过超价买卖的方式来保证成交，从而忽略撤单、委托更新、成交推送之类更加细节的事件驱动逻辑。

但在进行实盘交易时，任何交易系统（不管是期货 CTP、还是数字货币 BITMEX 等）都只会推送最新的 Tick 更新数据，而不会有完整的 K 线推送，因此用户需要自行在本地完成 Tick 到 K 线的合成逻辑。

vn.py 也提供了完善的 K 线合成工具 BarGenerator，用户只需在策略的 __init__ 函数中创建实例即可，代码如下：

```
# K 线合成器：将 Tick 数据合成分钟 K 线
self.bg = BarGenerator(self.on_bar)
```

其中，BarGenerator 对象创建时，传入的参数（self.on_bar）是指当 1 分钟 K 线走完时所触发的回调函数。

在实盘策略收到最新的 Tick 推送时，我们只需要将 TickData 更新到 BarGenerator 中即可，代码如下：

```
def on_tick(self, tick: TickData):
    """
    通过该函数接收 Tick 推送。
    """
    self.bg.update_tick(tick)
```

当 BarGenerator 发现某根 K 线走完时，会将过去 1 分钟内的 Tick 数据合成的 1 分钟 K 线推送给策略，自动调用策略的 on_bar 函数，执行 16.5.4 节中讲解的交易逻辑。

16.6 on_tick 和 on_bar

本节所列举的代码是较老版本的，可能会与当前版本不兼容，主要是用于体现思路的，大家理解即可。

16.6.1 on_tick 的逻辑

on_tick 属于回调函数。所谓回调函数，大致可以理解为不是用户主动调用的函数，而是由对应的服务端调用的函数。在这里，on_tick 函数就是每当产生一个新的行情数据的时候，就会调用该函数，函数的参数就是对应的 tick 信息。

strategyDualThrust.py 主要是完成了计算 K 线的工作。然后，在产生一个新的 K 线的时候，调用 on_bar，具体的策略逻辑是写在 on_bar 里面的。也就是说，策略的计算信号的频率是以 K 线为单位的。

主要代码如下：

```
if tickMinute != self.barMinute:
    if self.bar:
        self.on_bar(self.bar)

    bar = VtBarData()
    bar.vtSymbol = tick.vtSymbol
    bar.symbol = tick.symbol
    bar.exchange = tick.exchange

    bar.open = tick.lastPrice
    bar.high = tick.lastPrice
    bar.low = tick.lastPrice
    bar.close = tick.lastPrice

    bar.date = tick.date
    bar.time = tick.time
    bar.datetime = tick.datetime     # K 线的时间设为第一个 Tick 的时间

    self.bar = bar                   # 这种写法可以减少一层访问，从而加快速度
    self.barMinute = tickMinute      # 更新当前的分钟
else:                                # 否则继续累加新的 K 线
    bar = self.bar                   # 这种写法同样是为了加快速度

    bar.high = max(bar.high, tick.lastPrice)
    bar.low = min(bar.low, tick.lastPrice)
    bar.close = tick.lastPrice
```

可以看到，判断是否产生新的 K 线的依据是判断当前 tick 的分钟是不是与对应 bar 的分钟相等。如果不相等，则说明产生了新的 K 线，于是就要调用 On_bar 函数计算策略逻辑。同时，也新增一个 Bar 对象，然后初始化相应信息，作为下一根 Bar。如果没有产生

新的 Bar，那么只需要更新当前 Bar 的 high、low、close 数据即可，也不需要调用 On_bar 函数。

16.6.2　on_bar 的逻辑

首先，我们需要维护一个报单列表 orderList，调用 on_bar 的时候，最开始应撤销之前未成交的所有委托。这一步很重要，否则报单的管理就可能会变得非常混乱，甚至导致出错。

```
# 撤销之前发出的尚未成交的委托(包括限价单和停止单)
for orderID in self.orderList:
    self.cancelOrder(orderID)
self.orderList = []
```

之后就是计算相应的指标值，根据指标值判断是否产生交易信号，代码如下：

```
if lastBar.datetime.date() != bar.datetime.date():
    # 如果已经初始化
    if self.dayHigh:
        self.range = self.dayHigh - self.dayLow
        self.longEntry = bar.open + self.k1 * self.range
        self.shortEntry = bar.open - self.k2 * self.range

    self.dayOpen = bar.open
    self.dayHigh = bar.high
    self.dayLow = bar.low

    self.longEntered = False
    self.shortEntered = False
else:
    self.dayHigh = max(self.dayHigh, bar.high)
    self.dayLow = min(self.dayLow, bar.low)
```

再之后就是根据信号进行的交易逻辑了。这里需要注意的是，pos 变量是由引擎维护的。但是经过笔者的测试，必须要在 on_trade() 函数里加上 self.put_event() 才能保证 pos 更新的及时和准确性。具体代码如下：

```
if bar.datetime.time() < self.exitTime:

#没有仓位
if self.pos == 0:
    if bar.close > self.dayOpen:
        if not self.longEntered:
            vtOrderID = self.buy(self.longEntry, self.fixedSize, stop=True)
            self.orderList.append(vtOrderID)
    else:
        if not self.shortEntered:
            vtOrderID = self.short(self.shortEntry, self.fixedSize, stop=True)
```

```
            self.orderList.append(vtOrderID)

    # 持有多头仓位
    elif self.pos > 0:
        self.longEntered = True

        # 多头止损单
        vtOrderID = self.sell(self.shortEntry, self.fixedSize, stop=True)
        self.orderList.append(vtOrderID)

        # 空头开仓单
        if not self.shortEntered:
            vtOrderID = self.short(self.shortEntry, self.fixedSize, stop=True)
            self.orderList.append(vtOrderID)

    # 持有空头仓位
    elif self.pos < 0:
        self.shortEntered = True

        # 空头止损单
        vtOrderID = self.cover(self.longEntry, self.fixedSize, stop=True)
        self.orderList.append(vtOrderID)

        # 多头开仓单
        if not self.longEntered:
            vtOrderID = self.buy(self.longEntry, self.fixedSize, stop=True)
            self.orderList.append(vtOrderID)

# 收盘平仓
else:
    if self.pos > 0:
        vtOrderID = self.sell(bar.close * 0.99, abs(self.pos))
        self.orderList.append(vtOrderID)
    elif self.pos < 0:
        vtOrderID = self.cover(bar.close * 1.01, abs(self.pos))
        self.orderList.append(vtOrderID)
```

从上述这段代码中，可以看到，逻辑主要分为了三大块，分别对应着无仓位、有多头仓位、有空头仓位的情况。这种按三种不同仓位分块的写法是 CTA 策略中最常见的写法。另外，可以看到，每次下单的时候，都会将返回的订单编号添加到维护的订单列表中。

讲到这里，主要的策略逻辑已经介绍完毕。需要注意的是，这只是一个样例策略，并不是能够实盘的策略。因为有很多其他的细节和问题还没有考虑到，比如，如果下单没有成交应该怎么处理？断网后应该怎么处理？等等。如果需要进行实盘交易，那么很多细节问题都是要自行处理的。

16.6.3　策略的两种模式

一般来说，编写策略可分为两种模式。

一种是策略逻辑，只负责计算信号，并在信号出现的时候通知系统开平仓。具体的下单算法、回报处理等，策略逻辑里面不处理，而是交由底层系统模块来处理，策略编写人员不用考虑。这种方式相对来说比较简单，比较适合频率较低的策略，比如 30 分钟、小时、日线数据。

另一种模式是策略里面本身需要实现的下单算法、回报处理等更细粒度的逻辑。这种模式来说相对比较复杂，因为报单的处理是难度较高的一块。这种模式比较适合于 1 分钟以下的高频交易。

对于第一种模式，vn.py 提供了一个对应的模板，即 ctaTemplate.py 里面的 TargetPosTemplate 类。基于 TargetPosTemplate 开发策略，无需再调用 buy/sell/cover/short 这些具体的委托指令，只需要在策略逻辑运行完成之后调用 setTargetPos 设置目标持仓，底层算法就会自动完成相关的交易，该模式比较适合不擅长管理交易挂撤单细节的用户。在 TargetPosTemplate 里面，核心的代码就是仓位同步算法。此算法的实现在 trade 函数里面，具体代码如下：

```
def trade(self):
    """ 执行交易 """
    # 先撤销之前的委托
    for vtOrderID in self.orderList:
        self.cancelOrder(vtOrderID)
    self.orderList = []

    # 如果目标仓位与实际仓位一致，则不进行任何操作
    posChange = self.targetPos - self.pos
    if not posChange:
        return

    # 确定委托基准价格，有 tick 数据时优先使用，否则使用 bar
    longPrice = 0
    shortPrice = 0

    if self.lastTick:
        if posChange > 0:
            longPrice = self.lastTick.askPrice1 + self.tickAdd
        else:
            shortPrice = self.lastTick.bidPrice1 - self.tickAdd
    else:
        if posChange > 0:
            longPrice = self.lastBar.close + self.tickAdd
        else:
            shortPrice = self.lastBar.close - self.tickAdd

    # 回测模式下，采用合并平仓和反向开仓的委托方式
    if self.getEngineType() == ENGINETYPE_BACKTESTING:
        if posChange > 0:
            vtOrderID = self.buy(longPrice, abs(posChange))
        else:
```

```
            vtOrderID = self.short(shortPrice, abs(posChange))
        self.orderList.append(vtOrderID)

    # 实盘模式下，首先确保之前的委托都已经结束（全成、撤销）
    # 然后先发送平仓委托，等待成交之后，再发送新的开仓委托
    else:
        # 检查之前的委托是否都已结束
        if self.orderList:
            return

        # 买入
        if posChange > 0:
            if self.pos < 0:
                vtOrderID = self.cover(longPrice, abs(self.pos))
            else:
                vtOrderID = self.buy(longPrice, abs(posChange))
        # 卖出
        else:
            if self.pos > 0:
                vtOrderID = self.sell(shortPrice, abs(self.pos))
            else:
                vtOrderID = self.short(shortPrice, abs(posChange))
        self.orderList.append(vtOrderID)
```

第二种模式，基于 CtaTemplate 开发即可实现。因为 CtaTemplate 暴露了相应的函数给用户实现。其中，主要的函数是 On_tick()、OnOrder()、OnTrade()、buy()、sell()、short()、cover()。

On_tick() 是行情的回调函数，每出现一个行情数据，就会调用一次这个函数，所以里面的逻辑每个 tick 都会执行一次。

OnOrder() 是报单状态变化的函数，比如下单成功或者失败，撤单成功或者失败，都会收到相应的回报。

OnTrade() 是报单出现成交之后回调的函数。需要注意的是，报单不一定全部成交，所以有时候也会返回部分成交的信息。

下面就来列举一个例子，说明如何利用这些函数来完成相应的功能。在高频交易中，有时候为了抢时间，我们需要在报单成交之后，立刻发出止盈单。这个功能就可以在 OnTrade() 里面实现了。以下是一个成交之后立刻发出止盈单的示例：

```
def onTrade(self, trade):

    self.putEvent()

    if trade.offset == u'开仓':
        # 下止盈单
        if trade.direction == u'多':
            vtOrderID = self.sell(trade.price + self.profit_tick * self.tick_
                value, trade.volume)
```

```
            self.orderList.append(vtOrderID)
        else:
            vtOrderID = self.cover(trade.price - self.profit_tick * self.tick_
                value, trade.volume)
            self.orderList.append(vtOrderID)
```

在这段代码里面，我们首先判断收到的成交回报是不是开仓单，如果是开仓多单，那么就下相应成交数量的止盈平仓空单；如果是开仓空单，那么就下相应成交数量的止盈平仓多单。

这是一个比较简单的例子，下单算法可能会很复杂，需要根据实际情况具体确定。

CHAPTER 17

第 17 章

Python 与 Excel 交互

Microsoft Excel 无论是在国内还是在国外，都是非常流行的数据处理工具。在国内，几乎所有的金融机构都会使用 Excel 来进行数据分析。Excel 最大的优点是相对比较简单易用，没有任何编程知识的人也能使用 Excel 进行简单的数据处理。不过 Excel 也有其缺点，主要是不适合用于存储大量的数据或者具有复杂关系的数据。另外，虽然 Excel 有 VBA 编程系统的支持，但 VBA 毕竟不是流行的语言，这就限制了其潜力。

本章将讨论如何使用 Python 与 Excel 进行交互并加以操作。Python 主要具有如下作用。

- 数据处理器：Python 可以向 Excel 提供数据，或者从 Excel 中读取数据。
- 分析引擎：Python 基于自身强大的数据分析能力，完全可以替代 VBA。

17.1 Excel 相关库简介

Python 中用于处理 Excel 的库共有五个，具体如下。

- OpenPyxl 推荐使用的库，可以处理 Excel2010 版本以上的文件。
- xlsxwrite 另一个库，可以处理 Excel2010 版本以上的文件。
- xlrd 读取旧版本的 Excel（2003 版及之前的版本）。
- xlwt 写较旧版本的 Excel（2003 版及之前版本）。
- xlutils 基于 xlrd 和 xlwt 的库，集成了部分相关函数。

为了统一标准，笔者建议，尽量使用 OpenPyxl 和 Excel 2010 以上的版本来进行数据处理的工作。除非必要情况下（比如要读取大量的 Excel 2003 文件），否则尽量不要使用其他的库。对于少量的 Excel 2003 文件，可以使用新版本的 Excel 转换为 2010 以上的版本，再做处理。

17.2 OpenPyxl 基础

17.2.1 OpenPyxl 入门操作

在量化投资中，对于 Excel，大多数的使用场景是生成和制作报表。制作报表就需要生成 Excel 文件，并写入数据。这里首先介绍如何在 Excel 中写入数据。下面是一个简单的示例：

```
# 导入 Workbook 类
from openpyxl import Workbook

# 创建一个工作簿对象
wb = Workbook()

# 获取活跃工作表
ws = wb.active

# 对单元格直接赋值
ws['A1'] = 1

# 添加一行新的数据
ws.append([2, 3, 4])

# 字符串格式
ws['A4'] = 'hello'

# 日期格式
import datetime
ws['A3'] = datetime.datetime.now()

# 保存文件
wb.save("sample.xlsx")
```

首先导入 Workbook 类，创建一个 Workbook 对象 wb。这个对象对应了 Excel 工作簿的概念，相当于整个 Excel 文件。然后获取工作簿的活跃工作表对象 ws，ws 对应了打开 Excel 时默认显示的工作表（Excel 可以同时有多个工作表），然后就可以使用 ws 修改表的数据了。修改数据既可以直接指定单元格的位置，也可以使用 append 方法直接添加一行，具体请参考上面的示例代码。代码运行之后，生成一个 sample.xlsx 文件，文件显示如图 17-1 所示。

下面再详细介绍一下 OpenPyxl 的各个功能。

创建新的工作表，代码如下：

	A	B	C	D
1	1			
2	2	3	4	
3	2017-01-05 10:20:09			
4	hello			
5				
6				
7				

图　17-1

```
# 导入 Workbook 类
from openpyxl import Workbook

# 创建一个工作簿对象
wb = Workbook()

# 创建名称为 Mysheet1 的工作表，默认放在最后
ws1 = wb.create_sheet("Mysheet1")

# 创建名称为 Mysheet2 的工作表，默认放在最前面
```

```
ws2 = wb.create_sheet("Mysheet2", 0)

# 保存文件
wb.save("new_sheet.xlsx")
```

上述代码的运行效果如图 17-2 所示。

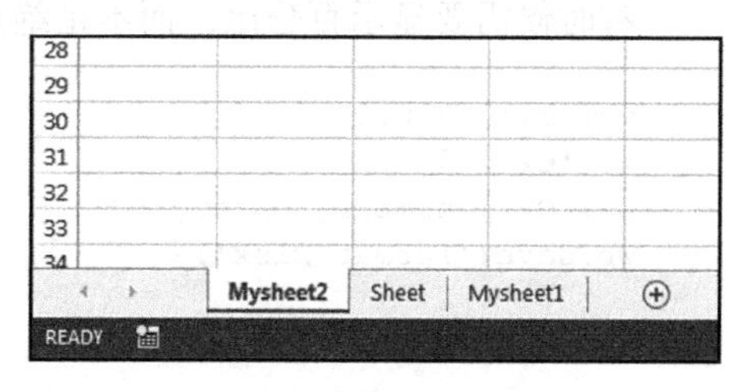

图 17-2

可以看到，除了默认产生的 Sheet 表之外，还新添加了两个工作表。如果没有指定名称，那么表的名称默认为 Sheet1、Sheet2……这一点与在 Excel 里面添加新表是一致的。同时，也可以随时更改表的名称，代码如下：

```
ws.title = "New Title"
```

我们可以通过工作表的名称来获取这个工作表对象，从而对其进行操作，代码如下：

```
ws3 = wb["New Title"]
```

查看工作簿所有工作表的名称，代码如下：

```
# 第一种方法，直接打印所有工作表名称
print(wb.sheetnames)

# 第二种方法，对工作表进行循环读取
for sheet in wb:
    print(sheet.title)
```

当我们有了一个工作表对象 ws 的时候，就可以对其中的单元格对象进行操作了。需要注意的是，当生成一个新的工作表的时候，内存里面默认是没有单元格对象的。只有当你访问某个单元格对象的时候，才会在内存中生成。

这行代码会在内存中生成一个 100 × 100 的单元格对象，即使是没有对其进行赋值操作：

```
for i in range(1,101):
    for j in range(1,101):
        ws.cell(row=i, column=j)
```

这行代码会在内存中生成一个 A4 的单元格对象：

```
c = ws['A4']
```

在获取了一个 cell 对象之后，就可以对其进行赋值操作了，代码如下：

```
c.value = 'hello, world'
```

单元格对象都有相应的数据格式，比如为变量赋值日期格式，格式就是 'yyyy-mm-dd h:mm:ss'：

```
import datetime
ws['A1'] = datetime.datetime(2010, 7, 21)
ws['A1'].number_format
```

输出结果如下：

```
'yyyy-mm-dd h:mm:ss'
```

有时候需要显示百分比，而不是绝对数值，代码如下：

```
ws['C1'] = 0.1
ws['C2'] = 0.1
ws['C2'].number_format='0%'
wb.save('format.xlsx')
```

A	B	C
2010-07-21 0:00:00		0.1
		10%

图 17-3

显示结果如图 17-3 所示。

我们也可以为单元格赋值公式，功能与 Excel 里面的公式一样，代码如下：

```
from openpyxl import Workbook
wb = Workbook()
ws["A1"]=1
ws["B1"]=1
ws["C1"] = "=SUM(A1, B1)"
wb.save("formula.xlsx")
```

生成的 Excel 如图 17-4 所示。

有时候为了排版，需要对单元格进行合并，代码如下：

```
from openpyxl.workbook import Workbook

wb = Workbook()
ws = wb.active

ws['A1']='merged cells'

ws.merge_cells('A1:C1')

wb.save('merge.xlsx')
```

这段代码合并了 A1:C1，效果如图 17-5 所示。

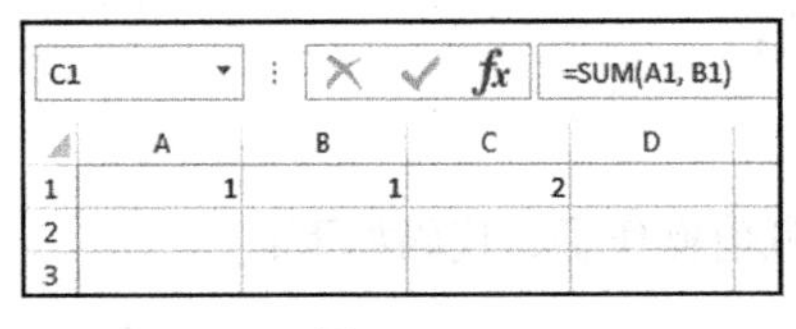
C1 =SUM(A1, B1)

	A	B	C	D
1	1	1	2	
2				
3				

图 17-4

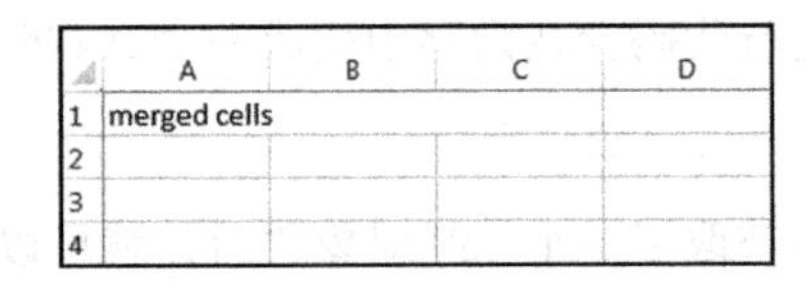

	A	B	C	D
1	merged cells			
2				
3				
4				

图 17-5

17.2.2 Pandas 与 Excel

创建两个 DataFrame，并将其写在不同的工作表上，代码如下：

```
import pandas as pd
```

```
writer = pd.ExcelWriter('pandas_excel.xlsx')

data={'A':['x','y','z'],'B':[1000,2000,3000],'C':[10,20,30]}
df1=pd.DataFrame(data,index=['a','b','c'])

dates=pd.date_range('20160101',periods=8)
df2=pd.DataFrame(np.random.randn(8,4),index=dates,columns=list('ABCD'))

df1.to_excel(writer,'Sheet1')
df2.to_excel(writer,'Sheet2')
writer.save()
```

Excel 的结果分别如图 17-6 和图 17-7 所示。第一张工作表为图 17-6；第二张工作表为图 17-7。

	A	B	C
a	x	1000	10
b	y	2000	20
c	z	3000	30

Sheet1 Sheet2

图 17-6

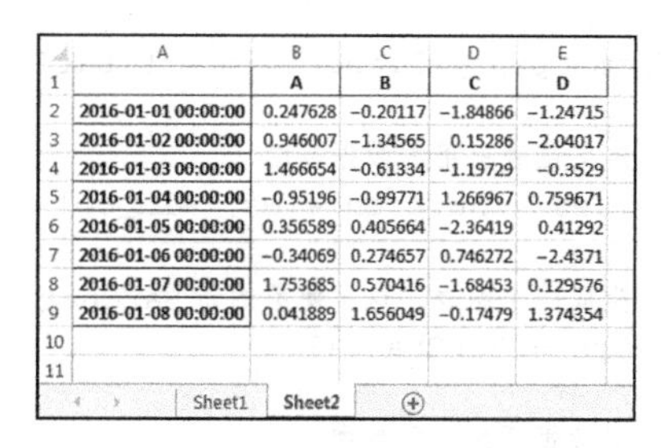

	A	B	C	D
2016-01-01 00:00:00	0.247628	−0.20117	−1.84866	−1.24715
2016-01-02 00:00:00	0.946007	−1.34565	0.15286	−2.04017
2016-01-03 00:00:00	1.466654	−0.61334	−1.19729	−0.3529
2016-01-04 00:00:00	−0.95196	−0.99771	1.266967	0.759671
2016-01-05 00:00:00	0.356589	0.405664	−2.36419	0.41292
2016-01-06 00:00:00	−0.34069	0.274657	0.746272	−2.4371
2016-01-07 00:00:00	1.753685	0.570416	−1.68453	0.129576
2016-01-08 00:00:00	0.041889	1.656049	−0.17479	1.374354

Sheet1 Sheet2

图 17-7

当然，我们也可以将 df1 和 df2 写在同一个工作表中，代码如下：

```
df1.to_excel(writer, sheet_name='Sheet3')  # 默认的起始位置是 A1
df2.to_excel(writer, sheet_name='Sheet3', startrow=2, startcol=5) # 定义起始行为 2，
                                                                     起始列为 5
writer.save()
```

df1 与 df2 写在同一个工作表中的结果如图 17-8 所示。

	A	B	C	D	E	F	G	H	I	J	K
1		A	B	C							
2	a	x	1000	10							
3	b	y	2000	20			A	B	C	D	
4	c	z	3000	30		##########	−0.16894	0.885779	1.692139	0.695902	
5						##########	−0.90047	1.188741	1.067299	0.653107	
6						##########	−0.15995	0.888946	−2.83977	−0.04926	
7						##########	−0.39974	2.168293	−1.76987	1.437888	
8						##########	1.976109	0.292605	−0.37542	−0.00672	
9						##########	0.352629	−0.13363	1.306547	0.19633	
10						##########	−1.69603	−0.36881	0.149124	0.022678	
11						##########	−1.10434	−0.88722	−0.18748	−0.75297	

Sheet1 Sheet2 Sheet3

图 17-8

17.2.3　在 Excel 中绘图

虽然 Python 有 matplotlib 库能够绘图，但在制作报表的时候，往往需要使用 Excel 自身的绘图引擎，这样既可以保持一致性，也方便在 Excel 中直接进行修改。下面通过几个示例来简单介绍一下，如何使用 Excel 自身的引擎来绘图。

先看一个简单的例子，代码具体如下：

```
from openpyxl import Workbook
wb = Workbook()
ws = wb.active

# 生成数据点
for i in range(10):
    ws.append([i])

from openpyxl.chart import BarChart, Reference, Series

# 定义图表引用的数据范围
values = Reference(ws, min_col=1, min_row=1, max_col=1, max_row=10)

# 生成一个图表，这里使用的是 BarChart 函数
chart = BarChart()

# 将数据添加到图表中
chart.add_data(values)

# 将图表添加到工作表中，位置是 B2，这里的位置指的是图表的左上角
ws.add_chart(chart, "C2")

# 保存图表
wb.save("SampleChart.xlsx")
```

生成的 Excel 如图 17-9 所示。

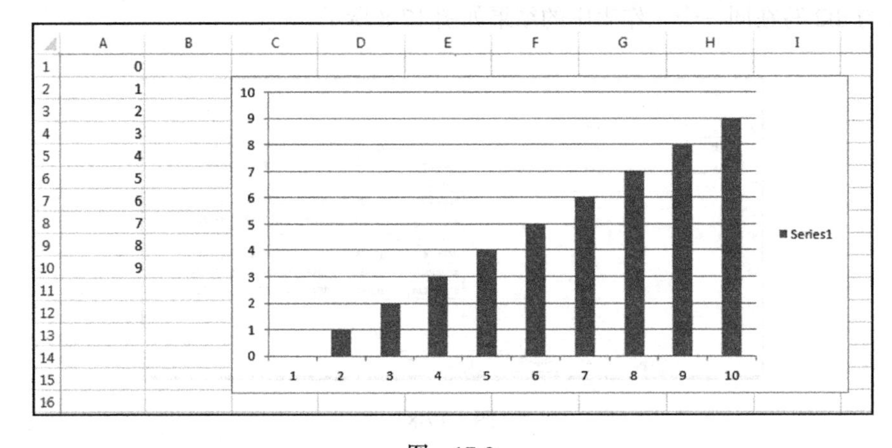

图　17-9

从这段代码中，我们可以看到，一张图是由一列或者多列数据点组成的。这些数据点是通过单元格的引用（Reference）来表示的。图的位置是 C2，意思就是图的左上角与 C2 单元格的左上角重合。图的默认大小是 15 × 7.5cm。当然，图实际显示的大小会根据显示屏和操作系统的区别而有差别。

下面我们再来看一个折线图的例子，代码如下：

```
from datetime import date

from openpyxl import Workbook

# 导入绘图相关的模块
from openpyxl.chart import (
    LineChart,
    Reference,
)

# 导入 DateAxis，用于生成日期坐标
from openpyxl.chart.axis import DateAxis

# 生成工作薄
wb = Workbook()

# 选定活跃工作表
ws = wb.active

# 生成数据
rows = [
    ['Date', 'Data1', 'Data2', 'Data3'],
    [date(2017,9, 1), 10, 30, 25],
    [date(2017,9, 2), 30, 20, 35],
    [date(2017,9, 3), 50, 35, 45],
    [date(2017,9, 4), 35, 25, 35],
    [date(2017,9, 5), 25, 35, 30],
    [date(2017,9, 6), 20, 45, 35],
]

# 将数据写入工作表
for row in rows:
    ws.append(row)

# 生成第一张表
c1 = LineChart()

# 设定表的名称为 " 折线图（一）"
c1.title = u" 折线图（一）"
#c1.style = 1

# 设置 x,y 轴标题
c1.y_axis.title = u' 价格 '
c1.x_axis.title = u' 类别 '
```

```
# 设置数据
data = Reference(ws, min_col=2, min_row=1, max_col=4, max_row=7)

# 向图中添加数据
c1.add_data(data, titles_from_data=True)

# 改变折线的样式，s1 代表第一列数据
s1 = c1.series[0]

# 将 s1 的形状改为三角形
s1.marker.symbol = "triangle"

# 将 s1 数据点的填充色改为红色
s1.marker.graphicalProperties.solidFill = "FF0000" # Marker filling

# 将 s1 数据点的边框颜色改为红色
s1.marker.graphicalProperties.line.solidFill = "FF0000" # Marker outline

# 点与点之间不用折线连接（默认是使用折线连接）
s1.graphicalProperties.line.noFill = True

# 改变第二列数据 s2 的样式
s2 = c1.series[1]

# 颜色填充为浅绿色
s2.graphicalProperties.line.solidFill = "00AAAA"

# 线型为点线
s2.graphicalProperties.line.dashStyle = "sysDot"

# 更改折线的宽度（由于这里是点线，所以实际更改的是点的直径）
s2.graphicalProperties.line.width = 100000

# 更改第三列数据的样式
s3 = c1.series[2]

# 平滑折线
s3.smooth = True # Make the line smooth

# 生成图形 c1
ws.add_chart(c1, "A10")

# 生成图形 c2，此图形以日期为横坐标
c2 = LineChart()

# 更改图的标题
c2.title = u"折线图（二）"

# 为 y 轴命名
```

```
c2.y_axis.title = " 价格 "
#c2.y_axis.crossAx = 500
#c2.x_axis = DateAxis(crossAx=100)

# 为 x 轴命名
c2.x_axis.title = " 日期 "

# 设定 x 轴的显示格式
c2.x_axis.number_format = 'yy-mm-dd'

# 设定主时间间隔
c2.x_axis.majorTimeUnit = "days"

# 添加数据
c2.add_data(data, titles_from_data=True)

# 获取日期数据
dates = Reference(ws, min_col=1, min_row=2, max_row=7)

# 设定 x 轴类别 (日期形式)
c2.set_categories(dates)

# 在 A26 中绘制图形
ws.add_chart(c2, "A26")

# 保存文件
wb.save("LineChart.xlsx")
```

	A	B	C	D	E
1	Date	Data1	Data2	Data3	
2	2017-09-01	10	30	25	
3	2017-09-02	30	20	35	
4	2017-09-03	50	35	45	
5	2017-09-04	35	25	35	
6	2017-09-05	25	35	30	
7	2017-09-06	20	45	35	
8					

图　17-10

在 Excel 中生成的数据如图 17-10 所示。

生成的第一张图如图 17-11 所示。对于第一张图，我们改变了三列数据的线型和颜色。

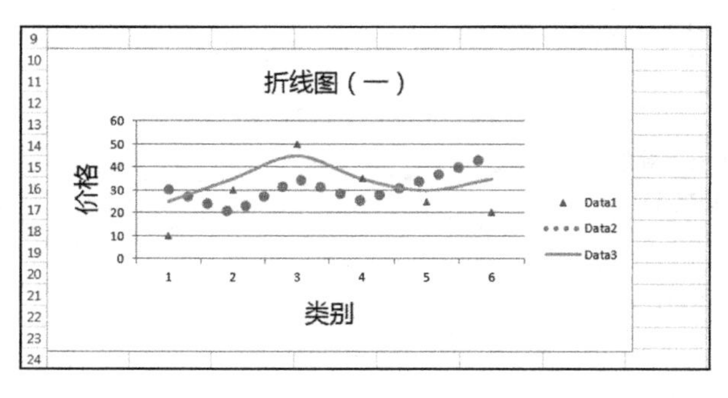

图　17-11

生成的第二张图如图 17-12 所示。在这张图中，我们没有对线型做任何改动，只是更改了横坐标为日期格式，引用了第一列的日期数据。

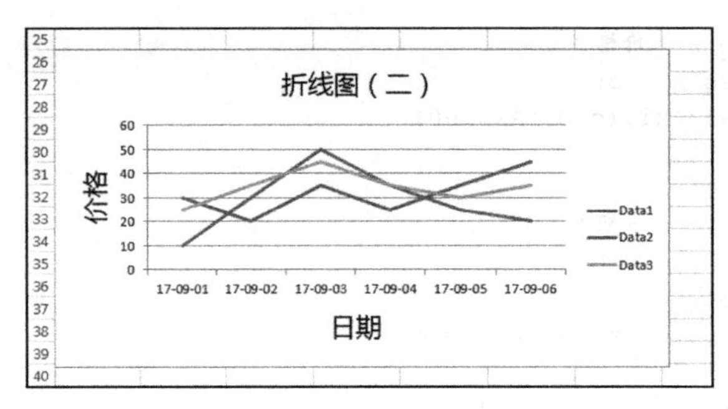

图 17-12

我们再来举例说明如何绘制各种柱状图。柱状图也是一种非常常见的图形，代码如下。

```
from openpyxl import Workbook
from openpyxl.chart import BarChart, Series, Reference

wb = Workbook(write_only=True)
ws = wb.create_sheet()


#  生成数据
rows = [
    ('类别', '数据1', '数据2'),
    ('A', 10, 30),
    ('B', 40, 60),
    ('C', 50, 70),
    ('D', 20, 10),
    ('E', 10, 40)
]

# 向文件中写入数据
for row in rows:
    ws.append(row)

# 第一个柱状图
# 创建一个BarChart对象
chart1 = BarChart()

# 垂直的柱状图
chart1.type = "col"

# 样式
chart1.style = 10

# 标题
chart1.title = u"垂直柱状图"

# y轴标题
chart1.y_axis.title = u'数量'
```

```
# x轴标题
chart1.x_axis.title = u'类别'

# 数据
data = Reference(ws, min_col=2, min_row=1, max_row=7, max_col=3)

# 类别
cats = Reference(ws, min_col=1, min_row=2, max_row=7)

chart1.add_data(data, titles_from_data=True)

#设置类别
chart1.set_categories(cats)

# 生成图形
ws.add_chart(chart1, "A10")

from copy import deepcopy

# 复制chart1为chart2
chart2 = deepcopy(chart1)

#更改样式
chart2.style = 11

# 更改为水平柱状图
chart2.type = "bar"

chart2.title = u"水平柱状图"

ws.add_chart(chart2, "I10")

# 复制chart1为chart3
chart3 = deepcopy(chart1)
chart3.type = "col"
chart3.style = 12

# 设置为层叠形式
chart3.grouping = "stacked"

# 设置层叠的x位置完全重合
chart3.overlap = 100

chart3.title = u'层叠柱状图'

ws.add_chart(chart3, "A27")

# 复制chart1到chart4
chart4 = deepcopy(chart1)

# 设置为水平柱状图
```

```
chart4.type = "bar"
chart4.style = 13

# 设置为百分比层叠
chart4.grouping = "percentStacked"

# 设置层叠的 x 位置完全重合
chart4.overlap = 100

chart4.title = u' 百分比层叠柱状图 '

ws.add_chart(chart4, "I27")

wb.save("BarChart.xlsx")
```

上面的代码中，我们使用生成的数据，绘制了四个柱状图。

生成柱状图对象的时候，默认是垂直柱状图，当然，我们也可以使用 chart1.type = "col" 显示地进行定义。chart1 的效果如图 17-13 所示。

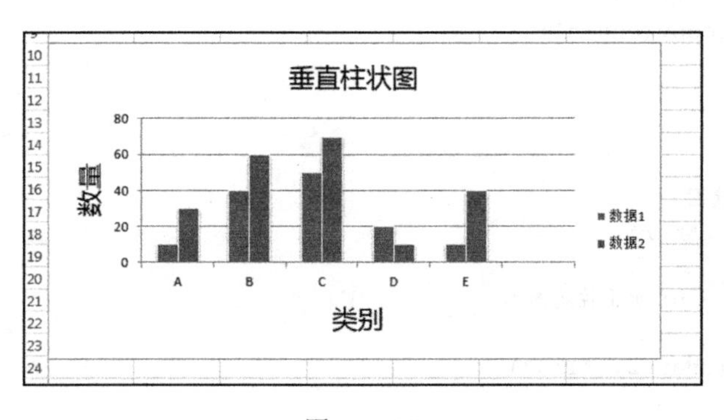

图　17-13

我们也可以使用 chart2.type = "bar" 将柱状图转换为水平形式，chart2 的效果图如图 17-14 所示。

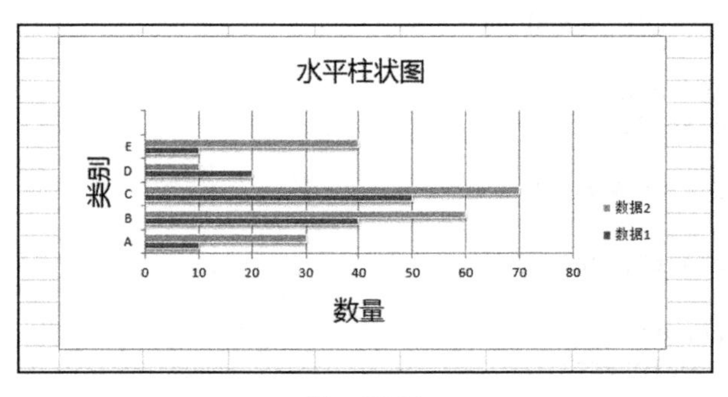

图　17-14

也可以改成层叠形式，chart3 的效果图如图 17-15 所示。

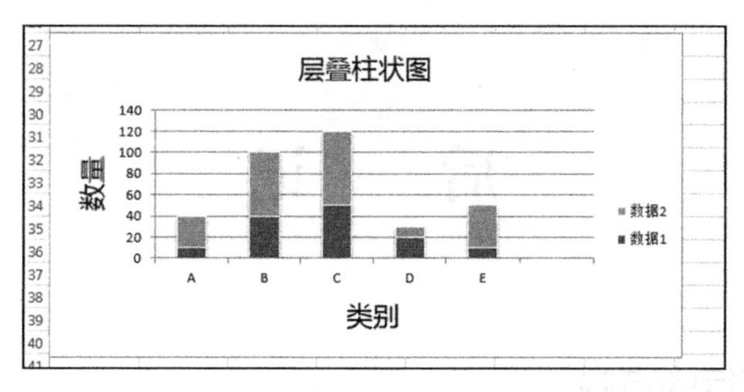

图　17-15

chart4 也是水平柱状图，层叠形式的，不过是百分比层叠，具体效果如图 17-16 所示。

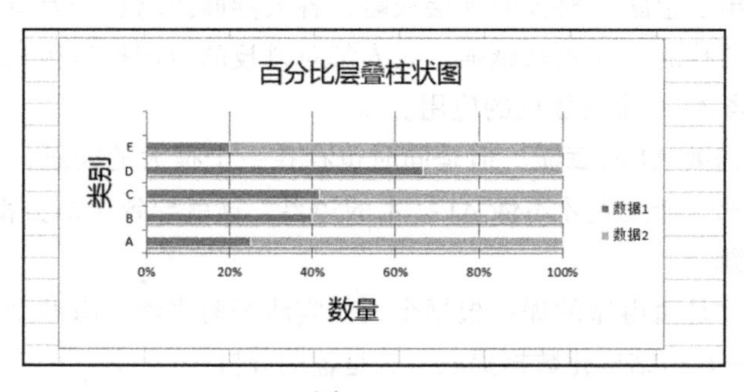

图　17-16

后　　记

金融 AI 真正可行的方向

最近几年，传统金融机构越来越意识到科技力量的重要性，并大力投入资源。比如，中国平安就已经打出了金融 + 科技的顶层战略，各大券商招聘也开始看重应聘者的编程能力。传统金融借力科技的需求越来越强。人人都对科技的应用抱有很高的期待，其中大家最寄予厚望的，当属 AI 在金融领域的应用。

传统金融迫切需要 AI 的赋能。但是同时也存在一个很大的问题，大部分情况下，AI 人才不懂金融的需求，金融人才不懂 AI 技术的边界，这就导致了双方都存在大量的误解，难免踩坑和浪费资源。

那么什么方向才是值得做的呢？根据个人的实践经验来看，有两个方向是可以持续积累和长期投入的。一是非结构化数据提取，二是辅助分析。

非结构化信息提取

非结构化信息提取的想象空间非常巨大。数据就是金融行业的石油，是一切业务的基础。然而大量的金融数据散落在非结构化的文本中，获取并不是很容易。目前很多数据只能靠数据提供商组织上千人的团队去文档中手工摘取、核对，成本十分高昂。常用的数据，比如财务三大报表数据，使用的人够多，可以分摊成本，这种模式是可持续的。但是还有大量的数据是小众数据，这种数据分摊的用户少，这就导致了成本十分高昂，只有少数机构能够负担得起。如果 AI 技术足够先进，能够智能化提取数据，则可以大幅减少行业获取数据的成本，提高信息的流通效率，这无疑对整个行业都起到了巨大的促进作用。非结构化信息提取和整合的技术难度很高，目前还没有机构能够完全做到（不然卖数据的公司就要倒闭了）。如果一件事情因为难度太高而遥遥无期，就可以退而求其次，从更为容易的角度入手，只要有价值增量就是值得的。比如虎博搜索，就是从智能搜索入手。举个例子，假设你想知道特斯拉 Model 3 的产量，可以直接搜索“特斯拉 Model 3 产量”，结果如图 1 所示。

从图 1 中，我们可以看到，搜索结果直接找到了特斯拉官方公告里的数据，有两点需要注意的是：一是特斯拉公告里面的是英文，搜索问句是中文，其中的翻译工作是自动完成的，这是第一个智能的表现；二是直接将研报中相关的数据和表格摘取并定位出来了，这是第二个智能的表现。在非结构化数据提取技术完全实现之前，通过智能搜索来获取数据是最为现实可行的一种办法。

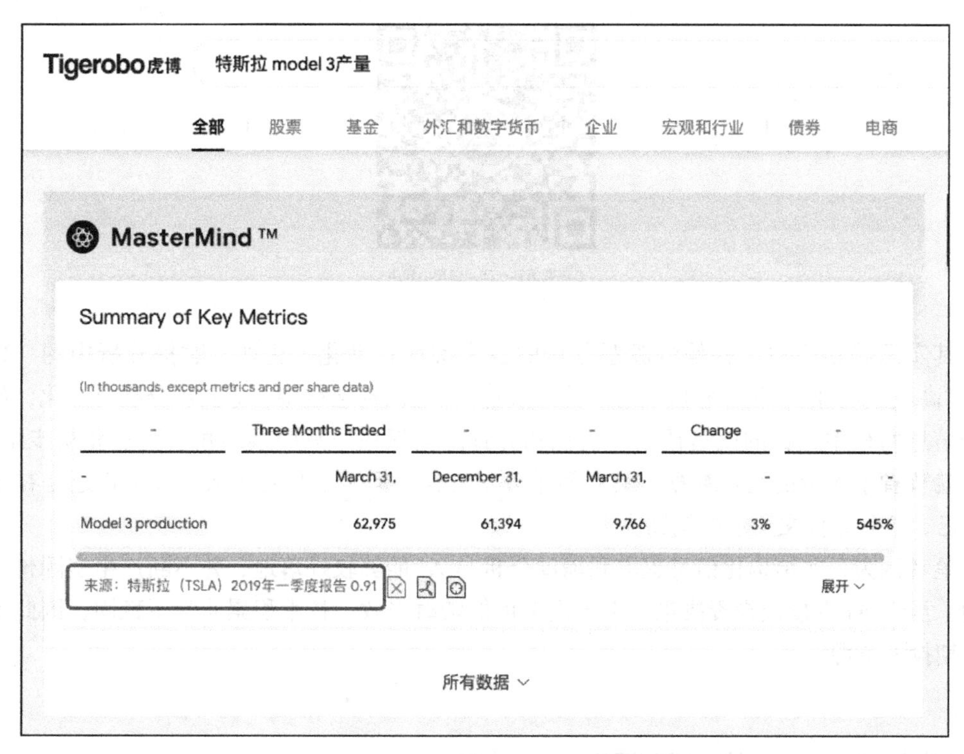

图　1

辅助数据分析

这里强调“辅助”分析，是因为直接将AI应用到投资决策上是极其困难的。有很多机构尝试着使用深度学习去训练量化投资模型。说实话，笔者个人并不看好这种方向。不管是哪种机器学习模型，归根结底都是统计。只要是统计，就会对训练数据提出较高的要求。金融投资训练数据的最大问题是，样本量极其有限，而且无法大量获得。历史数据就那么多，也无法在短时间内生成大量的训练数据。且不说历史数据过拟合的问题，哪怕实盘一时有效，很可能也会在短期内就完全失效。所以，业内真正靠机器学习去做投资策略而且持续成功的公司屈指可数。World Quant可能算一家，但他们比较小众，而且策略大部分持仓周期都在一周以内，并不是主流的投资方法。大量的机器学习人才投入到这个方向，但结果却收效甚微，这其实是对智力资源的极大浪费。至少在短期内，AI更适合做投资辅助，而不是直接代替人类进行决策。

决策辅助的重点在于，要将重点信息提取聚合在一起，做一个基础分析，并提供给决策人作为参考。基于这个思路，我们做了一个尝试，开发了一个股票的辅助分析系统——鹰眼分析系统。扫以下二维码即可体验小程序版本。或者在 APP Store 中搜索“标准风控”，即可体验功能更为全面的 APP 功能。该套系统背后的核心代码都是由 Python 完成的。

其实思路很简单，就是将股票分析的各个维度自动化，比如，财报分析中的“高商誉”“高股权质押”，股东分析中的“社保重仓”“北向资金增持”等初步分析自动化，放在一个信息面板中，目的就是让用户能在几分钟之内抓住一只股票的相关重点和初步结论。这样就节省了大量的初步数据收集和简单分析工作。但至于是否买入，决策权还是在于用户自己，这就是前文所说的辅助决策。

笔者认为，非结构化信息提取和辅助分析是 AI 能够较好落地，并不断产生实际价值的方向。至于 AI 直接做投资决策，由于模型可能随时失效，技术积累非常不稳固，因此不适合长期投入资源。

文科生学 Python 的心路历程

本书的第二作者刘志伟，本来是在伦敦政经学经济学的文科生，机缘巧合之下，他开始尝试学习编写代码，做数据分析，目前也算小有所成。有很多传统金融行业的朋友，想要自己学习 Python 做数据分析。刘志伟就是一位从事过传统行业研究又开始学习 Python 的典型，所以他的经历有一定代表性。以下是他自己学习 Python 的心路历程，供大家参考。

在伦敦政经学习经济学的后半段时间里，我为自己规划的职业目标是从事行业研究工作；一来我能够学以致用，二来当时我还不成熟地认为做卖方研究员赚钱很快，而且不像互联网工作那样容易被替代。

回国后，一个偶然的机会，我在一家新财富排名第二的小组找到了一份行业研究的实习工作。在券商实习的这段时间里，我得以用更加客观的视角来审视金融这个行业。我发现之前我关于金融行业的很多看法并非事实。行业研究工作需要的技能中，金融只是一部分。更重要的是行业相关的技能、数据分析技能，甚至是营销技能。这份工作考察的是一个人的综合能力。行研的薪资周期性特别强，在市场行情表现一般的时候，收入也很一般。此外，行研从业人员的薪酬差异特别大，顶尖研究员收入颇丰，但数量极少。一般的从业人员收入很普通，但却是绝大多数。

在做行研的时候，我很大一部分时间是在寻找各类数据，包括财报里面的一些细枝末节，却又十分重要的经营数据，行业相关数据以及国内外的分析研报等。绝大多数工作其实根本用不上之前学习的高精尖数理模型，以及所谓的金融分析技能；用得最多的技能反倒是Excel数据手工复制粘贴，以及使用“Ctrl + F”通过某个关键词寻找信息。我必须做这些事情，因为数据颗粒度越细，之后搭建的模型分析才会越精确，分析出来的结果才能经受得住市场的考验。这让我感到非常苦恼，因为这些“脏活”是不可避免的，而在当时我也没有任何技能能够帮我简便地解决这些问题，只能依靠手工。我与同学交流之后发现，其实他们所做的事情也与我差不多。在他们的研究所，分工极其明确：实习生或者初级研究员收集并整理数据，去上市公司核实数据，制作PPT，资深研究员和首席研究员分析数据并将结果拿出去营销。

我发现看似高端的行研圈子，其实并不高端。每个从业人员都是踏踏实实地甚至有些原始地用毫无技术含量的方式在堆砌这座“行研金字塔”。

我的直觉告诉我，这些基础的活不应该是人手工做的，一定有什么能够自动化实现的办法。于是在一个偶然的机会，我加入了一家尝试用人工智能和自然语言处理在金融领域里落地的金融科技公司。在这里，我了解到使用程序有可能可以自动化提取相关的数据。我第一次知道了Python和自然语言处理可能可以解决数据抽取的问题。我感到十分兴奋，白天在公司工作，晚上回家搜集各种资料学习。最开始学习Python的时候，让我感到特别迷茫的一点是，每一个知识点（循环、条件判断、数组、对象、类等）好像都是那么琐碎，我不明白这些都是用来做什么的，或者说我学了这些东西后能有什么用，能帮我解决什么真实的问题。于是，我上网去搜了一些Python的小项目，类似于用Python做数据可视化，或者用Python做一个小游戏，Python爬虫之类的。在这一过程当中，我逐渐发现，其实Python所做的所有操作，背后都是数学的变换。只要是能够在数理上走通的操作（比如线性变换、映射、函数、集合、运算律等)，就可以用任何一种编程语言来实现。我发现其实只要会数学，懂逻辑，就可以用任何一种适宜的编程语言来实现逻辑。在浩瀚的编程语言海洋当中，尽管语法各有不同，但语言的内核却是统一的。于是，我用两周的时间刷完了MIT开设的Python编程入门课程。

通过学到的一些技能，我尝试解决了之前在券商实习的时候遇到的一些问题。比如将USTR公布的中美贸易关税清单的相关数据全部结构化，取得了十分可喜的成果。原本我估计需要用半天的时间来分析复制粘贴好的数据，结果只用了大约一个小时就写好程序提取出来了，而且还可以将其扩用到其他的需求上。

之后公司里的各类数据分析和挖掘的需求接踵而至，不管需求有多诡异，只要是能够用数学建模的方式建立起来的需求，就可以迎刃而解。但渐渐地，我发现了另外一个很让人沮丧的事实，那就是现实世界的复杂性，远非数学能够完全解决的，而用数学不能够很好地解决的问题，程序就更不能解决了，数学决定了程序的上界。比如，一个看似很简单的需求：在上市公司的 PDF 财报里准确地提出相关的数据，并将其结构化。目前市面上的 NLP 解决方案很难做到从一个句子里面摘取出相关的信息。大部分的解决方法是依靠正则表达式来抽取。前沿 NLP 技术无法解决这类问题的一个很重要的原因是：无监督学习模型、半监督学习模型很难保证绝对的准确性，而监督模型则缺乏基础数据。于是就能得出一个十分诡异的悖论：我需要程序和模型来自动抽取数据，但为了实现这些程序和模型，我又必须需要大量的数据。

本书的第一作者，给了我启发，在 AI 领域当中，图像识别算是落地较为成功的案例了，但其中很大一部分贡献来自于斯坦福的李飞飞教授提供的大量手工基础数据集——ImageNet。搭建数据集的过程与德国上百年的机械工艺和参数积累有相似之处。于是我明白了，目前人工智能所提供的，是一个精良的杠杆，而要撬动一个地球，还需要一定的配重才行，而这个配重，便是基础数据集。我现在正尝试着在自然语言处理领域里搭建一套核心配重。我们利用大规模并发的爬虫技术，获取了巨量的、公开的原始数据。基于图像识别技术，我们将财报内的表格半结构化数据识别智能化、实时化。基于 AI 自然语言理解，将数据进行分类、汇总以及编码。基于一套统一的编码，我们可以实现知识图谱的搭建。在这个基础上，使用搜索引擎深度挖掘金融数据产品就有了良好的数据基础。对收集到的数据，我们做了一个金融研究尝试，利用收集到的公司财务、公告类数据、研究报告数据，将市面上见到的金融分析模式进行了自动化实现，形成了一个产品——标准风控。这套系统对 A 股主板公司的各个维度进行了标签化分析，形成了类似于 Barra 模型的因子。这套系统上线以来产生的效果令人非常惊艳，知名的暴雷上市公司的具体潜在雷都能够给出提前的预警。

行业研究从业人员未来不应该是花费大量的时间用于手工摘取数据，而是在通过技术手段获取的巨量结构化数据中寻找投资机遇，更多地发挥人的价值。在这条赛道上，我相信，基础数据收集设施的搭建要比金融模型的优化重要得多。